生物经济与农业未来

邓心安 王世杰 姚庆筱 著

商 务 印 书 馆

2013 年 · 北京

图书在版编目(CIP)数据

生物经济与农业未来／邓心安等著．—北京：商务印书馆，2006(2013.10 重印)

ISBN 978－7－100－05187－3

Ⅰ．生… Ⅱ．邓… Ⅲ．生物技术—技术经济—关系—农业经济—研究 Ⅳ．①Q81－05②F3

中国版本图书馆 CIP 数据核字(2006)第 095531 号

生物经济与农业未来

邓心安 王世杰 姚庆筱 著

商 务 印 书 馆 出 版

(北京王府井大街36号 邮政编码 100710)

商 务 印 书 馆 发 行

北京瑞古冠中印刷厂印刷

ISBN 978－7－100－05187－3

2006 年 12 月第 1 版　　开本 787×960 1/16

2013 年 10 月北京第 2 次印刷　　印张 17¼

定价：42.00 元

序

21 世纪是生物学世纪。从 1953 年 DNA 双螺旋结构发现至今，生物科技有力地推动了人类健康和社会文明的发展。生物科技与农业、医药等诸多产业结合，正深刻地改变着人类的生产和生活方式。由生物技术及其产业引发的新一轮时代浪潮——生物经济表明：人类社会正由“认识客体、改造客体”的时代向“认识主体、改造主体”的时代转变。

“十一五”规划正值开局，未来 15 年是我国经济发展的战略机遇期，也是科技发展的战略机遇期。随着经济社会的不断发展，粮食、能源、资源与环境等已成为影响可持续发展的“瓶颈”因素。发展生物经济有益于突破这些“瓶颈”，为我国经济结构调整、节约型社会建设、社会经济与自然环境协调发展提供保证。生命科学与生物技术领域是我国与国际先进水平差距较小、最有希望实现跨越式发展的领域之一。重视发展生物经济、将生物产业作为新的经济增长点来培育，是未来科技和经济发展的重中之重。

近年来，我国生命科学与生物技术的研究取得了令人瞩目的进步，但无论是基础研究还是产业化，我国的整体水平与发达国家还有较大差距。造成这种差距的原因是多方面的，主要是创新能力不足、科研与产业结合不够、企业研发力量薄弱等。我国应在未来几年努力解决这些问题，力争早日成为生物科技强国，在新一轮的经济竞争中占据主动地位。

我国拥有一批活跃在海内外生命科学领域的科学家，这是我们在竞争中依靠的优势，是我国发展生物经济的巨大动力源泉。我们还拥有巨大的市场优势。中国作为一个拥有 13 亿人口的大国，在农业、人口与健康、资源与环境保护等方面都面临着巨大的挑战；要提高人民的健康水平、生活质量、实现可持续发展，中国必须依靠生命科学与生物技术的贡献。我们不能错失生物经济发展良机，要抓住人才和市场优势，大力发展生命科学与生物技术产业。

“三农”问题自20世纪90年代中期以来就一直备受关注，以致成为影响中国经济发展和社会进步的重大问题。多年来关于“三农”问题研究大多局限于传统农业范畴。经过工业经济和信息经济时代，现代农业已成为全球化产业链上的关键环节，农业与诸多产业息息相关、紧密相连。这一变化要求我们考虑问题时要突破传统的对农业的孤立看法，从整个产业链出发，从发展理念与战略层次上去思考。

中青年学者邓心安、王世杰等积五年时间，潜心钻研，写就《生物经济与农业未来》一书，难能可贵。他们从21世纪初农业发展存在的重大问题出发，探讨其与生物及生物经济的关系，结合中国古典哲学思想与现代可持续发展理念，提出了因应时代的农业易相发展理论和与生物经济时代相适应的新型农业体系概念框架，以及解决我国农业发展问题的一些战略思路和对策建议。在生物经济时代，农业与非农业相互依存、相互促进，二者界限趋于模糊。作者换一个视角来审视我国农业发展中出现的问题，提出“用非农思想和方法来解决农业问题”，进而“构建以现代生物技术及其产业为核心的新型农业体系”，值得学术界和政策理论界关注和思考。

该书论证比较严密，体系完整；切合现实问题和时代主题；具有前瞻性、创新性和战略性的特点。既有对生物经济的特有理解和前瞻，又有生物经济时代背景下对我国农业发展的思考；既包含发展理念及理论上的创新，又包含构建新型农业体系的对策措施。生物经济的研究前景光明，但任务是艰巨的，创建新理论、构建新体系也不可能是一帆风顺的。希望该书成为开拓生物经济宏观战略研究的一部力作，引领更多的学者和科技管理工作者去探索和思考。

中国科学院院士

2006年1月

目　　录

前　言

生物经济(Bioeconomy)是以生命科学与生物技术研究开发与应用为基础的、建立在生物技术产品和产业之上的经济，是一个与农业经济、工业经济、信息经济相对应的新的经济形态。

在21世纪20年代将要来临的生物经济时代，生命科学与生物技术对农业将产生更加深刻而广泛的影响。本书从农业发展面临的重大问题出发，探讨其与生物及生物经济的关系，试图从发展理念乃至理论上进行创新，构建农业与"非农"产业①共生共荣、协调发展的概念框架，即与生物经济时代相适应的新型农业体系。

一、生物经济对农业发展的意义

人类社会发展经历了漫长的狩猎与采集经济时代和农业经济时代，以及于1760年代开始、20世纪中叶在美国率先完成的工业经济时代；目前正处在信息经济时代的成熟阶段；分别以1953年DNA双螺旋结构的发现和2000年人类基因组的破译完成为标志，人类社会进入了生物经济时代的孕育和成长阶段；预计将在21世纪20年代迈入其成熟阶段，即步入真正的生物经济时代(The Bioec Era)。

21世纪初农业发展面临以下重大问题：农产品产量、品质与营养共同提高问题；农业可持续发展的资源尤其是水资源短缺问题；可持续发展的环境问题；农业功能拓展以满足日益扩大的物质和精神需求问题；乡村与城镇的收入差别问题；农村劳动力转移、以"小农"为特征的传统农民终结及如何

---

① 这里的"非农"产业是针对当前农业划分的。在未来的生物经济时代，在新的农业体系框架下，与生物机能相关的部分"非农"领域就属于新型农业体系范畴了。

成为新型农民问题。这些问题在发展中国家的表现尤为严重。

在21世纪20年代之前人口将继续增加，在目前城乡环境负荷加大、整体质量下降，以及化石能源濒临枯竭、水土资源相对减少等严酷现实的面前，上述每一问题的解决，无不与人类及生物自身、生物技术研究开发及其产业发展密切相关。

在农业经济时代，农业主要是一个自给自足的行业，与其他产业没有大的联系，或者说，除小规模手工业外还不存在严格意义上的其他产业。产业群的出现是进入工业经济时代后的产物。自工业经济时代以来，农业的独立地位就一去不复返了，农业和工业及相关服务业开始交织在一起。在当今信息经济时代，农业已成为一个国家乃至世界产业链上的一环；任何一个产业的问题不单单是自身的问题，而是整个产业链的问题。在生物经济时代，生命科学与生物技术对农业将产生更加深远的影响，农与"非农"更是交织在一起。把握时代机遇，不失时机地提出新的农业发展理念或理论，构建与生物经济时代相适应的新型农业体系，目的是为从根本上缓解农业发展面临的重大问题、实现农业功能多元化与现代化提供具有理论指导作用和现实意义的概念框架。这就是生物经济对农业未来发展的重要启示。

二、以问题为导向的研究目标

为什么不能淡化农业与非农产业的边界？为什么要人为地把乡村与城镇截然分开？为什么农民一生下来就是农民？未来的农业是什么？生物经济时代的到来对中国意味着什么？20年后的"农业"是什么样的一个图景？就中国而言，20年后的农业是否就是领先了20年的美国或其他发达国家今天农业的样子。显然不是，不仅因为农业发展的背景、环境和前提条件改变了，更主要的还是因为技术尤其是生物技术在迅猛发展。

在生物经济成长的今天，农业与"非农"产业界限开始模糊。进入生物经济时代之后，农业与"非农"产业的界限将更加模糊；乡村与城镇的边界也将淡化；人类食品、营养、健康医疗、资源环境、生态及旅游、生物多样性等与农业的关系也将日益密切。

从生物经济时代角度来看，农业发展问题的本质其实是"非农"问题。

即农与“非农”地位的差距，归根到底是如何建立起农与“非农”相互转化、相互促进的发展理念与体制问题。

我们计划的研究目标是：

1. 借鉴中国传统哲学思想和现代可持续发展理念，探索创建适应生物经济时代要求的农业易相发展理论，以形成新的发展理念，旨在探索从根本上缓解农业发展问题的思路与方法。

2. 构建新型农业体系概念框架，探讨运用“非农”思想和方式来解决农业发展问题的途径，从而达到农与“非农”互补，相互促进，共生共荣。

3. 通过新型农业体系的实验模拟分析，建立新型农业体系多目标规划模型，以验证农业易相发展理论和新型农业体系的科学性与可行性。

三、本书试图回答的关键问题

1. 面对悄然来临的生物经济时代，在农业发展理念上需要什么样的突破？如何构建因应时代需求的农业发展理论？

2. 向“非农”领域拓展是解决农业发展问题的根本之路，如何从深度与广度双向拓展农业领域？

3. 现代生物技术促使农业的内涵与外延正在发生深刻变化，基于生物经济的新型农业体系框架内容、结构与功能是什么？

4. 为保证农业新的功能与作用的有效发挥，需要构建什么样的适应时代发展的新型农业体系的技术系统？

四、研究方案与框架内容

本书采用系统分析与实证研究方法，通过对历史数据的纵向分析与国内外不同发展水平的对比分析，揭示不同经济时代的农业体系及其相互关联。回溯中国古代“易”的哲理思想，结合现代可持续发展与“人本化”理念，对当今常规意义上的现代农业发展理论和农业发展的重大问题进行哲学反思。在此基础上，研究提出基于生物经济的农业易相发展理论和新型农业体系概念框架。

在当今信息经济时代和未来的生物经济时代，产业发展出现新的特点：

一个产业的问题不仅涉及本产业内部，而且越来越多地涉及到更大的系统；产业间的界限也将会变得越来越模糊。农业的发展更是如此，因为农业是最先受到生物经济影响的产业，且影响最直接、最深远。正如解决农业问题不能仅仅着眼于农业内部一样，解决“三农”问题，必须先有新的“非农”发展理念与思维方式。农业发展的现实问题向我们提出了严峻的挑战，客观要求我们必须采用超前的思路，找到一些非传统、非常规的办法。生物经济时代的到来是否为我们提供了农业发展范式转变的机会？

常规农业系统是孕育农业发展出现理论与实践新突破的基础。当科学发展出现与范式预期不同的反常情况时，新的危机开始孕育，科学革命也就从危机开始，范式面临转换。与此相类似，当农业发展出现重大问题时，首先应当思考的是发展理念、战略、制度与政策的转换，也就是农业发展范式的拓展与转变。

本书内容主要包括：生物经济的概念、特点及其时代特征；生物经济时代农业功能与领域的拓展；常规农业发展理论与未来农业发展理念的关系，新的农业发展范式；农业易相发展理论的提出、基本概念与内涵；新型农业体系的结构与功能、内容及发展方向；新型农业体系的技术系统，生物技术伦理问题；构建新型农业体系的对策措施。贯穿全书的一根主线就是：体现现代生物技术特色的系统思想和“非农”理念。虽然对于新型农业体系框架及技术系统的每一项内容的表达、技术之间的关联，无不经过反复核实与甄别，但仍难免会出现疏漏和偏颇之处，诚请各位专家和同仁批评指正！

五、研究结论与创新点

1. 结论之一：生物经济的定义、特点及其时代特征

在综合考察狩猎与采集经济、农业经济、工业经济、信息经济以及知识经济的特点及发展阶段并进行对比分析后，首次提出并论证了生物经济的定义：生物经济是以生命科学与生物技术研究开发与应用为基础的、建立在生物技术产品和产业之上的经济，是一个与农业经济、工业经济、信息经济相对应的新的经济形态。从生命科学与生物技术产品生产消费过程，分析

归纳出生物经济的六大特点；从生物技术和农业发展的宏观层面和历史大跨度，通过对生物经济与其他经济形态关系的综合分析，总结出生物经济时代的五大特征。

2. 结论之二：农业概念与功能的拓展

农业的概念和领域经历过两次大规模拓展：第一次拓展，是由狭义的农业即种养业，拓展到包括种植业、林业、畜牧业、渔业以及与农民直接相关的副业（俗称“大农业”）；第二次拓展，拓展到除包括以上种植业、林业、畜牧业、渔业之外，还包括为农业提供生产资料的农业前部门和农副产品加工、储藏、运输、销售及有关服务的农业后部门。

在生物经济时代的成长阶段，农业的外延已开始拓展到基因作物新品种、新型食品以及增加农产品功能等领域。在生物经济时代，农业的领域范围将进一步延伸到除包含上述领域以外的更广阔领域，形成以现代生物技术及其产业为核心的新体系，从而促成农业的第三次拓展。所谓第三次拓展，即由目前农业发达国家已完成和部分发展中国家正在形成的“大农业、农业前部门、农业后部门”第二拓展体系的常规农业系统，拓展到包含常规农业系统在内，并包括与生物机能相关的食品、营养、动植物健康与医疗、资源环境和生态等系统的新型农业体系。

不同经济时代农业的功能与作用有所不同：在农业经济时代，农业的功能主要是自给自足，满足人们吃饭穿衣的需求，商品经营的内容体现不多，居从属地位；其使命是“一元的”。在工业经济和信息经济时代，除满足人们温饱条件外，农业同时担负着为工业增值提供原材料，商品经营的内容已占据主要地位；其使命是“二元的”。在生物经济时代，除满足人们温饱条件、为工业增值提供原材料外，农业的功能更主要体现在：增进人类健康，提高人类营养品质和生活质量，满足人类消费多元化、崇尚生活情趣、个性化定制食品和药物的需求，以及供人类回归自然与享受绿意等；其使命是“多元的”。生物经济时代的“现代农业”除继续体现利用最新科技、高产优质、绿色环保、可持续发展理念等特征之外，将更加注重体现人与自然的协调、健康营养、生活品质等“人本化”特征；农业对环境和精神消费的外溢效应将更加显现。

3. 结论之三：农业易相发展理论

自然界的许多事物具有阴阳两极性，“万物负阴而抱阳，冲气以为和”，不仅在非生命现象中无处不在，如乾坤、阴阳、日月、寒暑、昼夜、黑白、刚柔、动静、正负、分合、张弛、生克、城乡，而且在与动植物相关的产品及产业中也是如此。农与“非农”正是这样的矛盾对立统一体，二者之间不仅相生相克，相互依存与配合，彼此促进与制约，而且可以在一定的条件下相互转化。如同太极图所显示的，白中有黑，黑中有白；黑白交互，相互依存。

农与“非农”对立统一的辩证关系表明，解决农业发展中存在的问题，不能局限于常规农业范围，需要跳出农业圈子之外，运用“非农”的思路和手段来解决“农”的问题，这样有时反倒取得更好的效果。时代在催生新的发展理念，只有在新的发展理念的指导下，探讨并运用发展“非农”产业的思想和方式来解决农业发展问题（包括创建新的发展理论），才能更容易实现农业与“非农”产业的相互补充、相互促进。

将传统的常规农业拓展到“非农”产业范畴，反过来通过发展“非农”产业来促进农业的发展，以达到农与“非农”共生共荣、整体和谐发展的状态，这就是农业易相发展理论。概念反映理论本质的特征。农业易相发展理论的概念主要有：易相、人本化、非农化、农业功能多元化、常规农业系统、新型农业体系。其中“易相”是最基本的概念。“易”是指“变易”和“宇宙之本体”之意。“相”指“状态”之意。易相就是根据事物对立统一相互依存不断发展的规律而改变状态。

农业易相发展理论与其说是将来的一种理论，不如说是现在的一种思考方式。与传统的农业发展理论相比，农业易相发展理论是一个具有包容性和开放性的理论，是传统与现代的和谐统一；同时也存在一定的“非相容性”，如把“自然人”作为新型农业的产品与生产对象。科学史上几乎所有的革命思想在相当长的时期内都没有得到科学界的普遍接受，同所有革命性思想一样，农业易相发展理论的初步提出，尚未得到学术界的接受。但它的影响更多是细雨无声、潜移默化的。

农业易相发展理论对于解决“三农”问题的意涵在于：常规农业拓展的空间越来越广阔，农业与“非农”产业的界限正变得模糊；乡村与城镇的差距日益缩小；传统农民将被新型农民取代。具体表现在：①农业——产业化。农业不仅仅是从生产者角度，更主要应从供求的另一方即消费者角度来考虑生产经营的。目前我国常规农业的大部分并未真正形成产业，农业“产业化”与农民向“非农”领域转移及土地整合程度直接相关。②农村——社区及城镇化。从资源利用效率、规模经济上去衡量，社区及城镇化实质上是整合节约了农业用地，同时改善了人居环境，体现了生物经济时代的“人本化”关怀。③农民——非农化。传统意义上的农业人口外流、农民失地是不可避免甚至是有益的，为传统农民向新型农民、常规农业系统向新型农业体系转变创造了条件。

4. 结论之四：新型农业体系

新型农业体系（New Agriculture System，NAS），是指农业发展到生物经济时代出现的，以现代生物技术为主要依托，体现农业时代特征的，包括常规农业和食品、营养、健康医疗、资源环境、生态等子系统在内的农业体系。这六大子系统是相互联系的，食品系统与营养系统本来就紧密相连，它们又都与健康医疗系统有着密切的关系；资源环境与生态关系非常密切，有时甚至将它们并称在一起，它们同时都与人类及动植物健康医疗有着越来越密切的关系。

本书试图用系统方法构建出面向生物经济时代的新的农业体系，即一种能以全新的方式包容现存信息的知识框架和一套改变现存知识特征的概念框架。新型农业体系同农业易相发展理论一样具有包容性和开放性。它不仅包括常规农业系统，还包括下列与“非农”产业相应的其他五个子系统。这五大系统的内容都体现出显著的由生命科学与生物技术来表现的“人本化”时代特征。

(1) 食品系统：包括转基因食品、新型功能食品、新型保健品、免疫食品等。

(2) 营养系统：包括营养改良品种、单细胞蛋白、生物高效饲料、新型饲料添加剂等。

(3) 健康医疗系统:包括生物治疗、分子诊断、生物新药、新型疫苗、动植物组织和器官克隆、抗体工厂、药用蛋白、新型胰岛素与生长激素、新型农用化学品等。

(4) 资源环境系统:包括抗性植物、生物能源、工业原料替代作物、生物材料、新型生物肥料、生物治理与降解、植物找矿与细菌冶金、新型生物催化剂、新型物种、生物遗传资源等。

(5) 生态系统:包括生物农药与生物防治、生物安全与入侵防治、生物多样性保护、基因污染防治、现代生物伦理等。

5. 研究的创新点

本书的创新点在于:结合中国传统哲学思想与现代可持续发展理念,提出因应时代的农业易相发展理论(Yi-theory of Agricultural Development);针对21世纪初农业发展存在的重大问题,构建以现代生物技术及其产业为核心的新型农业体系;从全新视角来思考的农业发展概念框架,具有高度的前瞻性,所展现的是21世纪20年代生物经济时代农业发展的愿景(Vision)。

新型农业体系正是这样一个从全新视角来思考的农业发展概念框架,具有明显的超前性,加之其框架结构、内涵尚处于研究和完善之中,可能一时还不为各界所接受。但是,我们不应忽视一个全新时代——生物经济时代——给我们提供的机遇,而这一机遇正好为解决"三农"问题提供了许多有益的启示和机会。

在农业经济时代,中国曾长期领先于世界;在工业经济时代,中国远远落伍了;在信息经济时代,我们正奋力追赶。面对2020年代的生物经济时代,中国与发达国家基本处在同一起跑线上。为了实现农业可持续发展及经济现代化,就必须把握时代的机遇,不失时机地提出新的发展理念与战略,提升农业的发展观和理念,构建与生物经济时代相适应的以现代生物技术及其产业为核心的新型农业体系。

六、研究过程的回顾

自2000年起，我们开始意识到生物经济对于农业发展的意义，不仅提出了“谁将取代信息经济：知识经济还是生物经济”的命题（《全球科技经济瞭望》，2001年第1期），而且首次把生物经济同农业发展联系起来（《中国科技论坛》，2002年第2期）。之后，邓心安、王世杰等开始合作，密切关注国内外有关生物经济的研究进展，发表了一系列前沿性论文，许多观点如有关生物经济定义、特点、时代特征，得到众多引用，或被列为科技新词汇、生物科技新词汇，受到学术界和经济界的广泛关注。

从2001年起，作者开始搜集有关生物技术和生物经济及其联系的资料；将生物经济与农业联系起来思考，并着意积累生物技术对农业的作用与影响等方面的资料；通过与生物科技研究及管理人员的交流，以及与农业政策研究部门的联系，并借助报刊、网络手段，广泛关注国内外有关现代生物技术及生物经济发展的动态与进展，并争取机会参加有关生命科学与生物技术、“三农”问题的学术报告会或论坛。

2003年和2004年，我们提出的有关生物经济对农业影响的研究先后得到农业部软科学课题和上海市科委科技攻关计划的资助，并向农业部有关部门提交了“基于生物经济时代的新型农业体系”、“现代生物技术对我国农业发展的影响与对策”等研究报告。与此同时，在国内或国际学术研讨会上就有关研究进展作大会报告，并受到好评，如2003年8月，“生物经济与中国农业现代化”获中国自然辩证法研究会等举办的“科技进步与当代世界发展”全国中青年学术讨论会论文一等奖；2004年12月，“生物经济的发展与未来”获第六届中国经济学家论坛“2004经济·管理·发展·创新”优秀学术论文一等奖；2005年9月，在天津泰达召开的“首届国际生物经济高层论坛”分会上，作了“生物经济与农业未来”的特邀报告。

历时五年的研究成果终于开始考虑付梓了，我们如释重负，却又忐忑不安。

生命科学与生物技术的领域范围太广而分化日深，作为生物微观研究领域的门外汉或旁观者——所学专业分别涉及的是农业经济、经济地理、农学与植物生理,工作领域涉及科技发展战略规划、生物科技管理——我们在写作过程中,时而感觉迷茫,时而感到棘手甚至“痛苦”。我们能够胜任么?然而,总有一个信念在支撑着我们:20 年后生物经济时代的农业愿景是什么?就像跋涉者行进在向上延伸的丛林之中,面对天光初露的山外世界,非要上去看出个究竟不可。

我们自有独特的优势:长期关注世界科技发展前沿动态;具备农业与生物交叉的知识背景;具有战略性的思维方式;具有超前与开放的意识;富有时代责任感。以上五点加之中国传统哲学与农业问题的环境构成了我们的研究特色与依托,提出 20 年后的农业愿景。利用这些优势,我们终于将原先幻想和非实际的,甚至有点类似玩拼板游戏的奇思异想,如“易相”、“人本化”、“新型农业体系”等,上升为科学上的概念。

眺望生命科学与生物技术的进展,融汇中国传统哲学思想和现代可持续发展理论,去思考农业发展现实问题,我们很快发现,有关生物经济的研究竟是极富挑战且有待开拓的广阔领域,它与农业的结合更可能开拓出一片全新的天地。从这一意义上来衡量,农业易相发展理论和新型农业体系的提出,标志着农业发展的新纪元。我们坚信,采用全新的思考方式,对传统的常规农业发展理论的基本思想进行重构,就可以开辟出生物经济与农业结合的一个新的研究领域。

七、生物经济:我们共同的未来

理论的发展一般是递进的,如从大陆漂移理论,到板块构造理论,再到海底扩张说。最后的成形也许与起初的设想相去甚远,伟大而经典的例子如:由魏格纳等提出而引发的地球科学的最终革命与魏格纳最初的理论相去甚远;在开普勒、伽利略和牛顿建立的新世界体系中,哥白尼开创的天文学理论内容也所剩无多。

多数人更愿意看到或习惯于理论的进化,而不是变革,更不是革命。因为,理论革命往往具有与政治事件相类似的突发性、戏剧性特点,而进化则是缓慢甚至是潜移默化的。但是,进化、变革和革命都应是理论进步的因素与标志。从学术意义上衡量,基于生物经济的农业易相发展理论是一种变革，是对常规农业发展理论的一次扬弃。

一项新理论的提出，在初期一般应者寥寥，最典型的例子是牛顿的“力和惯性”概念，1687 年它们无疑是多么新奇，除极少数学过物理学的人外，当初真正懂得现在看来极为普通的力和惯性概念的人是多么稀少！这却证实了反对意见和声势之强烈，可看做新理论革命性质的一个标志。农业易相发展理论虽不能与上述理论相比，但在一定程度上有异曲同工之处。它的新奇程度现在不是多而是少了；对其反对的意见和声势，不是强烈而是担心悄无声息。

首次提出一种具有内在逻辑性、连贯一致的理论是需要证据的；理论必须经过实践验证，才可得到推广应用。通常一项科学理论能否被承认，一是必须找到可靠的证据，使之获得科学家共同体的支持；要么必须有超过现有一些理论的明显优越性。我们显然不属于生物研究或经济政策研究顶尖“俱乐部”的成员，当然就增加了被接受的难度，结果可能遭到冷遇，或受到指责。也许有人会问：农业易相发展理论的核心是什么，或许要有定律和方程式就好了？却也从侧面反映出本项研究的不足之处，就是尚未采用“点面结合”的办法，通过试点或实验模拟来检验农业易相发展理论及新型农业体系的科学性和可行性。如果条件成熟，下一步计划采用两种方案：其一，选取传统农业县或一个相对独立区域进行试点，由于牵涉面过宽，若没有得到有关方面的理解与支持并给予时间，要想选为试点，难度极大。其二，选取同样尺度地区进行实验模拟，这种方案较为可行。

构建新型农业体系不可能是一帆风顺的。如果能设想下面一个典型的事实，那么，就可以想象出生物经济时代许多诱人的前景并非轻而易举！用现代生物技术的方法来战胜癌症，一直是许多科学家梦寐以求的愿望，也是在人类健康领域最具希望借助生物技术取得突破的追求。然而，自从美国总统尼克松 1971 年代表联邦政府正式宣布“对癌症开战”以来，20 年过去了，虽然仅美国政府已投入了大约 300 亿美元的研究经费，但有点讽刺意味的是，就整体而言，癌症死亡率却比那时提高了 6 个百分点①。直到 1991

① 〔美〕约翰·霍根著，孙雍君等译：《科学的终结》，远方出版社，1997 年，第 399 页。

年，由于医疗条件、治疗手段和环境质量的改善，以及吸烟人口减少等因素综合作用，才导致美国癌症死亡率开始下降。

生物经济表明：人类社会正由"认识客体、改造客体"时代开始向"认识主体、改造主体"新的时代转变。从创建理论或概念框架意义上讲，"生物经济与农业未来"研究前景虽然光明，但道路是曲折的。然而，面对生物经济这样一个崭新的时代，我们不应只做事后的理论总结，也应当大胆地去预测，去展望农业与人类发展的未来。

八、致谢

本书蒙国家自然科学基金委员会主任陈宜瑜院士作序，至为感谢。作为我们尊敬的师长和老领导，陈院长对这项关于生物经济与农业未来的前瞻研究寄予了厚望，勉励我们勇于开拓，令我们深切地感受到他作为战略科学家的远见卓识和为人师表的大家风范。这些是激励我们继续探索，并努力将研究成果应用于实践的宝贵财富和不竭动力。

在本书的构思与写作过程中，得到了美国康涅狄格大学农业与自然资源学院杨秀生教授、Boris E. Bravo-Ureta 教授，中国农业大学人文与发展学院副院长朱启臻教授，以及国家自然科学基金委员会政策局副局长韩宇、中国科学院科技政策与管理科学研究所杨多贵、周志田等政策研究人员的指导和帮助。在研究生"C-D-D"(Cooperation-Debate-Discussion)教学模式的课堂上，在与赵锦辉、苏时光老师和仝芳妍、杨国军等青年学子的讨论中，研究观点时常受到质疑；进一步的交流则使我们获得许多有益的启示。特别值得提到的是课题组其他成员：严虹、刘彬、高璐、王永利、徐晶晶、孙倩，他们的补充调研与极富朝气的发散式思维，为本书素材的积累和观点的丰富起到了很大的促进作用。在此一并表示诚挚的谢意！

本书出版得到了上海市科委科技攻关培育项目的资助，谨致谢忱！

作　者
2006 年 1 月

第一章　生物经济与生物经济时代

第一节　生物经济时代悄然来临

一、生物经济概念的由来与发展

1. 生物经济概念的提出

早就有人预言21世纪是生物学世纪，但将21世纪与“生物经济”这样一个新的时代相联系还是在世纪之交刚刚发生的事。

1998年，时任美国华盛顿特区经济趋势基金会（Foundation on Economic Trends）总裁的杰里米·里夫金（J. Rifkin）发表了《生物技术世纪》，指出信息科学和生命科学在经历了40多年的平行发展之后，正在融合为一股强有力的经济和技术力量，由此奠定了生物技术世纪的基础，并认为基因将重塑生物技术时代[1]。

1999年①，美国学者理查德·奥利佛（Richard W. Oliver）出版了《即将到来的生物科技时代》。他预言，生物技术的崛起可能在未来几年内把网络经济从衰落中挽救出来，从而形成一个以往任何时代的增长速率都无法比拟的发展阶段。他在书中分析到，从20世纪80年代起，美国就开始大力发展信息、网络技术，到90年代，信息、网络新产品不断问世，形成了信息网络产业，使美国经济持续10年成为世界经济的火车头。如今“新经济”发展受

---

① 根据该书中文版导读注释，英文原版出版发行时间在1999年，而中文版书的版权时间注明2002年（Copyright © 2002）。

挫，其历史使命已经完成，更新的技术将取而代之。他把这一新时代称为“生物物质时代”(The Bio-materials Age)[2]。

生物经济(Bioeconomy)的概念最先由美国管理咨询专家斯坦·戴维斯(Stan Davis)和克里斯托弗·迈耶(Christopher Meyer)于2000年5月正式提出，但他们当时并未给出一个明确的定义[3]。上海《经济展望》杂志几乎同时提出了“生物经济”这一新的名词①。

2000年，利用在美国康涅狄格大学自然资源管理与工程系和农业经济系从事访问研究的机会，邓心安等针对当时美国新经济和生物技术快速发展的浪潮、中国国内正掀起的“知识经济”热潮进行了冷静反思，提出了“谁将取代信息经济：知识经济还是生物经济”的命题。当时对“生物经济”的理解是：生物经济是以生物科技研究开发与应用为基础的经济，是一个与农业经济、工业经济以及信息经济相对应的经济形态[4]。

2001年，时任北京大学副校长、“863”计划生物领域专家的陈章良在“中国青年创新论坛”介绍了《经济展望》杂志提出的新名词“生物经济”，并认为生物技术的发展是一个基因可以形成一个产业；在“2001中国企业高峰会”上提出：生物技术突飞猛进的发展，将造就一大批成功的公司，生物技术是继IT产业后又一个为各国政府所重视的产业。张田勘所著的《基因时代与基因经济》，提出了与“生物经济”相近的“基因经济”的概念[5]，认为“基因经济与生物经济大致相同”，还认为“凡涉及生物的经济都可以称为生物经济，只有涉及DNA的经济才算是基因经济。”

2002年初，邓心安发表“生物经济时代与新型农业体系”的文章，首次正式给出了“生物经济”的定义：“生物经济是一个与农业经济、工业经济、信息经济相对应的经济形态，是以生命科学与生物技术研究开发与应用为基础的、建立在生物技术产品和产业之上的经济”[6]，并将生物经济与新时期农业发展联系起来，初步提出了构建以现代生物技术为主要依托的“新型农业体系”的设想。

2002年4月，封展旗等出版了《第四次浪潮：生物经济》。作者认为：生

---

① “生物经济：倾盘金币落谁家”，《经济展望》，2000年第4期(封面)。

物技术的新发展，已经打破了生物种间、属间甚至界间的界限，使人类进入了按自己的需要创造生物新品种的时代。按照他们的理解，“生物经济是知识经济的成长和充分发展阶段，信息经济只是知识经济的萌芽和初步发展阶段”[7]。这种看法也就是不恰当地把生物经济当做了知识经济的一部分。

2002 年 7 月，在汕头大学举行的以“生命科学前沿与长江学者的使命”为主题的“首届长江学者论坛”上，科技部王宏广在报告里提到了“生物经济”这一概念，他认为生物经济正在崛起①。

2002 年 10 月，在中国农业大学召开的首届北京地区博士后“生命科学与人类进步”主题论坛上，专家们认为，生物技术的强劲发展带动了许多领域的突飞猛进，因而生物技术在许多领域又被称为“生物经济”②。

2003 年 2 月，在北京举行由中国生物技术发展中心举办的、有众多世界一流科学家参加的“新世纪生命科学论坛”上，专家预测：生物经济必将在 21 世纪超过网络经济，在世界经济增长中占据主导地位；以生物技术产业为核心的生物经济将推动全球经济持续发展，特别是给一些资源丰富的发展中国家带来难得的发展机遇。6 月，马述忠在《转基因农产品国际贸易及政府管理》一书中对“生物经济”的理解是：“以生物技术为主导的经济我们可以称之为生物经济”[8]。11 月，王宏广在《科技日报》发表了纪念中国生物技术发展中心成立 20 周年的文章“试论‘生物经济’”。他认为生物经济是建立在生物资源、生物技术基础之上，以生物技术产品的生产、分配、使用为基础的经济[9]。

2004 年 7 月，在北京召开的“2004 全球华人生物科学家大会”上，中国科学院副院长陈竺认为，生命科学与生物技术对人类社会的影响可能要远远超过信息技术；当生物技术直接和它间接带动的产业，能够占到 GDP 的 50％的时候，我们就说生物经济时代到来了。他引用了有关学者对生物经济的定义：“生物经济是以生命科学与生物技术研究开发应用为基础的、建立在生物技术产品和产业之上的经济”，并呼吁中国不能错失生物经济的发

① “首届长江学者论坛关键词扫描”，《人民日报海外版》，2002 年 7 月 23 日。
② 《科学时报》，2002 年 10 月 17 日。

展良机[10]。

2. 生物经济战略研究制高点

截止到2005年底，国内外有关生物经济的宏观研究已初步形成十个领域的“制高点”：①以杰里米·里夫金、理查德·奥利佛、斯坦·戴维斯等为代表的生物技术开创新时代论点；②以邓心安、王世杰等为代表提出并得到较为广泛认可的生物经济定义、特点及生物经济时代特征；③将生物经济与新时期农业发展结合进而提出基于生物经济的农业易相发展理论和新型农业体系概念框架；④以封展旗等为代表提出的生物经济第四次浪潮论点；⑤以陈章良、张田勘等为代表提出的基因造就宏大产业论断；⑥以王宏广为代表提出的生物经济十倍于信息经济论点以及基于生物技术产品的生物经济定义；⑦以陈竺等为代表提出的生物经济占GDP临界值论点；⑧以石元春、卢良恕等为代表的现代农业与生物技术关系论；⑨生物经济规划方法论及试点示范研究；⑩将生物经济纳入国民经济和社会发展体系的可行性研究。其中有关后两项“制高点”的研究尚处在酝酿之中。

3. 生物经济发展理念的国际关注

生物经济的概念及其发展理念已开始取得广泛共识，美国、英国、德国、日本、新加坡和中国等越来越意识到生物技术的重要性，有关生物经济的论述和论坛越来越多，世界许多国家已将生物经济发展提到了国家战略的高度。如美国，2000年底提出了“促进生物经济革命”的战略性计划，旨在到2010年将生物经济产值翻三番；布什政府将生物与医药产业作为新的经济增长点；2002年5月，美众议院通过农业法案，批准2002年度拨款资助生物质研究，而且从2003年至2007年每年拨款鼓励建设生物提炼工厂，把生物质改变为化学物质、燃料和能源，同时，法案还规定，政府必须优先购买基于生物的产品①。由欧盟部长理事会2002年6月通过的欧盟第六个框架

① “生物经济，未来的大蛋糕”，http://chinamv.com/chinamvgen/cmv_gen/cmv_yysc/20040507/74113510.htm，2004年4月30日。

计划(FP6,2002～2006)将45%的研究开发经费用于生物技术及其相关领域[11]。从中国生物技术研究中心获悉,欧盟于2005年9月15～16日在布鲁塞尔召开了“基于知识的生物经济”大会,主要议题为“基于知识的生物经济:将科学知识转化为全新的、可持续性的、有经济效益且具竞争力的产品”。英国政府早在2000年便发表了“生物技术制胜——2005年的预案和展望”战略报告,目标是保持生物技术位于世界第二的水平。德国政府将2001年命名为“生命科学年”,生物技术是政府科技投入最高的领域。日本自田中耕一获得诺贝尔科学奖后,政府便开始酝酿生物技术立国战略;基于在制造业中崛起、在信息时代相对落后的状况,日本决心在生物经济时代再创辉煌,于2002年提出“生物产业立国”的战略,发布了“开创生物技术产业的基本方针”①。2000年6月,新加坡设立跨部门“生命科学部长委员会”,提出了把新加坡建成“生命科学中心”的新目标,计划用5年时间跻身生物技术顶尖行列[12]。中国于2003年初确定了今后生物技术及其产业发展的基本方针,即切实加强源头创新,重视集成应用,积极推进产业化,确保生物安全,实现跨越发展[13]。为进一步加速生物技术与产业的发展,中国政府作出一系列重大决策,如决定成立“国家生物技术研究开发与促进产业化领导小组”和“中国生物技术行业协会”,并已制定《中国生物技术与产业化发展纲要(2005～2020)》,以明确未来15年生物技术与产业发展的重点和方向②。2005年9月,中国政府在人民大会堂及10个分会场召开“首届国际生物经济高层论坛”,表明了政府从政策、科技、农业、医疗健康、环境等多角度对探讨生物经济的发展模式、加强国际合作、促进生物经济发展等所给予的充分关注。

综上所述,生物经济与现代生物技术及生命科学的研究开发密切相关,并与当前的信息经济和知识经济发展有着密切的联系。基于此,我们在综合考察狩猎与采集经济、农业经济、工业经济、信息经济以及知识经济的相互关系及各自发展阶段③,并进行对比分析后认为:生物经济是以生命科学

---

① 何德功:“日本生物技术立国战略浮出水面”,《科学时报》,2002年12月3日。

② 李大庆:“中国加速推进生物技术与产业发展”,《科技日报》,2004年7月19日。

③ 详见本节第二部分和本章第二节论述。

与生物技术研究开发与应用为基础的、建立在生物技术产品和产业之上的经济，是一个与农业经济、工业经济、信息经济相对应的新的经济形态[14]。

二、生物经济与其他经济形态的关系

我们正处在信息社会即信息经济时代。有人认为，知识经济时代正在到来，或者认为知识经济时代已经到来。究竟什么是信息经济、知识经济？生物经济与两者的关系是什么？

通常认为，信息经济(Information Economy)是以信息的生产、加工、分配和应用为目的、建立在信息技术产品和产业之上的经济。与生物经济一样，它是与农业经济、工业经济相对应的一种经济形态。那么，知识经济又是什么？

1996年，经济合作与发展组织(OECD)在其一份报告中首次正式提出了"知识经济"概念，认为知识经济是以知识(智力)资源占有、配置和使用(消费)为重要因素的经济。国内学术界曾根据该报告将知识经济定义为："以知识为基础的经济"(The Knowledge-based Economy)。但该定义没有揭示出知识经济的内涵。

综合国内外相关研究文献和对知识经济概念理解的共性特点，可以把知识经济的内涵归结为：其一，产业活动的主要产出是知识 (Knowledge Producers)。这些知识产品虽然只占到国民经济的极少部分(如7%)，但是它们以各种方式驱动了经济的快速增长，从而使这些知识产业被誉为"新经济"增长的"引擎"。其二，以知识使用为主要目的的信息管理、加工、传输与分配 (Knowledge Users)。该类经济的规模占到经济总量的相当大的份额。这些知识产业活动的成功之处，不在于创造多少新的知识，关键在于如何高效率地掌握和管理信息。

由此可见，信息经济与生物经济是递进的关系；知识经济与信息经济是并行关系或并列关系。知识经济也就是所谓的"新经济"(New Economy)，它与信息经济、网络经济、数字化经济的概念相互叠加、互有交叉。从英文名称上也可以体现这几种经济形态的联系与区别：

农业经济：Agricultural Economy，或略称：Agrarian Economy；

工业经济：Industrial Economy；

信息经济：Information Economy，或略称：Info Economy；

生物经济：Bioeconomy。

这四种经济形态都是前面具有实义的类型修饰词或定语直接加在"经济"一词之前，基本上属于并列式结构。唯有"知识经济"例外，一般译作为：The Knowledge-based Economy，是用非实义的类型修饰词间接地加在"经济"一词前，是偏正词组，属于补充式结构，而不是直接译为并列式结构"Knowledge Economy"。

第二节　经济时代的发展阶段与标志

一、经济时代的演进

人类社会经历了 4 个经济时代。狩猎与采集经济（以下简称狩采经济），主宰了人类数十万年，终究被农业经济取代。在农业经济主宰了约一万年之后，工业经济诞生了。工业经济肇始于 18 世纪 60 年代的英国，并于 20 世纪 50 年代初在美国率先完成[3]。如今我们正处在信息经济时代的中间站。信息经济从 20 世纪 40 年代后期开始到终结，预计将持续七八十年，于 21 世纪 20 年代完成时代赋予的使命，然后为迎接下一个经济时代作好准备。这个新的经济时代就是生物经济时代（The Bioec Era）（图 1-1）。

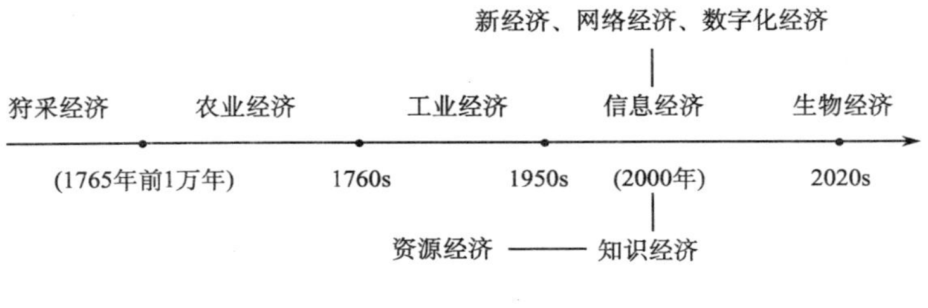

图 1-1　生物经济与其他经济形态的递进关系

人类社会经济形态的划分不是孤立的，而是相互联系、相互重叠的。一种新的经济时代的出现，并未消灭以往的经济形态，所谓“取代”是指“主流的取代”。如在信息经济时代，工业经济和农业经济并未消失，只是不代表时代发展的主流；在工业经济时代，农业经济也未消失，而是因为新的“挑战者”后来居上，占据主流位置。当然，再远一些的如狩采经济应该说是逐渐隐退了，但在少数地方，如太平洋上的某个小岛、非洲的丛林之中，仍能找到狩采经济的蛛丝马迹。以不同时代的代表产品为例可资说明：尽管现在世界上 VCD 很普及，但是在日本和其他西方发达国家还在使用老式的录像机，因为老的模式很难抛弃；许多落后的地区甚至连录像机都没有使用。电话也是如此，在一些乡村还没有完全解决有线电话的时候，部分发达地区已经开始进入无线（Wireless）时代了。

经济时代的演进并不是一帆风顺的。一个新的经济形态的出现往往会遇到传统经济形态的抵抗。如在由农业社会进入工业社会的初期，就曾发生过农民毁坏工厂设备、手工业者捣毁机器的事件；在工业经济时代初期电话刚刚出现时，有人将其视为“魔鬼的声音”，架设线路的工人甚至被暗杀；信息经济时代取代工业经济时代，同样遇到了诸如产业工人大量失业、信息安全、人文关怀欠缺等问题。在当今生物经济时代的成长阶段，便出现诸如转基因食品安全、生命伦理等问题。然而，时代的脚步永不停息，并不会因为遭遇抵抗或“后进者”存在而踯躅不前。

二、经济时代的发展阶段及其划分标志

生物经济时代，连同狩采经济、农业经济、工业经济、信息经济时代一起，都具有各自的生命周期（Life Cycle），如同生物体一样都可以划分为孕育、成长、成熟和衰退四个阶段。一般而言，当且仅当一个经济形态进入了它的成熟阶段，才可称人类社会真正进入了该时代。

1. 狩采经济时代

狩采经济的发展经历了漫长的年代，其最近时期距今也已有一万多年。相对于人类有文字记录的历史而言，它实在是太遥远了，我们很难分别考证

出其孕育、成长阶段的标志。不过，以原始人类发明与使用过的工具为标志，仍可以得出其发展阶段的大致脉络。

人类形成初期，生产力处于萌芽状态，人们制造的工具极为简陋，基本以使用天然工具为主。据考古发现，最早的石器距今 260 多万年。在自人类开始使用石制工具至距今约二三十万年前的旧石器时代早期，大致相当于早期猿人和晚期猿人阶段，人类靠采集和捕猎为生，狩采经济便从孕育进入成长阶段。在北京周口店猿人遗址中发现有近十万件石器，还发现有用火的遗迹。晚期猿人用火的遗迹在欧洲也发现多处，说明晚期猿人已普遍学会了用火。火的发现和使用对人类的生存与发展具有重大意义：首先，火给人光和热，使人在黑夜中可以得到光明，能够防寒取暖，从而使人类活动范围扩大；其次，火可用于防御和狩猎，从而促进了狩采农业发展；更主要的一点是，火使人类由生食过渡到熟食，从而扩大了食物的来源，并缩短了消化过程，提高了食物口感和营养，有助于大脑的进化。

到了旧石器时代中期（约自二三十万年前至约五万年前），狩采经济已进入成熟阶段，这与有人考证狩采经济经历了数十万年的结论基本吻合[3]。这一时期，石制工具的改进为狩猎提供了更好的条件，狩猎在经济中占有重要地位。

到了旧石器时代晚期（约自五万年前至一万五千年前），狩猎在经济中占有更加重要的地位，捕鱼也开始成为重要的产业。

到了中石器时代（距今一万五千年前至一万年前），细石器和弓箭的发明与应用使狩猎手段发生了根本性变化，大大促进了狩采经济生产力的发展。这一阶段，狩采经济已发展到顶峰，从时代演进的角度上来讲已步入衰退阶段，开始接近农业经济时代了（图 1-2）。

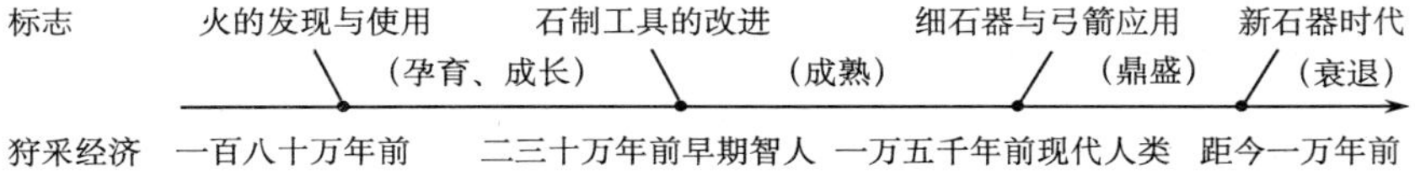

图 1-2　狩采经济时代的发展阶段及其标志

不管狩采经济的历史有多长，它终究被农业经济取代；无论在一些地方仍然存在狩猎与采集活动与否，农业经济已代表先进生产方式而占据社会发展的主流。

2. 农业经济时代

农业经济是在狩采经济的基础上发展起来的。约在 11000 年前，人类开始栽培植物①。也就是说，早在石器时代的晚期即新石器时代（始于距今 1 万年前）之前，农业经济开始孕育。陶器的发明、各种石制农具的大量出现及普遍使用，可以作为古代农业经济由成长进入成熟阶段的标志。原始种养业的产生使经济形态第一次由攫取经济过渡到生产经济，使人类获取食物的方式发生了革命性变化。陶器的出现对农业生产力发展起了重要作用，它可以用来贮藏谷物、存水、烧制食物，从而延长了食物存放时间，改善了人类饮食方式。历史学家路易斯·亨利·摩尔根（Lewis H. Morgan）对陶器发明给予了高度评价："在人类进步中，制陶术的出现对改善生活、便利家务开辟了一个新纪元。"[15]有西方学者将其称作为新石器时代的革命，它"使人类从狩猎的原始部落分散的聚居状态，进入了在不同程度上相互依存的农业社会"[16]。

有历史学家认为，原始种植业是从采集业发展而来的，其发明主要是妇女的功劳（男子主要从事外出狩猎）。妇女在长期的采集活动中，积累了经验，逐渐认识并掌握了野生植物的生长规律，将野生植物有目的地改为人工种植，从此人们不仅从大自然攫取食物，也开始自主生产，即所谓"由攫取经济过渡到生产经济"。这可以从后来我国古代最早的诗歌总集《诗经》中得到印证，如周民族对他们的祖先弃（曾在帝尧时做后稷——农官）及其母亲姜嫄的描述："艺之荏菽，荏菽旆旆……"、"厥初生民，时维姜嫄"（《大雅·生民》）；"赫赫姜嫄，其德不回"（《鲁颂》）。

与此对应，原始畜牧业是从狩猎业发展而来的，因而与种植业对应不

---

① 〔德〕罗尔夫 D. 施密德著，李慎涛译：《生物技术与基因工程图解小百科》，科学出版社，2005 年，第 164 页。

同，它的发明主要归功于男子。随着工具的改进即狩采经济生产力的发展，人们捕猎的动物增多，一时享用不完，于是就把野生的猪、牛、羊、狗、马、鸡等喂养保存起来，逐步驯养而成了家畜，从而产生了畜牧业。

原始种植业和原始畜牧业的发展相辅相成。种植业在为人类提供食物的同时，也通过主副产品为动物提供饲料，促进了畜牧业的发展；畜牧业在为人类提供肉、蛋、奶、皮毛等产品的同时，也为种植业提供畜力、运输工具和肥料，从而促进种植业的发展。这种互补与共生共荣，正是我们后面将要讨论的农业易相发展、阴阳互补、农与“非农”相互促进等思想的原始体现。

1973 年，在浙江余姚原罗江公社东方红大队发现的距今约 6000 多年前的河姆渡新石器时代遗址证明，在 6000 多年前，中国东南沿海一带就已经发展到使用骨耜翻挖土地、普遍种植水稻的阶段[17]。根据中国传统农业发展由北方黄河流域推进到长江流域的事实，可以推测，那时北方的农业发展已相当成熟。事实也证明如此，中美合作对河南境内的考古研究发现，9000 年前中国即已掌握酒的制造方法，所用的原料包括稻米、蜂蜜、水果等①。该发现表明，9000 年前，水稻不仅提供食用，而且已用于加工制作酒，出现发酵工业的原始雏形。但这尚不能被当做为工业经济的起源之一，因为当时的工业规模狭小、工艺简单，与工业经济所代表的近现代工业文明还相距甚远。

铁器的发明与使用标志着以狩猎和采集为特征的原始农业逐步过渡到所谓古代农业，铁器的普遍使用标志着农业经济步入成熟阶段的鼎盛时期。早在新石器晚期，金属器开始利用，如大约在六七千年前，西亚、埃及等地及欧洲已开始利用铜；中国开始用铜的时间大致在公元前 2000 多年以前。金属工具的使用大大提高了农业经济的生产力。公元前 1000 多年前，西亚首先发明了冶铁术；公元前十世纪，两河流域进入铁器时代[15]。铁是价廉、质硬、耐损的优良金属，铁器的发明与使用，在生产工具方面，迅速取代了石器和铜器。

---

① “中美合作发现我国九千年前已会酿酒”，《科学时报》，2004 年 12 月 13 日。转自《美国科学院院刊》，2004 年 12 月 6 日。

一直到工业化起步，近代育种技术、灌溉、化肥和农药的普遍使用，标志着农业经济发展到顶峰。到 1760 年代（1760s），自然演进的传统农业经济时代宣告终结，逐渐被强调人为大规模干预的近现代农业所取代，同时人类社会的主流逐步进入了工业经济时代（图 1-3）。

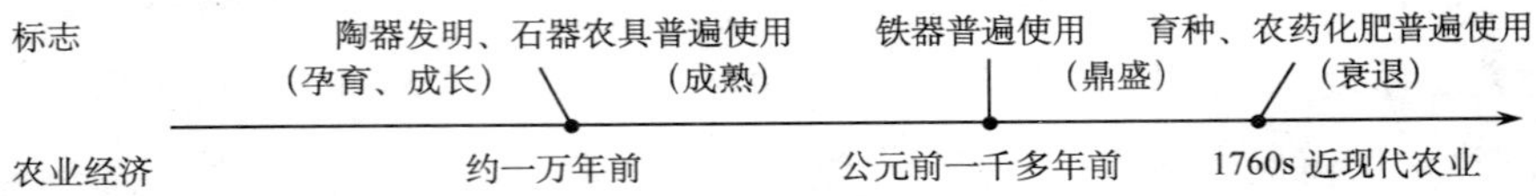

图 1-3　农业经济时代的发展阶段及其标志

3. 工业经济时代

人类社会经济发展的进程逐步加快。狩采经济经历了数十万年；农业经济一般认为经历了一万年左右（也有人认为八千多年或九千年）。这两个时代，世界各地虽然步入的时间有所不同，但仍能够粗略笼统地划分出相对集中的发展阶段，依据普遍使用的生产工具找出不同阶段的标志。然而，对于工业经济时代，从 1760 年代英国工业化开始算起到目前还不到 300 年，却已在美国率先完成并领先步入了信息经济孕育阶段，至今许多国家包括中国，从整体上讲，还处在工业化进程之中。正是由于工业经济时代进程加快的特点，我们只能综合考察不同国家或国家类型的经济发展阶段，才可能找出工业经济时代发展阶段划分的标志。此以工业经济的主流代表——西方发达国家为例，来揭示工业经济时代的发展阶段。

如果将人类对客观世界认识的重大突破和飞跃式发展称为科学革命，对改造客观世界的技术手段出现重大突破和飞跃式发展称为技术革命，那么，由科学革命和技术革命而引起的人类社会整个物质资料生产体系的变革，就可称为产业革命。产业革命是推动经济形态发展和更迭的直接动力。

16 世纪初，意大利文艺复兴运动进入全面成熟时期。在意大利文艺复兴运动的推动下，欧洲兴起了一场科学革命，人类社会进入科学实验时代。此间，以哥白尼、伽利略、笛卡儿、培根等为代表的一批科学家开创的科学实验、观察、归纳等方法，对近代科技发展起到了巨大的推动作用，而近代科技的发展又为产业革命作了储备。

在16世纪中叶，欧洲大陆炼铁等手工业比较先进，英国商人、工匠纷纷来欧洲大陆学习，并引进了铸铁技术。到16世纪末，先进的意大利分裂为许多小国；德国爆发内战；东方的中国当时处于明万历年间，农业经济发达，但由于体制落后、轻视科技、重农抑商，不足以创造出引起产业革命的科学技术。1660年，世界科学中心开始由意大利转向英国。国际环境为英国产业发展提供了机遇。

1662年，“哲学学会”被英国国王批准为“皇家学会”，成为英国学术中心；1687年，牛顿发表《自然哲学的数学原理》，完成科学史上第一次大综合，成为英国也是世界科学革命理论的巅峰。科学革命为技术革命作了储备。英国皇家学会的活动内容之一就是技术和发明。以英美为代表的手工业的繁荣和商品竞争，使生产组织发生了根本性变化，由原来的以家庭为主的作坊式逐渐发展成为专业化、协作化的体制——“工业的胚胎”。其中工具机在技术革命中占有重要地位。开始于1730年代的纺织机的系列发明(1733年发明飞梭；1738年发明滚轮式纺织机)成为工具机革新的火车头，而工具机的革新又被称为工业革命的导火索——工具机的技术革命为大机器应用创造了条件。大机器的运转，需要更大的动力来带动，于是，动力机成为了机械化的最大障碍，巨大的市场需求为蒸汽机的发明带来了机遇。

从1760～1780年代，瓦特发明的高效蒸汽机使所有的大机器包括火车、轮船等都能快速运转，整个工业生产效率获得了空前巨大的提高。高效蒸汽机很快被推广应用到英国、欧洲大陆，以及美国、日本等国，从而使产业革命发展到一个新的高度，被认为“是生产体系组织结构，以及经济结构的飞跃变化”，“改变了整个世界”①。

关于工业革命开始的时间，有几种不同的说法，有的指一段时期，有的指具体某一年。例如，创造“工业革命”名词的阿兰德·杜尔宾(Allende Durbin)选择1760年作为工业革命开始的时间；一些辞书提出把1750～1760年作为开始时间[16]。也有把1750～1825年或1760～1830年作为工

① 钱学森对产业革命的定义，载宋健主编:《现代科学技术基础知识》，科学出版社，1996年，第22页。

业革命时期。由于工业革命之所以称为“革命”，应当是指一个较短时期内，它不可能在某一瞬间完成，因此我们倾向于把它当成一个较短的时期，即1760年代。

因此，我们把意大利文艺复兴运动、英国发展成为世界科学中心和以蒸汽机、机械化为代表的工业革命开始分别作为工业经济时代孕育、成长和成熟的标志（图1-4）。

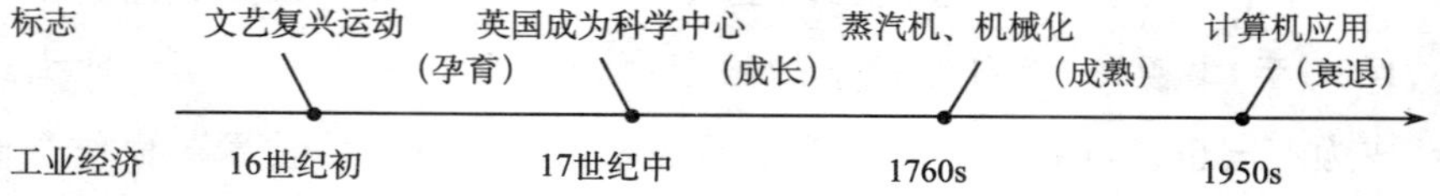

图1-4 工业经济时代的发展阶段及其标志

从18世纪中叶开始的蒸汽机发明及其产业化，以及由此带来的机械化，标志着人类社会步入了成熟的工业经济时代。从19世纪中叶开始，电动机得到发明应用，工业开始步入电气化时代，标志着工业经济时代发展到鼎盛时期。工业经济发展到20世纪50年代由美国率先完成。以计算机应用为标志，美国引领经济时代潮流，促使人类社会开始走向信息经济时代。

4. 信息经济时代

信息经济从20世纪40年代中后期开始孕育。19世纪末以来电子技术的发展，为电子计算机系统思想的产生提供了储备，而战争的需求加速了电子计算机的研制速度。1942年，美国宾夕法尼亚大学物理学家莫奇勒(J. Mauchly)为了高速计算弹道，提出了研制电子计算机的设想，后来在军方的支持下，与总工程师艾克特(J. P. Eckert)等合作，于1946年2月制成世界上第一台数字式电子计算机“埃尼阿克”(Electronic Numerical Integrator And Calculator，简称ENIAC)①，又名“电子数值积分计算机”。ENIAC是一个庞然大物，占地170平方米，总重量达30吨；约有18800只

① 余志森：《美国史纲——从殖民地到超级大国》，华东师范大学出版社，1992年，第400页。

电子管、1500 个继电器、70000 只电阻以及其他各种电气元件;每小时耗电量约为 140 千瓦。该计算机每秒钟可以进行 5000 次加减运算,相当于手工计算的 20 万倍、机电式计算机的 1000 倍。ENIAC 虽是第一台正式投入运行的电子计算机,但并不具备现代计算机"存储程序"的思想。1945 年,数学家冯·诺伊曼(Von Neumann)在美国普林斯顿高级研究所提出的设计报告"电子计算装置逻辑结构初探"可作为一个重要标志,正是由于诺伊曼计算机总体配置和逻辑设计等思想,才使电子计算机进入迅猛发展阶段。与冯·诺伊曼同时代的还有一批从事信息研究的先驱,如进行著名"图灵测试"的阿兰·图灵(Alan Turing);现代信息论的奠基人香农(Claude E. Shanon)。1950 年冯·诺伊曼研制成采用二进位制和内贮存装置的电子计算机"埃迪瓦克"(The Electronic Discrete Variable Automatic Computer,简称 EDVAC)①。EDVAC 是世界第一台"存储程序"的离散变量自动电子计算机,运算速度是 ENIAC 的 240 倍。由于冯·诺伊曼提出的 EDVAC 计算机结构为人们普遍接受,因而具有该结构的计算机又称冯·诺伊曼型计算机。1951 年第一台商用电脑 UNIVAC Ⅰ 在美国统计局投入使用,开创了电子计算机在经济社会领域中应用的先河。

1975 年个人计算机(PC)得以发明并在其后很快投入应用,这是信息经济时代步入成长阶段的标志。1990 年代因特网的应用与普及是信息经济时代步入成熟阶段最主要的标志,至此我们才说人类社会已经进入了真正的信息经济时代(图 1-5)。信息经济时代,在一些场合又被称作为后工业时代、数字化时代。

如果说,PC 亦即微机的发明,使计算机应用很快得以普及,是人类社会步入成熟的信息经济时代前的一次革命性突破,那么,因特网的普及对整个电脑界产生了深远的影响,信息不再被看成是在 PC 中安家,而是存在于网络,它不仅改变了人们使用电脑的方式、公司的创新模式以及客户端和服务器端系统的技术方向,而且改革了现代社会生活、生产以及人们的思维方式,从而真正开辟了一个新的信息经济时代。

---

① 褚超、隋毅、黄江洪:《计算机漫谈》,中国科学院计算技术研究所系列科普资料,2005 年。

根据斯坦·戴维斯等[3]的观点,互联技术廉价普遍应用(the widespread use of cheap chips and wireless technology that will let everything connect to everything else)标志着信息经济时代走到了尽头,开始步入衰退阶段,人类社会将被逐步成熟的生物经济时代所取代。

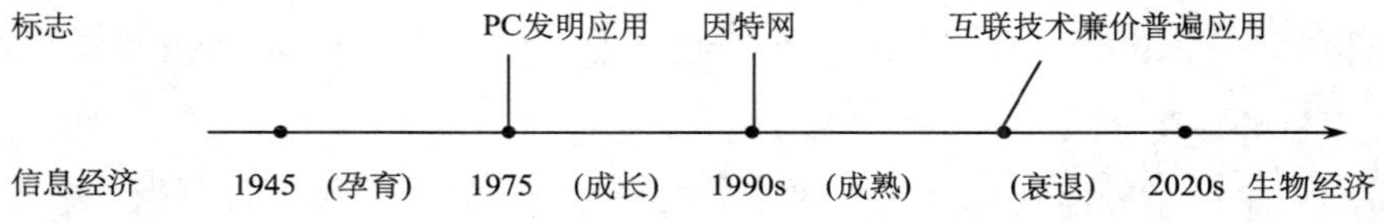

图 1-5 信息经济时代的发展阶段及其标志

5. 生物经济时代

不同经济时代的生命周期是相互交织更迭的。在信息经济时代进入成长阶段之前,生物经济时代即在孕育,但其孕育期远长于信息经济时代的孕育期。两者的时间是如此接近,以致有人认为两者平行发展了相当长一段时期。以 1953 年弗兰西斯·克拉克(Francis Crick)和詹姆斯·沃森(James Watson)发现 DNA 双螺旋结构为标志,生物经济时代进入孕育阶段。人类基因组破译的完成和发表标志着孕育阶段的终结。当前我们正在进入生物经济时代的第二阶段,即成长阶段[3]。正如只有当信息经济发展到它的成熟阶段才能称为进入信息经济时代一样,只有当生物经济发展到成熟阶段,才可以称为进入了生物经济时代。因此可以认为,我们尚处于生物经济时代的前夜,尚不能称进入了生物经济时代。有人预计,这一激动人心的"时刻"将会随着生物技术广泛应用于非生物界而在本世纪 20 年代中期到来(图 1-6)。

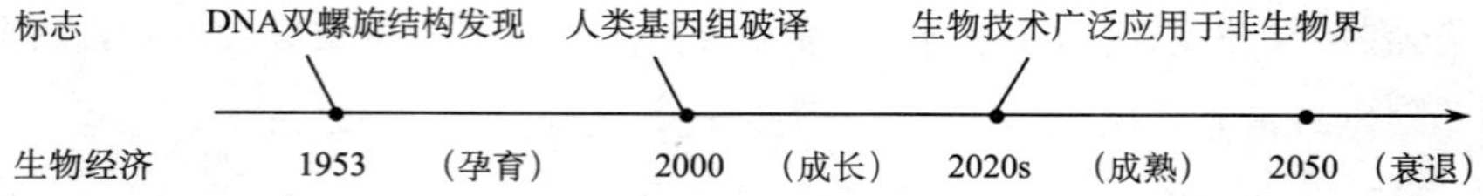

图 1-6 生物经济时代的发展阶段及其标志

以生物能源为例，在生物经济时代，生物科技可望用以改变世界能源分布格局，进而影响到世界地缘政治。生物能源的发展趋势与前景足以表明：它极有可能替代当今濒临枯竭的化石能源，这对化石能源紧张的中国而言，机遇大于挑战。中国如能把握好生物经济时代的机遇，发挥生物资源丰富的优势，成功实现生物能源替代战略，则可望扭转目前过分依赖化石能源的地缘被动局面。

6. 经济时代阶段划分的启示

知识经济能否按照上述方式划分出四个阶段？各有什么标志？我们显然不能把 400 年前弗朗西斯·培根（Francis Bacon）的一句名言“知识就是力量”算作是“知识经济”孕育或成长的标志。“知识”作为一种资源或产品，在各种经济形态中都离不开。农业经济时代也要利用当时最新的知识。“任何经济都含有知识的应用，怎么来区分哪些是‘知识经济’，或何时达到‘知识经济’的程度？1996 年经济合作与发展组织在一份报告中提到，据估计，在发达国家中，以知识为基础的经济已占到经济总量的一半以上。但并未说明是怎么估计的，标准是什么。”①

知识经济不能按照上述一般规律划分或预测为四个不同的阶段，同时从技术和产业上讲，它的范围过于宽泛——包含大部分传统意义上的第三产业和其他一些产业，因而与农业经济、工业经济、信息经济不属于同类范畴。它是属于与资源经济或物质经济等相对应的、与信息经济或网络经济既有交叉重叠又有区别的一个并列的概念。

进入 21 世纪不久，中国科技界曾出现沸沸扬扬的知识经济热、比特（Bite）与赛博（Cyber）热，终于在“还须工业化，大力发展制造业”的实际行动中尘埃落定。

发达国家率先提出或倡导“知识经济”概念是有其深刻背景的。引用美国竞争力委员会在《创新投资：朝向联邦科技政策的战略共识》（*Investing in Innovation: Toward a Consensus Strategy for Federal Technology*

---

① 朱高峰：“我国距‘知识经济时代’有多远”，《科技新闻》，2000 年第 28 期。

Policy)中的一句话就能帮助说明:"创新投资不仅可以鼓励以美国为首的全球范围和本土内的创新,还能够使美国公司从技术知识的全球资源中得到最大好处"(Encourage U. S. -led innovation abroad as well as at home, and enable U. S. firms to get maximum benefit from world-wide sources of technical knowledge)。试想,在倡导知识经济的社会里,微软公司(Microsoft)的软件等所谓的"知识经济"的主导产品将会得到更大的利益。对此,我们在接受这一概念框架、把握好知识经济带来的机遇、迎接其挑战的同时,还应有比较清醒的认识,该发展制造业、经历制造业发展阶段时还是要踏实地发展制造业,脱离了工业时代的基础而盲目地追求所谓的"比特"效应,最终吃亏的是我们自己。国家统计局发布的资料和中国百强企业排名也证明了这一点。据统计,2003 年中国经济之所以得到高速增长,最重要的支撑力是中国工业的高速增长,第二产业对整个经济增长的贡献率达到 79.1%,在 GDP 增长的 9.1 个百分点中,第二产业占了 6.5 个百分点[①]。

三、生物经济时代的关联

生物经济时代与其他经济时代的关联,进一步表明了生物经济与农业经济、工业经济、信息经济的递进关系。

1. 经济活动的关联:生物经济最能体现"以人为本"

每个经济时代的经济活动都具有不同的主流特征,并逐步趋向人类生活品质的改善和对人本身的关怀。人是最高类型的生物,生物经济与人的关系最为密切,人类发展经济的终极目标是对人自身的关怀。近年来有一些关于生物研究的报道,如"核酸事件"与"基因皇后"、"克隆人"与"干细胞"、"产前诊断"与"基因选材"等等,热点频出,乃至误导公众。除了说明媒体热衷于炒作以外,难道不也从反面说明生物科技越来越贴近人们生活,社会在日益关注自身的健康、关注人类生活品质?

不同经济时代对人类间接或直接关怀的中心分别为:

---

① "国内生产总值比上年增长 9.1%",《北京青年报》,2004 年 1 月 21 日。

- 农业经济时代：以自给自足的自然经济为中心；
- 工业经济时代：以商品市场为中心；
- 信息经济时代：以消费者为中心[①]；
- 生物经济时代：以人类生活品质为中心，不断改善和提高人类生活品质。

提及信息经济时代以消费者为中心，有点让人不易理解。这是针对目前信息经济时代主流生活与价值观而言。比方说，过去有价值观认为：我思故我在。而现在不同了，你思不一定就能证明你“在”，而是你消费了什么才能证明你是什么；社会似乎落入了某种世俗，颇有点“我消费故我在”的味道。姑不论其合理与否，然消费在现今经济生活及价值观念中的核心地位毋庸置疑。由此推之，在买方市场和“以人为本”（Human-oriented）的信息社会里，“以消费者为中心”就顺理成章了。

2. 技术关联：信息技术推动生物技术，信息经济催生生物经济

没有信息技术的进步，很难设想怎样破译生命的密码。若没有计算机的参与，要进行人类细胞中30亿碱基对的序列测定和分析是不可能的。人类基因组计划的实施加速了计算机科学与遗传学的结合。控制论是阐释不同信息之间如何相互作用进而产生可预测行为的理论，控制论的发展对如何将生命系统理解为一个对环境进行有效反馈的整合系统起到了关键作用。生物信息学是目前生物经济成长阶段信息技术与生物科学联姻的结晶。DNA计算机或称生物计算机的设想与潜能，更能展现出生物经济成熟阶段信息科学与生物科学结合与交叉互补的前景。

在信息技术的推动下，许多生物过程将能够数字化（Digitizing）。目前信息的表现方式主要有四种：数字、文字、声音和图像。但是信息还来自于各种各样的其他形式，诸如嗅觉、味觉、触摸、想象、直觉、意识或思维，乃至“第六感觉”。对于有关嗅觉、味觉以及信息其他表现形式的技术，虽然已有

---

① 网络经济就是以消费者为中心的经济。据温世仁：《新经济与中国》，三联书店，2001年，第55～57页。

“电子舌”一类产品问世，但目前尚未得到充分开发并达到商业化。例如嗅觉，我们正在用类似于数字化视觉和声音的方式对其进行数字化。气味的基本构成也能够以分子状态加以俘获，并能够以相对低廉的价格表达在芯片上。一些公司如加利福尼亚数字气味公司（Digiscents）和美国胚胎公司（Ambryx）已经研发出数字气味（Digital Odors）；加利福尼亚西拉诺科学公司（Cyrano Sciences）正在开发研制一种能够“嗅”诊疾病的医疗诊断技术[3]。预计到2020年代，数字电影将具有独特的嗅觉画面效应。设想一下，寄送带着文字和图像信息并散发着馥郁芳香的电子问候卡，该是多么诱人！

再如意识，美国杜克大学的研究人员已在人体实验中证实，植入大脑的电极能够提供控制机械装置的信号。此前他们成功地训练在脑中埋入微型电极的猴子用意念控制机械手。据研究人员在对帕金森症患者植入电极的手术中发现，微型电极记录到的大脑信号中包含的信号足以用来预知手部的运动状况，这意味着，如果将电极长时间植入患者大脑，可能建立起一套利用思维控制外部的机械装置系统。研究人员正在开发能使人体和机械装置结合的无线技术，他们认为，类似的技术除可用于研制供四肢瘫痪者使用的机械臂外，还可用于开发以思维控制的电动轮椅或用意念操作的电脑键盘。另据《神经系统工程》杂志，凭借意识，通过放置在大脑表皮的一些电极，四名志愿者成功实现了对一个电脑游戏的控制①。他们仅仅是在脑海中想“移动”这个词，而不去移动肢体，就可以完成简单的电脑游戏。这一研究将有助于科学家研究出新的方法，以帮助行动不便者通过特定装置获得工作、阅读乃至自由行动的能力。将这一技术放大应用到正常人，用意识来控制信号，从而调控大型装置，在生物经济时代也许不再是“神话”。

这里仅仅举出了嗅觉、意识两例。那么，对于其他诸如味觉、触摸、想象、直觉的开发以及数字、文字、声音和图像的再开发，情形又将如何？凡此种种，到2020年代，开发信息多种表现形式的许多设想都可望变成现实。

① 肖洁：“美实现用意识控制电脑游戏”，据科学网（2004-06-16），转引自〔美〕《神经系统工程》（2004年6月14日出版）。

如果回溯一下，谁又能在1980年代初想到今天因特网和无线手机的“神奇”之处呢？那么对上述生物信息开发的神奇之处的预测也不为过。二者的差异在于所谓的“神奇”之处分别处于信息经济时代和生物经济时代。

3. 时代主流产品的关联：每个时代都有其时代的主流产品

每个经济时代都是用其时代最新的技术来满足主流社会生活的基本需求，都有其体现该时代特征的主流产品。设想一下，我们现在离得开网络么？所谓的“白领”、“金领”确实离不开，难道说农村、农民就离得开么？更何况未来的农民也终将成为“白领”——新型农民。我们的银行、周围的传播媒体、家电中的嵌入式芯片、手机、基因测序等等，有哪一样不依赖网络技术的提升？哪一样不是因为计算机而获得方便与效率？网络就是信息经济时代的基本需求，是信息经济时代的主流产品，它代表着时代的“主流”，虽然仍有一部分人在享受信息经济时代带来的益处的同时，而对计算机与网络“浑然不觉”。

不同经济时代的主流技术和主流产品分别是：

• 农业经济时代：传统农业种养技术；动植物农产品。

• 工业经济时代：先进制造技术；制成品如机床、车辆、建筑、加工食品等。

• 信息经济时代：计算机网络技术；半导体、软件、因特网等。

• 生物经济时代：广泛渗透到生物界与非生物界的技术，如室内种植技术、超级生物加工厂、以预防(Preventive Model)为主的健康医疗；基因药物、预防医疗、新型食品等。

回到本节前面关于知识经济的讨论，所谓“知识经济时代”最新的技术是什么？如果说，其时代的最新技术是“知识”，那么，也可以说，其他任何经济时代的最新技术也是“知识”。其主流产品是信息还是知识？而这二者又分别是信息经济时代和其他任何经济时代的主流产品，并非其特有。

4. 时代浪潮的关联：生物经济将成为第四次浪潮

20世纪80年代初，美国未来学家阿尔温·托夫勒(A. Toffler)在他与夫人的合著《第三次浪潮》中提出，人类经历了从狩猎采集到农业经济的农业化浪潮、工业化浪潮，第三次浪潮——信息化浪潮即将到来。此亦所谓“三次浪潮”理论。它的另一种表述方式为：第一次浪潮是农业革命，人类从原始的渔猎时代进入以农业为基础的社会；第二次浪潮是工业革命，人类从工业文明的崛起到工业化社会；第三次浪潮则是人类近几十年在信息技术等方面的巨大发展。按照我们前面对信息经济时代发展阶段的划分标志，因特网于1990年代得到普遍应用，标志着信息经济步入成熟阶段，即人类社会从此步入了信息经济时代，可见，托夫勒的预言没有落空。

美国未来研究所所长、未来学家保罗·萨福(Paul Saffo)也曾预言①：“推动社会发展的代表科学将由信息科学转为生物科学。信息科学仍将有很多惊人的发明与创新出现，但是从对商业与社会的影响程度角度来看，即将来临的生物科学革命的影响将远远胜过信息科学。”

封展旗等首次正式将生物经济与人类社会发展的第四次浪潮相联系[7]，虽然有一些观点值得进一步斟酌，但仍不妨将其视作为对托夫勒“三次浪潮”理论的一种拓展。

(1) 农业经济时代：第一次浪潮

农业经济时代，应当存在两种社会：农业社会＋狩猎与采集社会。按照托夫勒的观点，虽然新的浪潮会取代前一波浪潮，但新的浪潮到来时旧浪潮的余波仍然存在。这与我们认为的狩采经济并未消失，只是“主流”已被新的经济形态所取代的观点一致。温世仁认为：农业经济时代，只有一种社会，就是农业社会[18]，这种观点显然不全面。

(2) 工业经济时代：第二次浪潮

到了工业经济时代，狩采经济基本上退出了历史舞台，因而又有重新组合的两种社会并存：农业社会＋工业社会，只是农业经济的“主流”社会已让位于工业经济了。使用“浪潮”而非人类社会新阶段，就是基于一个新的时代像大海的“浪潮”一样后一个覆盖前一个，两个浪潮之间存在交叉重叠现

① ’99上海《财富》全球论坛年会：“以信息科技为中心的首席执行官圆桌会议”，引自“40位巨头端坐财富特别圆桌90秒短话这样说”，《北京青年报》，1999年9月29日。

象。这也就是为什么少数偏远之地还可能找到狩采经济蛛丝马迹的原因所在。

(3) 信息经济时代:第三次浪潮

信息经济时代,有三种社会并存:农业社会＋工业社会＋信息社会。从理论上讲,我们认为,按照人类社会演进的规律,应当只有两种社会,即:工业社会＋信息社会。但主要由于人为的干预和破坏,包括战争、种族与意识形态的歧视等(另一因素是自然条件),使得先进的工业技术和信息技术扩散受阻,不能为农业经济社会所及时利用,而使占人类相当比例的人口仍处于农业社会。然而,一个新的时代来临,意味着人们的生产、生活、娱乐休闲、交往等方式发生了深刻的变化。信息、网络、计算机应用让我们真切地感受到了一个"信息社会"的来临,并已占据主流地位。

(4) 生物经济时代:第四次浪潮

生物经济时代,同样由于人为因素的非正常干预,将会有四种社会并存。除了已经存在的传统的"农业社会＋工业社会＋信息社会"外,再就是于本世纪20年代将要到来的一种全新的社会——我们暂将其命名为"人本社会"。

我们在此分别引用科技界、未来学界和经济界几位著名代表人士于世纪之交所谈到的有关生物经济时代的话语。它们可以说明生物经济将取代信息经济,说明生物经济时代与其他经济时代的关联;也就是帮助证明将要取代第三次浪潮的非生物经济莫属。

"假如说20世纪是物理学的世纪,那么21世纪则是生物学的世纪,这里头花样多得不得了。"

——杨振宁于2000年8月4日在诺贝尔奖北京聚会上

"20世纪是物理学和化学的世纪,而21世纪无疑将是生物学世纪。"

——诺贝尔化学奖得主、美国赖斯(Rice)大学罗伯特·柯尔(Robert F. Curl)于20世纪末

"因特网(Internet)只是允许我们更方便地做我们已经做过的事,而基因工程则会改变人类及其进化过程。"

——未来学家约翰·奈斯比特(John Naisbitt)于
2000年5月22日访华时

"超过我的下一个首富必定出自基因领域。"

——比尔·盖茨(Bill Gates)于20世纪末

第三节　生物经济的特点及其时代特征

要揭示生物经济时代的特征,就应当先从生物经济的特点谈起。区分生物经济的特点与生物经济时代的特征,对于把握"生物经济时代的到来对农业意味着什么"等命题具有重要作用。当前科技界存在把"生物经济特点"与"生物经济时代特征"两种概念混为一谈的现象。我们认为,生物经济的特点主要是从微观角度、从生物经济时代的生命周期内来考察生物经济本身及其与其他经济形态的联系与区别;而生物经济时代的特征主要是从宏观角度、从时代的生命周期即更大的时间跨度来考察生物经济及其时代意义。

一、生物经济的特点

我们将从生物经济的定义——以生命科学与生物技术研究开发与应用为基础的、建立在生物技术产品和产业之上的经济——出发,按照生命科学与生物技术产品的生产消费过程,来分析生物经济的特点。其流程为:各种生物资源,经过生命科学和以现代生物技术为核心的技术体系的相互作用,研究开发出新工艺、新标准、新产品;生物技术产品及服务通过市场进入消费领域并与相关产品互补形成宏大产业群;消费具有"人本化"(以人为本+生活品质)特征(图1-7)。基于这一思想,生物经济的特点至少表现在以下

6 个方面：

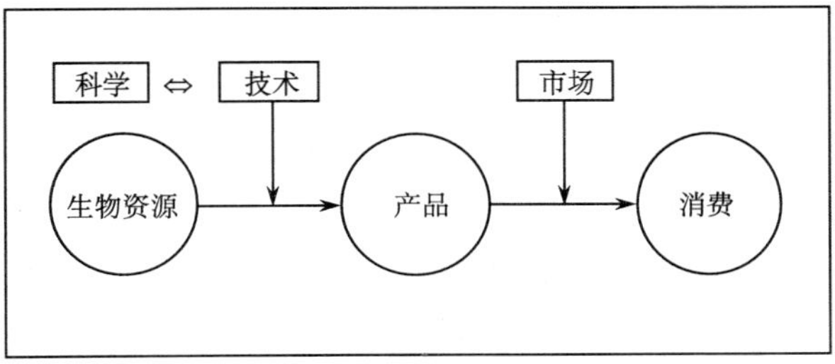

图 1-7　生物经济特点基于流程示意图

1. 科技含量高，投资回报期较长

生物技术产品开发通常是一项高投入、高风险的工程，在投入产出方面存在较大的变数；其研究开发的诸多环节一般含有较高的科技含量。在研究开发与产业化过程中，要求研究机构或开发公司具有系统的专业知识，高素质的科研人员与工程技术人员；所需的实验室及仪器设备更加精良；并需将现代生物技术与信息等其他技术相互融合。公司把产品推向市场后，生物技术知识产权等较高的科技“门槛”准入容易把竞争对手挡在门外，以保障公司高额回报与长期的利润空间。

与此观点对应，有人认为，“生物技术通用性强”是生物经济的特点之一，所谓生物技术通用性，是指这些技术如基因组技术、克隆、干细胞技术等，在不同动物、植物与微生物方面都可以通用[9]。

2. 对生物资源依赖性加强

基因(Gene)是一段可以编码具有某种生物学功能物质的核苷酸序列，是控制生物遗传性状的基本遗传单位。以目前的观点和近期技术发展来看，基因是从生物资源中“发现”而非“发明”的。因而从理论上讲，谁拥有生物资源，谁就拥有更坚实的生物技术产品开发的物质基础。农业经济时代对生物资源的依赖主要局限在外在层面(组织、器官、成分等)的初级利用；而在生物经济时代，对生物资源的依赖主要体现在基因层面的深层利用；工业经济时代和信息经济时代对生物资源的依赖性相对较弱。

3. 产品与产业多元化

生物经济的产品与产业内容，不仅涉及目前的常规农业系统，而且涉及食品、营养、健康医疗、资源、环境、生态、能源和新材料等众多领域。由于深入到基因层面，产品与产业的多元化明显，产品的人性化和个性化突出。产品多元化，指从传统农业产品到运用现代生物技术生产与加工的产品，如功能食品、生物能源、生物疫苗、基因产品。产业多元化，指除农业等传统的三次产业外，还增添了许多与“非农”交叉的新型产业，如基因美容、农业疗养、特色农业旅游。同时，由于生物技术涉及人体本身及其赖以生存的环境，因而各国对其开发应用都较为慎重，不容易出现如网络软件产品一样被大量快速复制的现象，如克隆人及其组织器官，一些经生物高技术处理过并受专利保护的作物品种。

4. 日益显现的市场容量和商业价值

生物技术及其产业已经开始创造巨大的商业价值，这些商业价值与人类健康、生活品质密切相关。一个功能基因，可能会造就一个产业。一个产业对应的消费人群，即使是属于患者人群，也往往是巨大的。例如，美国一家生物制药公司出资2000万美元收购了一种可以开发减肥药的克隆基因，一年后以7000万美元转手出售①。设想如果每个基因克隆都以7000万美元出让，那么只要取得43个克隆基因，价值就可约达30亿美元，相当于美国对人类基因组研究计划的拨款，证明了“一个功能基因可能造就一个产业”的预言。在马达加斯加热带雨林中发现的玫瑰色长春花，是基因公司潜在商业利润的另一个生动实例。研究人员发现这种具有独特遗传性状的稀有长春花植物，可以开发作为药物用以治疗某些癌症，礼来制药公司(Eli Lilly)把它开发成为药物，正在获取巨大利润，仅1993年销售额就达1.6亿美元[1]。随着人类社会的发展，生物技术产业将蕴含着越来越大的价值。

---

① 《新财经》:“下一位世界首富诞生的行业”，http://it.sohu.com/53/03/article204440353.shtml，2002年11月19日。

在农业经济时代乃至工业经济时代早期，人们的保健花费很小；到了信息经济时代，健康医疗的市场需求急剧上升；在生物经济时代，随着健康医疗模式的转变和人类平均寿命的延长，绿色健康的生产与生活方式备受关注，退休后的生活年限也将随之延长，各种保健及对老年人的护理、医疗将会形成一个更大的市场。

5. 生物经济的消费更具“人本关怀”

由于生命科学、生物技术与人类自身健康和生活品质密切相关，“以人为本”的发展理念将得到最终体现，并在生物经济时代进一步升华到能够真正体现以人类生活品质为中心的“人本化”境界。所谓“人本化”，就是“以人为本＋生活品质”，也就是所谓的“人本关怀”[6]。它源自“以人为本”并超出之。在信息经济时代，生产过程开始体现循环利用、绿色理念；产品出现柔性制造、个性化设计的特点。在生物经济时代，越来越多的产品与人的健康、生活品质以至生活价值直接相关，因而更加注重“人本关怀”。例如，利用基因工程开发“定制”个性化药物；利用农业的多元化功能进行环境美化与健康疗养等。

6. 基因污染与生物伦理问题凸显

转基因作物中的外源基因，有可能通过花粉传授等途径扩散到其他物种，生物学家称之为“基因漂流”(Gene Flow)，也就是所谓的“基因污染”。由于种植转基因作物已成快速发展趋势，因而基因污染的情况可能发生。与其他污染不同，基因污染被认为是不可逆的，植物和微生物的生长与繁殖可能使之成为一种蔓延性灾难。人工合成遗传物质，制造一种自然界并不存在的新型单细胞生物，同样涉及安全和生物伦理问题。目前基因治疗之所以只用体细胞，而不用更可望治本的生殖细胞，就是因为生殖细胞涉及基因组改造等伦理问题。再如，为使水稻能够抵抗重金属，而将人的某一基因转入水稻中，人吃了这种稻米是否会产生诸如“自食”的伦理问题。

二、生物经济时代的特征

从人类社会发展宏观层面和经济时代演进的角度来衡量，生物经济时代的特征主要表现在以下5个方面。

1. “人本化”发展理念

在工业经济时代后期和信息经济时代，人类已开始关注自身发展的环境质量，“以人为本”的发展理念日益受到重视，并日益贯穿到社会和经济活动之中。在生物经济时代，人类社会发展观将发生深刻变革。人类掌握科技知识与发展经济的终极目的应是对人自身的关怀，而注重生活品质就是对人自身关怀的最佳体现。“人本化”理念是生物经济时代最重要的特征，是主导未来科技与农业发展方向的一个根本性理念，也是后面我们将要论述的“农业易相发展理论”的一个基本概念。

在科学昌明、技术进步不断加快的今天，我们经常听到这样的论调，也曾反躬自问同样的问题：人类发展科学和技术的终极目的是什么？单纯是人类的好奇和永远探求未知的求知欲么？不是。在过去的几个时代，既有发展生产力的要求，又兼有征服自然、征服异域民族、掠夺资源和财富的需要，同时还夹杂着人类对科学与技术的盲目崇拜（如唯科学主义和技术决定论）。有人就曾设想过，即使目前的科学技术不再进步，只要用好已有的科学技术，人类也可以轻易地解决贫困、饥饿与地球环境危机，甚至可以使全球的有正常生活愿望和福祉追求的人过上比现在好得多的幸福生活。从理想主义的角度来讲，要是能够找到并采用适宜的社会制度，此言应当没错。然而，现实世界本来就是复杂的，科学技术与现代文明正是伴随着战胜自我、挑战极限与困惑而不断向前推进。以汽车的发展为例，一方面因其加快了人们和物质的位移速度而创造了新的物质生产力；另一方面却带来了污染、噪声，甚至带来比SARS更令人恐惧的车祸死亡。但是，汽车并不会因后者的存在而停止发展，而是根据环境与能源的压力以及人们的精神追求而不断推陈出新，改变着发展方向，如目前向电动化、清洁化、智能化等方向发展。

“人本化”理念体现在生物技术应用于与人类自身及其生活环境直接相关的产业上，包括食品、营养、健康医疗、资源环境、生态等。①通过培育具有耐寒、耐盐碱、抗病、抗虫、抗除草剂等各种抗性新品种，提高农产品品质和产量，扩大农业利用空间，或利用微生物改善生态环境。②推动第二次绿色革命，改善人类膳食结构，提高营养水平，维护农业环境。转基因技术、组织培养技术、动物胚胎移植与克隆技术以及生物肥料、生物农药、新型饲料添加剂与新型疫苗等的开发应用，将大幅度地减少化学农药与化学肥料对环境的污染，从而引起种植业和养殖业的根本性变革。③开发生物能源，减少污染，缓解能源短缺压力，乃至实现对化石能源的战略替代。④干细胞技术、治疗性克隆技术、生物新药和新型保健品等，为人类健康和长寿提供技术支撑。⑤将生物技术应用于提高生活情趣、满足人们休闲娱乐等精神消费领域。

2. 基因重塑世界

在以往的经济时代，基因不为人所知或仅仅表现为遗传学上的一个普通概念，直到信息经济时代才开始显现出其蕴藏的改造物质世界包括人类自身的巨大作用和商机。在生物经济时代，生物技术的影响将广泛渗透到非生物界领域，改变许多生物与非生物产业的生产模式，从而满足主流社会的基本需求。争夺动植物包括人类的功能基因专利已演变为一场“基因战”。热点包括：转基因动植物、基因药物与疫苗、基因疗法、基因美容与选材、生物反应器等，其中有些领域已出现规模化商业应用。

基因既能改变外部环境，也能改变人的自身，这是它们对人类社会和经济生活产生极大影响的根源所在。现已发现，除有 6000 余种单基因遗传病外，危害人类的许多重大疾病如肿瘤、心血管病、精神和神经系统疾病等都与基因相关。人类基因组计划的成功以及后基因组时代的到来，标志着人类社会由“认识客体、改造客体”时代，开始向“认识主体、改造主体”的新时代转变。

基因在重塑世界的同时，也带来一系列安全与伦理问题。如基因武器、基因污染、个人隐私等。假如个人遗传信息作为资料流散的话，那么就有可能在保险、就业乃至谈恋爱等方面引发新的问题。

3. 农业外延扩大，与“非农”产业界限日渐模糊

在生物经济时代的孕育和成长阶段，农业与“非农”产业的界限渐趋模糊；乡村与城镇的边界也开始淡化。生物经济时代的农业内涵将日益丰富，外延将进一步扩大，动植物食品、营养、健康医疗、资源环境、生态及旅游、生物多样性等都将与农业有着越来越密切的关系。农业将成为唯一的与其他众多部门有着广泛联系并相互影响的一个综合部门，不再是传统或当代意义上的农业，而是重在品质的提高和功能的拓展；农产品也不再局限于传统农产品。在生物经济时代，以“小农”为主要特征的传统农民将“终结”，转变成为新型农业体系的“新型农民”，农场可望成为超级生物加工厂，许多未来“农产品”包括一些疫苗、化工产品将出自这样的加工厂，而非来自大田。

4. 预防先行的护理模式

现代生物技术将使疾病诊断、治疗和预防手段产生革命性的变化，促进人类更加健康和长寿，进而引发医学史上继公共卫生制度建立、麻醉术和疫苗抗生素应用之后的第四次革命。医学发展经历了从临床医学、预防医学，到正在出现的预测医学等历史阶段。通过对胎儿进行基因序列检测，就可以判断其可能患何种疾病，这是预测医学应用的一个例子。运用预测医学，提前采取措施，可以减少疾病发生概率。有科学家预计[19]，从 2004 年起的未来 10 年，基因组研究能够改变现有医药模式，一方面通过疾病风险确认，对高风险人群进行提前预防；另一方面开发出更好的疾病诊断和治疗方法。

在生物经济时代，健康医疗方式将由以治疗为主转到以预防为主，即由“有病被动治疗状态”转向“主动参与疾病预防状态”，亦即由目前的“疾病护理模式”(Sick-care Model)转向“预防模式”(Preventive Model) [3]。

5. 生物、信息、物质的大融合

生物是由物质构成的，物质含有丰富的信息。以信息为媒介和手段，生物与物质有着越来越紧密的关系，美国学者理查德·奥利佛干脆把生物经

济这一即将到来的时代同时称作为“生物物质时代”(Bio-materials Age)。

基因是生物存在的本质基础，储存于其中的遗传指令帮助生物协调其整个生命系统。在生物经济时代的成长阶段，信息技术已开始被广泛用于对遗传资源的分离、下载、收集、管理和使用等多方面。越来越多的生物学家开始把生物体视为信息系统，如剑桥大学动物学家索普(William H. Thorpe)把生物定义为“收集和储存信息，并在吸收此信息后改变其行为的物质”[1]。意思是说，一个生物体只有不断地保持着与环境的信息交换，才使得生物体能够通过变化的外部信息进行自我调节。遗传物质就是一系列信息，利用DNA分子中蕴含的计算能力，可望开发具有强大功能的DNA计算机和软件。这样的计算机和软件就像自然界生物一样可以自行修复缺陷；反过来，新型计算机和软件又为遗传信息管理和交流提供了便捷。这是生物、信息和物质融合的典型之一。上海交通大学生命科学研究中心贺林也提到类似的融合：“在不久的将来，DNA计算机可被用来开发新一代的基因分型技术，处理基因组的信息，或用注入人体内的DNA计算机进行基因治疗。如果DNA代表生命科学，计算机代表信息科学，DNA计算机这个典型的交叉课题或许是后基因组时代生命学科与信息学科大融合、大碰撞的一个缩影。”①生物信息学更是由生物技术和信息技术融合而形成的一门交叉学科。

在生物经济时代的成长阶段，许多生物过程将可以数字化；生物技术也将同无机硅片信息技术、无机合成材料技术以及纳米技术交织在一起，相互促进，相映生辉[3]。随着分子生物学相关学科的发展和人类基因组、水稻基因组、蛋白质组等各类计划的实施，越来越多的动植物、微生物基因组序列得以测定，基因序列数据信息正以海量的速度增长。为了快捷有效地研究基因在生命过程中的表达功能，基因芯片应运而生。基因芯片是将大量(通常每平方厘米点阵密度高于400)探针分子固定于一片支持物上后，与标记的样品分子进行杂交，通过检测每个探针分子的杂交信号强度进而获取样品分子的数量和序列信息的技术。基因身份证将个人病征、性格等方面的

---

① 刘军：“我国研制成功首台DNA计算机”，《中国教育报》，2004年1月29日。

信息贮存在身份证上，是三者大融合的另一典型例子，但这样的融合也可能产生诸如个人隐私或伦理上的问题。

参考文献

[1]〔美〕杰里米·里夫金著，付立杰等译：《生物技术世纪》，上海科技教育出版社，2000 年，第 40，189 页。

[2]〔美〕理查德·奥利佛著，曹国维译：《即将到来的生物科技时代》，中国人民大学出版社、北京大学出版社，2003 年。

[3] Stan Davis and Christopher Meyer 2000. What will replace the Tech Economy. Time, Vol. 155, No. 21, pp. 76-77.

[4] 邓心安、延吉生："谁将取代信息经济：知识经济还是生物经济"，《全球科技经济瞭望》，2001 年第 1 期，第 7～8 页。

[5] 张田勘：《基因时代与基因经济》，民主与建设出版社，2001 年。

[6] 邓心安："生物经济时代与新型农业体系"，《中国科技论坛》，2002 年第 2 期，第 16～20 页。

[7] 封展旗、杨同卫编著：《第四次浪潮：生物经济》，经济管理出版社，2002 年。

[8] 马述忠：《转基因农产品国际贸易及政府管理》，中国农业出版社，2003 年。

[9] 王宏广："试论'生物经济'"，《科技日报》，2003 年 11 月 3 日。

[10] 陈建辉："生物经济将十倍于信息经济"，《经济日报》，2004 年 7 月 19 日。

[11] 抢占生物技术及产业制高点，摘自《中国高新技术产业导报》，2004 年 3 月 2 日，http://www.chinabiopark.com/field/2004-3-2.htm。

[12] 亚洲掀起生物技术开发热潮，《经济参考报》，2002 年 3 月 4 日。

[13] 潘锋："生物引擎助推中国经济"，《科学时报》，2003 年 2 月 20 日。

[14] 邓心安、王世杰："生物经济的缘起与发展"，《科学新闻》，2004 年第 2 期，第 22 页。

[15] 张艳玲、隆仁主编：《世界通史（第一卷）》，中国致公出版社，2001 年，第 16～25，154，208 页。

[16]〔美〕I. 伯纳德·科恩著，杨爱华等译：《科学革命史》，军事科学出版社，1992 年，第 266～271 页。

[17] 李长年编著：《农业史话》，上海科学技术出版社，1981 年。

[18] 温世仁：《新经济与中国》，三联书店，2001 年，第 55～58 页。

[19] "基因研究是缩小科技差距的关键"，《科学时报》，2004 年 4 月 8 日。

[20] 宋健主编：《现代科学技术基础知识》，科学出版社，1996 年，第 15～23 页。

[21] 吴国盛:《科学的历程》,湖南科学技术出版社,1997 年,第 431～440 页。

[22] 仝芳妍、邓心安:“生物经济时代特征及其对未来农业的影响”,《科技导报》,2005 年第 4 期,第 56～59 页。

[23] 〔加〕詹姆斯·D. 盖斯福德等著,黄祖辉等译:《生物技术经济学》,上海三联书店、上海人民出版社,2003 年。

第二章　农业的时代特征与新的使命

第一节　农业概念的演进

一、*农业的时代特征*

1. 农业的基本特征

农业的内涵比较广泛，既有一定时期重点包含的内容，又有可供拓展的领域。对"农业"概念具有代表性的定义有：农业是"栽培农作物和饲养牲畜的生产事业，在国民经济中的农业，还包括林业、渔业和农村副业等项生产在内"[1]；农业是通过人工培育，利用生物的生活机能，实现物质与能量的转化，以取得产品的生产部门[2]；另据《韦氏词典(第九版)》(Webster's Ninth New Collegiate Dictionary)，农业是指在为获得人类利用与加工的产品各阶段所进行的耕种土地、生产作物、饲养牲畜的科学和技艺(agriculture, the science or art of cultivating the soil, producing crops, and raising livestock and in varying degrees the preparation of this products for man's use and their disposal)。根据上述定义，结合农业发展演变的历史，我们概括农业的基本特征主要有：

- 利用生物的生活机能；
- 实现物质与能量的转化；
- 人工利用以取得产品。

从英文词根上溯源发现："农业"和"文化"是有密切联系的。

agriculture 来自拉丁文 agricultura，有"农业、农艺、农学"之意。agri

源于 ager，表示“农田”、“土地”、“农业”之意。cult 由中古法文和拉丁文 culte，cultus 演变而来，含有“耕作、栽培、培养、养育、祭祀、文化”之意。拉丁文 cultura 意指相对于自然存在的事物而言，由人为的“耕作、培养、教育”而发展出来的事物；culture 有“文化”、“教养”、“栽培、养殖”、“培养”、“耕作”等意；简而言之，由“教养”所形成的结果即是“文化”。

agriculture 由 agri 或 agro 和 cult 组合而成，有“农田”、“土地”、“农业”和“栽培、养殖”、“培养”、“耕作”联合之意。综合起来，agriculture 表示：农业、农艺(art)、农学，因而有人称农业专家为农艺学家或农学家，称农业为“土地的艺术”①。

由此可见，agriculture 和 culture 有“培养”、“教养”和“艺术”上的联系，进而可以升华到“文化”上的联系，“培养”、“教养”或“教化”可视作为 agriculture 和 culture 二者之间联系的桥梁。石元春在 2005 年“中国科学与人文论坛”第五单元报告会②上也曾提到：英文中的“文化”为 culture，而“农业”为 agriculture，表明“农业”和“文化”的关系是很密切的。理解这一渊源关系，对于在后面章节里进一步理解农业的内涵与演进及其拓展具有辅助作用。

2. 现代农业的特征

(1) 农业发展进程回顾

传统观念认为，农业是一种从事初级农产品生产的产业，利用生物的生活机能，实现物质与能量转化，主要体现在动物或植物本身，因而其生产者通常被称为“农民”。其实，随着农业的发展及其与其他产业的联系，农业生产经营的产出早已超出初级农产品范围，农业概念已发展成为一个以生物质生产为基础的，产品由初级农产品向整个生物质加工产品延长的多元化生产与经营的综合产业，其生产者已不再是传统意义上的“农民”，而逐步演化为“农业生产经营者”。前者即传统的“农民”相当于 peasants ＋ farm-

---

① 〔法〕H. 孟德拉斯著，李培林译：《农民的终结》，社会科学文献出版社，2005 年，第 51 页。

② 石元春：“从农业发展历史看科学与人文的互动”，中国科学与人文论坛：http://news.gscas.ac.cn/info_www/news/detailnewsb.asp? infoNo=4349，2005 年 5 月 8 日。

ers，意即“种地养家”，有时并不是作为一种职业；后者“农业生产经营者”相当于 farmers + agribusiness workers，意即“以种地为特征的农业生产，主要是为了满足消费者需求”，被认为是一种职业，business 表示“商业、生意、供求”之意。

现代农业是一个相对的历史概念，是依据农业发展历史阶段而划分的一种综合形态。我国经济部门曾认为，现阶段的“现代农业就是用现代科技、现代装备、现代生产方式和现代农业组织形式武装的现代产业”[3]。学术界提出的农业发展阶段的“三分法”认为[4]，农业发展史可分为原始农业、传统农业和现代农业；“四分法”在现代农业之前插入了“近代农业”。现代农业的内容涉及现代技术与设备及其他物质资料、科学管理手段与方法等，分别侧重生产工具的革新、实际的经济效果、农业产业与现代工业的结合等。诚然，上述两种界定与划分便于从宏观上、大的时间尺度来区分不同的农业发展阶段，但也比较笼统，并且容易使“现代农业”概念陷入模糊的“永无止境”的不可知论之中。

正如在第一章所考察的那样，原始农业孕育于距今约一万年前的中石器到新石器时代，这一时期的人类使用简陋粗糙的工具，采用刀耕火种和轮垦种植的耕作制度，依靠长期休耕的方法被动地依赖自然恢复地力，而不是靠人工的栽培耕作技术来主动地提高土壤肥力。

传统农业位于农业发展大的历史跨度上的第二个阶段，也是农业经济时代的成熟阶段。其基本特征表现在两个方面：一是生产工具进一步改进，耕犁替代了锄耕，极大地提高了劳动生产力；二是提高了利用自然的意识与能力，改变了原始农业被动依靠自然来恢复地力的状况，创造了利用人工施用有机肥来提高土壤肥力的方法，发明了用选择农作物和牲畜良种来改善农作物和牲畜性状的技术，创立了休闲、间作、套种等复种制度。

近代农业一般是指自资本主义生产方式开始出现到 19 世纪末 20 世纪初这段时期的农业。其特征是：实现了半机械化，较为复杂的畜力农机具得到广泛运用；自然科学的研究成果开始应用于农业；经营规模和商品生产逐渐扩大；生产处于工场手工业阶段。这大体属于“三分法”即非主流派的观点。“四分法”认为：近代农业是指从 19 世纪中叶到 20 世纪 40 年代一些经济发达国家的农业，其基本特征是：半机械化和机械化，其他各种农用生产资料应用日益增多；近代自然科学的研究成果开始成建制地应用于农业；自给自足为主的生产方式转化为商品化、规模化、社会化生产方式。

可见，所谓传统农业、近代农业都已演变成为特定的概念，不然就难以解释和描述 20 世纪 40 年代以来发展中国家农业发展的状态。

(2) 现代农业的特征

现代农业一般指自“二战”以来在发达国家出现的高度发达的农业，是农业发展的最新阶段，是用工业技术装备的、受实验科学指导的、以商品生产为主的一种综合农业形态。现代农业的特征是：实现了全面机械化、化学化；各种现代科学技术在农业中得到广泛应用；生产经营达到高度规模化、社会化、集约化、专业化和企业化；农业劳动生产率得到巨大提高。其产生与发展的动力是：①由 19 世纪中叶后出现的植物矿质营养学说、合成化学、杂种优势理论、孟德尔遗传学及发电技术等导致的，为农业带来化肥、农药、良种、拖拉机和电力的农业科技革命；②由 20 世纪中叶诞生的 DNA 双螺旋结构理论及计算机技术等引发的，为农业带来现代生物技术和信息技术及其结合应用的新的农业科技革命。发展至今，现代农业的范畴一直在拓展，并且应当拓展，否则就不能解释发展中国家或地区出现的同样处于“现代”的农业。

现代农业的内涵是演进的，即历史性的。在现代农业发展的不同时期，农业的内涵是不同的，自现代以来都应存在当时所谓的“现代农业”。石元春认为，现代农业是以生物技术和信息技术为先导的，现代技术高度密集的科技型产业；是面向全球经济和农工贸一体化经营的现代企业；是正在拓展中的多元化和综合性的新型产业；是资源节约和可持续发展的绿色产业[5]。这种理解把握了当代最新的信息技术和生物技术发展的时代特征，具有一定的超前性和指导意义。

现代农业应当是可持续的。西方国家的“石油农业”(泛指用高能量换取高产量的农业)曾被誉为“现代农业”，但由其引发的资源消耗、环境污染而造成的生态和能源危机，使得农业的成本和代价显著上升。这种“现代农业”，不仅广大发展中国家难以接受，就是发达国家也不能持续发展下去。

因而，国际上又出现了以美国为代表的“有机农业”、以欧美及亚洲为代表的“生态农业”等发展模式。受惠于信息技术的发展，近年来“精准农业”(Precision Agriculture)或“数字农业”在一些发达国家和我国部分地区得到快速发展，并受到我国政府的高度关注。从 1991 年联合国粮农组织与荷兰政府联合召开的国际农业与环境问题大会通过的“关于持续农业和乡村发展的登博斯宣言”，到 1992 年世界环境与发展大会提出的“可持续发展战略”，“可持续农业”概念开始广泛渗透到“现代农业”概念之中，进而出现了“可持续农业”发展模式。卢良恕等在回顾了近现代中国农业科技发展的历史演变后，提出了 21 世纪“知识形态农业”将是建立在知识基础之上的可持续农业的观点[6]。

农业现代化可解释为发展中国家或不发达国家的农业向现代农业转化的动态过程。或者说，农业现代化就是把建立在直接经验和手工工具基础上的传统农业，转变为以现代科学技术、先进生产资料和管理方法为基础的现代农业的过程①。一般来说，现代化是分层面的。农业现代化同样有“器物、制度、理念”三个层面，而且越往后一个层面，现代化越具有深远的作用。理解并强调这一点，对于在后面的章节中重点论述的基于生物经济时代的农业易相发展理论和新型农业体系等具有铺垫作用。

3. 农业的时代特征

人类社会经历了狩采经济、农业经济、工业经济、信息经济四个时代，在 21 世纪 20 年代将要迎来生物经济时代。农业的时代特征，就是指这些不同经济时代尤其是自工业经济时代以来的“现代农业”所具有的特征。不难理解，这里“不同经济时代”指的是农业经济时代之后即工业经济、信息经济和生物经济时代。那么，将要到来的生物经济时代对于农业来说意味着什么？为农业发展将带来什么新的机遇？

不同经济时代的农业具有不同的特征。“农业的时代特征”与前述“现代农业的特征”是两种既有联系又有区别的概念。在此我们提出并强调“农

---

① 张欣：“信息技术是实现农业现代化的关键”，《农业经济》，2002 年第 10 期。

业的时代特征”，目的就在于：通过揭示当今经济时代的农业所具有的特征，及其与其他时代（以往的和未来的）农业的区别与联系，为研究生物经济时代的农业功能与使命提供背景与铺垫。

人类社会正处在信息经济时代的中间站。当今时代的农业主要是基于工业经济和信息经济的现代农业，已经广泛渗透着利用当代最新科技、高产优质、体现绿色环保、具有可持续发展理念等时代特征。可见，从当代视角出发，“农业的时代特征”与“现代农业的特征”是重合的。

生物经济时代的农业，除具有继续强化的“体现绿色环保、具有可持续发展理念”等“以人为本”时代特征外，还将突出其注重营养品质，农产品向人性化与个性化方向发展等“人本化”特征。

二、农业形态及其“人本化”演进

1. 农业形态与特色

随着工业经济和信息经济时代的到来，一批又一批、一代又一代生物和非生物技术及其技术组合被应用到农业当中，由此诞生了各式各样的农业形态，如石油农业、生态农业、精准农业、白色农业。这些技术或技术系统异彩纷呈，一方面促进了当时农业生产力发展，同时也带来一定的负面效应。有些农业形态如石油农业，已被时代所淘汰，风光不再；另有一些形态如立体农业，则“古干新枝”，借助新兴的生物技术得到进一步的发展。

下面以最能体现生物经济时代“人本化”特征及其相关的农业形态为重点，对各种形态的农业发展背景与特色做一探讨并比较，以便更好地理解与把握现代农业的发展趋势，进而帮助提出新的发展理念。

（1）常规农业

鉴于在生物经济时代将出现新的农业形态即新型农业体系，为便于揭示与新型农业体系的联系和区别，而将现行的农业系统范畴命名为“常规农业系统”。所谓常规农业，亦即下面第二节将要界定的农业“第二次拓展”体系，除了包括种植业、林业、畜牧业、渔业外，还包括为农业提供生产资料的农业前部门和为农副产品加工、储藏、运输、销售提供服务的农业后部门。

（2）生态农业

生态农业(Ecological Agriculture)是在工业经济时代“石油农业”面临危机的背景下出现的一种农业形态。作为一种发展模式,生态农业的思想源远流长,不同国家对生态农业的界定也不一致,故有狭义和广义之分。

英国农学家沃辛顿(M. Worthington)将生态农业定义为“生态上能自我维持,低输入,经济上有生命力,在环境、伦理和审美方面可接受的小型农业”①,其中心思想是把农业建立在生态学的基础上。由于出现一些片面遏制化学物质投入的极端做法,故可称之为狭义生态农业。有学者研究后认为,真正较为完整的生态农业思想与技术源于中国,中国的生态农业既吸收了中国传统农业的精华,也不拒绝化肥、农药等现代技术物化的适度投入,因而可以称之为广义生态农业[7]。中国对生态农业的界定通常为:生态农业是运用生态学和生态经济学原理,现代科技与传统农业种植经验有机结合,融农业生产、农村经济发展、生态环境保护、资源培育与高效利用等于一体,具有生态合理性、功能良性循环的新型农业生产体系。

（3）立体农业

立体农业(Stereo Farming)是注重开发和充分利用垂直空间资源的一种农业生产方式,又称为层状农业②。具体地说,立体农业是在不同的空间范围或单位面积上,利用生物特性及其对外界条件的不同要求,通过种植业、养殖业和加工业的有机结合,建立多个物种共栖,质能多级利用的农业生产方式。其生产特征主要有:①根据不同生物物种的特性进行垂直空间的多层配置;②自然资源的深度利用,主产品的多级、深度加工和副产品的循环利用;③技术形态的多元复合。

按分布位置,立体农业可分为异基面立体农业和同基面立体农业。异基面立体农业是指依据不同海拔、地形、地貌条件进行农业布局,如在云贵高原的河谷地带和低山区,水田以冬作物(水稻一年二熟)为主,旱地以小麦

① 胡人荣、余长义:“我国生态农业发展现状与展望”,《生态农业研究》,2000 年第 4 期,第 99～101 页。

② 据中国科学技术信息研究所整理, http://www.chinainfo.gov.cn/data/200404/1_20040429_79429.html。

(玉米、甘薯一年三熟或二熟)为主,还可种植热带、亚热带瓜果;在半山区以一年一熟水稻或一年二熟旱作物为主;在高山区只种玉米、马铃薯、荞麦等一年一熟旱粮。同基面立体农业是指在同一块田地或室内人工环境下的间混套作及兼养动物、微生物的立体种养系统,如林粮或粮菜间作、稻田养鱼、农田插种食用菌、室内垂直农业。按此分类,桑基鱼塘、果基鱼塘应属于微观异基面立体农业,同时又属于生态农业范畴。由于立体农业要么利用自然地貌环境,要么利用局部土地或室内人工小气候环境,因而我们也可将其划分为宏观立体农业与微观立体农业两种类型。由于立体农业能够多层次充分利用光、热、水、土等自然资源,提高土地综合生产力,且利于生态平衡,因而,无论是从分类还是从原理与功能上来理解,它与生态农业都有密切联系,两者之间具有一定的交叉重合。

(4) 绿色农业

绿色农业(Green Agriculture)是指在不使用化肥、农药和杀虫剂等合成化学制品条件下,生产无污染、无公害农产品的农业形态。顾名思义,它是利用绿色技术和生物方式进行农业生产的一种体系,是被国内外广泛接受的信息经济时代农业可持续发展的一种模式。绿色食品是按绿色农业体系生产出的初级农产品及以其为原料加工生产的各种食品。完全不使用化肥、农药等合成化学制品也许并不是经济甚至生态上的最佳选择,改为基本不使用或在一定限度条件下使用,可能更利于提高绿色产品的产量和品质,也更具现实性,从而有利于绿色农业的发展。

相对于利用微生物资源的"白色农业"和利用海洋生物资源的"蓝色农业",有的学者把利用动植物资源的农业统称为传统的"绿色农业"。它是专指以太阳光为直接能源,以水、土为主要养料,靠绿色植物光合作用转换能量进行生产的农业。可见,这是另一种意义上的"绿色农业"概念,非本章所讨论的内容。

(5) 环保农业

环保农业是以保护居民生活和自然环境、修复自然环境、促进地区生态平衡为主要功能的农业形态。从定义上不难理解,它与生态农业既有密切的联系又有相当的交叉重合,区别在于:它的应用领域更加广泛;应用目的更为直接和明确。

农业发展至今，在一些发达国家或地区，不再仅仅被当做为提供农产品的载体，同时还具有保护和“照料”自然的生存基础，包括物种多样性、湿地、气候和土壤等，以及保护自然景观、维持自然绿意的多重功能。这便为环保农业的发展创造出更加广阔的市场。通过开发并种植工业原料替代作物，以减少一些矿物资源、化工原料的消耗，并借以减少污染，被誉为是环保农业发展的一个新的方向[①]。

(6) 休闲农业

休闲农业(Recreational Agriculture)是以提供休息娱乐场所为主要目的，通过农事活动享受种植与采摘乐趣、陶冶情操的一种农业形态。它是以农业经营为基础，并与旅游、观光、休息、服务等相结合的综合性产业，是区域经济发展到富裕程度后，农村调整产业结构、发展多种经营的一种新的生产经营方式。它以田园景观和自然资源为依托，融农林牧渔生产、农产品经营与服务、农村文化与环境建设、观光旅游于一体，具有以休闲功能为主并与种养业、旅游业合三为一，“人闲地不闲”等特点。

另据中国科技信息研究所 2004 年整理[②]，休闲农业是利用农村设备与空间、农业生产场地、农业产品、农业经营活动、自然生态、农业自然环境、农村人文资源等，经过规划设计，以发挥农业与农村的休闲旅游功能，增进民众对农村与农业的体验，提升旅游品质，并提高农民收益，促进农村发展的一种新型农业。游客不仅可观光、采果、体验农作、了解农民生活、享受乡土情趣，而且可住宿、度假、游乐。这种定义与上述的理解基本一致，但突出了休闲农业的设计思想。

休闲农业是在观光农业基础上发展起来的。观光农业的功能和主题相对单一；而休闲农业除具有旅游观光的功能之外，更加注重情趣、生活品质的提高，因而更能体现生物经济时代的“人本化”特征。这种新的农业发展模式，不仅可以增加农民收入，还可带动农村新一轮创业，有利于农业的拓

① 刘海燕：“德国打造现代化环保农业”，《科学时报》，2003 年 11 月 18 日。

② 休闲农业，http://www.chinainfo.gov.cn/data/200404/1_20040429_79438.html。

展和可持续发展。休闲农业除了给人们提供更加多样化的休闲场所外，还使原先以生产为导向的农业，从总体上一下子由第一产业提升为第三产业，使农民和城镇居民实现"双赢"，改善了城乡居民的生活品质。由此可见，休闲农业的倡导与发展能够为观光农业摆脱困境提供一条新的出路。

(7) 都市农业

都市农业(Urban Agriculture)是以优化城市人居环境并从事农产品生产经营的一种农业形态，又名"城市农业"。它以地域方式命名，一般是指在城市之中或周边地区，利用城市提供的科技和信息资源以及现代化设备进行生产，主要为城市居民提供名、特、鲜、新农副产品和优美的生活环境，兼具旅游观赏功能的农业形态。它以现代科技为基础，融生产、消费、服务、观光于一体，具有集约化、设施化、规模化、产业化和插花分布的特点。除了具有生产的经济功能外，主要功能还在于：美化城市人居环境，改善城市生态小气候，因而有"城市之肺"之称。此外，它还兼有文化、社会、旅游观光等多种功能。

都市农业是与城市的经济、社会和文化发展紧密相联系的一种农业现象。它的兴起是城市化、科技进步、经济发展达到一定阶段的产物，是城郊农业和城市经济发展一系列内外部条件成熟的结果，具有历史必然性。一般认为，都市农业起源于20世纪50年代末的日本、欧美等发达国家。日本是出现都市农业最早的国家之一，从城市被译为"都市"的表象中也可反映出。上海、北京、深圳等于20世纪90年代初先后作出了发展都市农业的决策。上海在其远景规划中提出"把都市农业作为上海农业发展方向"的战略目标；北京在城市建设中规划保留零星农地(如大钟寺周围农田)也是体现都市农业"城市之肺"功能的一项明智之举。

另据中国科技信息研究所整理[①]，都市农业由美国的一些经济学家于20世纪五六十年代率先提出，是指在都市化地区，利用田园景观、自然生态及环境资源，结合农林牧渔生产、农业经营活动、农村文化及农家生活，为人们休闲旅游、体验农业、了解农村提供场所；是将农业的生产、生活、生态等

① 都市农业，http://www.chinainfo.gov.cn/data/200404/1_20040429_79419.html。

功能结合于一体的产业。可见，都市农业与生态农业、休闲农业有着较为密切的关联，具有一定的"人本化"特征。

都市农业的特点主要有：①都市农业范围不同于一般城郊型农业，包括都市化地区与周边间隙地带。②农业生产、流通和消费，空间布局和结构安排，以及农业与其他产业的关系等，都必须首先服从城市需要并为此服务。这种由城市需要决定农业的发展，体现了大都市对农业的依赖性。③都市农业不仅着眼于经济功能的开发，而且还要进行生态、社会等功能的开发。

(8) 新型工厂化农业

工厂化农业原指在室内采用人工方法合成粮食等农产品的技术体系。在人工合成粮食工厂中，控制室的工作人员，根据屏幕上显示的符号和数据，通过电脑准确地向正在运转的各种装置发出监控指令，使其合成碳水化合物、蛋白质、脂肪、淀粉、葡萄糖、维生素等"人工粮食"。这是传统的对工厂化农业的一种理解。还有一种通俗的理解，就是由于都具有室内设备操作的共性特色，而把它和下面将要提到的白色农业或设施农业等同起来。

在生物经济时代，基因工程等现代生物技术将赋予其新的内涵，并使目前工厂化农业由多停留在零星小规模生产状态转向规模化生产，从而形成"新型工厂化农业"。例如，目前科学家采用组织培养方法已成功实现在实验室里生产柑橘和柠檬的囊泡，一些工业分析家看到了这项技术的产业化前景，认为未来橘汁可以直接在培养罐里"生长"，不一定要通过种植橘树。再如，香草是最受欢迎的一种香料植物，可用来制作香草冰激凌，但传统的香草生产必须通过人工授粉，生产成本昂贵。现在科研人员应用基因剪接技术，通过分离基因、解译香草味产生的代谢途径，使其可在细菌培养槽内生长，从而实现室内规模化生产，而摆脱土地、豆荚、苗木、农民种植的限制，大大节省了人工[8]。通过以上两个例子，可以看到传统农民将逐渐被"新型农民"取代的一些趋向。随着现代生物技术的发展，新型工厂化农业是未来农业的一个重要方向。

(9) 白色农业

白色农业(White Agriculture)是指利用微生物资源及发酵工程等技术来生产农产品的农业形态。因为从事该项生产通常需要身着象征无尘灭菌的白色工作服，在洁净的工厂里进行，故形象地称之为“白色农业”。由此可见，白色农业也是一种工厂化农业。传统农业的资源结构主要由植物和动物“二维”构成。在生物圈中，这是不平衡的消耗性结构。因为在生物圈中植物是供给者，动物是消耗者，微生物是还原者，只有三者并存才构成稳定的自然循环链。基于此，21 世纪的农业资源结构应当从植物、动物的“二维”向植物、动物、微生物的“三维”转变，微生物对资源和生物循环的稳定起到重要作用。随着现代生物技术的发展，利用微生物生产农产品的技术体系正在逐步形成和完善，发展白色农业的条件已经成熟。

白色农业与传统农业区别主要在于：①资源利用率高，无多余副产品，环境友好，同时还可以将传统农业产生的剩余副产品（如稻草）进行发酵转化为产品；②不受季节、土地等自然条件限制，可以在人工控制的环境中大规模生产。其主要产品有各种微生物食品（如真菌肉、螺旋藻保健品）、微生物饲料、微生物肥料、微生物药物和微生物能源（如沼气、酒精）。据推算[9]，若用每年世界石油产量的 2%为原料，利用微生物发酵工程来生产鱼细胞蛋白质，就可供 20 亿人吃一年；若用我国每年 5 亿吨作物秸秆的 20%为原料，通过微生物发酵转化为饲料，就可获得相当于 400 亿千克的饲料粮，相当于我国目前饲料用量的 1/3。

（10）蓝色农业

蓝色农业（Blue Agriculture）是指利用海洋等蓝色国土和海洋水生生物及浮游生物资源，进行生产与加工的海洋农业。具体地讲，它包括在近岸浅海海域、潮间带以及潮上带、室内外水池内开展海洋水产农牧化及其加工产业化活动。蓝色农业的生产对象涉及海洋生物、能源、环境、医药等诸多领域，除包括富含高品位蛋白质外，还拥有很多天然活性物质和海洋药物资源。海洋占地球表面 71%，在近海海域自然生长的藻类植物，若加工成人类食物，其年产量相当于目前世界小麦总产量的 15 倍；如果把海洋藻类植物和浮游生物纳入人类食物范围，由此为人类提供的食物数量将非常巨大[9]。

曾呈奎[10]认为，当前我国海洋农业存在两方面的突出问题：一是缺少品种化栽培和养殖，在大多数蓝色农业的对象中，除少数种类如紫菜外，大多还停留在以野生种为主的混种养殖和栽培状态；二是加工储存档次低，在生产模式上仍停留在数量规模型，未能转向质量效益型。随着现代生物技术的发展，海洋生物的生长、发育、生殖、生理、生态和遗传规律等研究与开发将迈上新的台阶，从而为对蓝色农业实行质的改造创造先进的技术手段，为其发展带来新的转机。

(11) 分子农业

分子农业(Molecular Agriculture)是指以分子生物学和基因工程技术为理论基础，生产传统农产品、药品及化工原料等新的农业形态。如同在工业经济时代矿物原料和重要金属具有决定性意义一样，基因遗传资源是生物经济时代具有决定性的因素，被誉为生物经济时代的“绿色黄金”。分子农业克服了常规育种中基因资源局限于种内或种间、难以实现不同物种间基因转移和重组的缺陷，可使基因在不同物种之间(包括在植物和动物之间)转移，从而使人类能够按照自己的意愿重新塑造新的物种。随着生物学的发展，育种技术已由过去的利用自然变异选优育种、杂交育种发展到分子育种或基因工程育种，为培养优质、营养、抗逆品种，利用生物反应器生产基因药物和化工原料等开辟了巨大的应用前景。正如未来学家托夫勒(A. Toffler)曾经预言的那样：“通过基因工程及其他新技术的结合，能带动农业发展成为比世界一切大烟囱工业更先进的一个部门。”①

(12) 物理农业

物理农业(Physical Agriculture)是将工业经济时代成熟的电、磁、声、光、热、核辐射等物理学知识与技术应用于农业生产，用特定的技术方法处理农作物，达到增产、优质、抗病等目的的一种产业形态②。

相对于传统的“化学农业”而言，物理农业是一个新的概念，是物理技术和农业生产的结合，作为一个独立的农业形态，可能还不为学术界和产业界所接受。但是，因其有利于保护生态环境，益于人体健康和农业可持续发

---

① 黄剑华：“分子农业：奇粮异果造福人类”。原文出自《解放日报》，据 http://news.eastday.com/epublish/gb/paper148/20010615/class014800014/hwz411718.htm。

② 据中国科学技术信息研究所 2005 年 5 月整理，http://www.chinainfo.gov.cn/data/200505/1_20050509_109869.html。

展，经济效益也较为显著，因而不妨将其列入与“人本化”特征相关的农业形态。例如，利用植物声频技术，将植物声频发生器置于作物田间播放，经在中国和美国的试验证明，可以不同程度地达到增强作物抗病性能、促进生长发育、增产、提高农产品品质、延长储藏期等效果[①]。

（13）精准农业

精准农业（Precision Agriculture）是由信息技术支持的，根据空间变异，定位、定时、定量地实施一整套现代化农事操作技术与管理的系统，被誉为是信息技术与农业生产全面结合的一种新型农业[②]。精准农业并不过分强调高产，而主要强调综合效益。其基本原理是：运用遥感、全球定位系统、地理信息系统、计算机和智能控制等技术，对农作物生产、管理进行数据采集与处理，从而达到标准化耕作。即根据作物生长的土壤性状，一方面查清田块内部的土壤性状与生产力空间变异，另一方面确定农作物的生产目标，进行定位的“系统诊断、优化配方、技术组装、科学管理”，调节对作物的投入，高效利用各类农业资源，以较少的投入获得更高的产出，并改善环境。

精准农业由涉及以下十个系统的内容构成：全球定位系统、农田信息采集系统、农田遥感监测系统、农田地理信息系统、农业专家系统、智能化农机具系统、环境监测系统、系统集成、网络化管理系统、培训系统。其中农田地理信息系统是精准农业的核心。可见，精准农业将常规农业提升到数字化和信息时代，是基于信息经济时代的农业发展的重要方向。

（14）知本农业

知本农业是从农业投入要素角度来划分的一种新型的农业概念或模式（形态）。按土地、劳动、资本等投入要素，农业可划分为自给自足的“自然农业”、产品农业、商品农业、服务农业等。知本农业强调把“知识”作为一种投入要素，这种要素在未来农业中的贡献度会越来越大，影响将越来越深远。生物经济同时也是一种知识含量极高的经济形态，提出知本农业概念，创导发展知本农业，对于改变传统的农业观念，实现农业转型，提高农产品附加

---

① 任黎明：“物理农业大有可为”，《科学时报》，2005 年 10 月 27 日。

② 据中国科学技术信息研究所 2004 年 4 月整理，http://www.chinainfo.gov.cn/data/200404/1_20040415_78541.html。

值具有战略性意义。

(15) 新型保健农业与人体组织产业

新型保健农业是指利用现代生物技术研制生产对人具有医疗、保健、美容等功效,以及益于动植物健康等产品的一种新的农业形态。例如,利用遗传工程制作神素(Thaumatin)甜蛋白,这种甜蛋白是从西非的一种称为“神素”的植物中提取的,比糖甜10万倍,据称是目前地球上最甜的物质[8]。将这种甜蛋白基因导入水果和蔬菜的遗传密码,可使后者成为低热量食品,尤其是对那些喜好甜食又担心引起肥胖的人来说,这种改良食品无疑更具有吸引力和巨大的市场潜力。1993年韩国一家制药公司与美国加利福尼亚大学共同申请获得了该制作方法的专利。

从整体上讲,新型保健农业还处在萌芽阶段。现代都市周边出现的农业疗养园也属于此类农业形态的雏形之一。新型保健农业与“人体组织产业”关系密切。在后面的章节中,我们将进一步论证:人的组织、器官、血液乃至其本身也将可以作为未来“新型农业体系”的产品和生产对象;克隆生物包括克隆人可望发展演变成按照一定的目标要求进行制作的生物产品。这些产品或产业的开发,虽然目前存在一些技术上的障碍和重大生命伦理问题,如在技术上存在干细胞来源、支架材料、生物反应器、工业化放大、植入人体后排异反应的消除等问题,但是,这些产品的出现、商业化及其对人类健康医疗的益处,极可能使人们突破目前的观念框架,并终究在生物经济的成熟阶段使人体组织发展成为一个拥有巨大应用市场的新兴产业。

2. 生物经济时代农业形态的演变趋势

透视各种农业形态,综合分析与比较各种农业形态的特点,找出它们的演变轨迹与发展的共性规律,有助于正确理解与把握生物时代农业的功能与使命,选择正确的发展理念或理论、合理的制度,以及适宜的技术或技术组合系统。

从时代的发展趋势与农业的功能使命两方面来归纳,上述异彩纷呈的农业形态大体可归纳为以下五种类型:

- 资源型:以最大限度利用自然资源为主;

- 经济型：以追求经济利益和作物产量（即经济需求拉动）为主；
- 技术型：以技术推动为主；
- 都市型：以城乡环境协调发展为主；
- 人本型：以提高人类生活品质、注重人性化和个性化发展为主。

分别以“经济时代”和“农业形态类型”为纵横坐标作进一步的二维归纳，可以得出“农业形态演变矩阵”（表 2-1）。需作说明的是，这种归纳是轮廓式的和相对侧重的，只是为了从整体上考察农业形态的演变趋势。从内涵上，一些农业形态属于大的发展阶段，如传统农业、近代农业和现代农业，而另一些则内容相近称呼不同，如工厂化农业和白色农业，但为保证时代和类型的完整性而一同列入；从类型上，同一农业形态可能属于不同类型，因为所追求的目标或依托的对象是多样化的，如蓝色农业既属于资源型，又属于技术型；从时间上，一些农业形态已基本不复存在，而另一些农业形态的概念尚未诞生，如这里的“常规农业”，是指在生物经济时代到来、农业第三次拓展、新型农业体系形成之后，针对目前的农产品生产经营加工及服务体系所定义的一种未来形态。

表 2-1　农业形态演变矩阵：异彩纷呈的农业形态

经济时代	资源型	经济型	技术型	都市型	人本型
狩采经济	原始农业				
农业经济	传统农业、有机农业	传统农业	立体农业		
工业经济	无机农业、石油农业、蓝色农业	近代农业、现代农业	现代农业、设施农业、物理农业	设施农业、都市农业	**生态农业**
信息经济		现代农业、外向型农业	精准农业、数字农业	观光农业、**休闲农业**	**环保农业、知本农业**
生物经济			**常规农业、白色农业、蓝色农业、分子农业**	**都市农业、新型工厂化农业、休闲农业**	**新型保健农业、绿色农业**

由表 2-1 可以看出，这些看似杂乱无章排列的农业形态，其实是有规律可循的。如果我们从表的左上角向右下角画一个箭头，就可以发现：随着经济时代的演进，农业形态沿着"资源→经济→技术→都市→人本"的方向演化，即由过去的以资源导向、以片面追求经济效益为主，转向以技术导向、以追求人与自然协调发展为主，亦即越来越趋向以提高人类生活品质为主的"人本化"发展理念。在各个经济时代中，只有工业经济时代具备了全部五个类型的农业形态。最能体现生物经济时代"人本化"特征的"人本型"形态和另外一些农业形态（即表中用"黑体"标出的农业形态）将成为未来农业发展的主流方向和重点，它们主要处在信息经济时代和生物经济时代的交叉域，分属技术型、都市型和人本型，体现了当今农业注重采用最新技术、农业与"非农"产业互补、城乡协调发展、提高生活品质等时代特征和农业发展"人本化"演进方向。

第二节　生物经济时代农业新的功能与使命

一、生物经济时代农业领域的拓展

1. 农业概念和领域的拓展

农业概念，既是历史性的，也是相对性和地域性的。其涵盖的内容，不仅在农业不同的发展阶段，而且在不同的国家或地区均有所不同。从 19 世纪德国经济学家李斯特（Friedrich List）提出的农业发展"三段论"，到 20 世纪 30 年代前苏联卡西亚诺夫（Kasyanov）提出的"农业纵向一体化"，到 50 年代美国戴维斯提出的"农工一体化"概念，以及 50 年代末从日本等发达国家兴起的"都市农业"形态，再到 90 年代初兴起的休闲农业和可持续农业概念，均从理论上总结了农业在发展过程中领域和功能不断拓展的事实。用通俗的话来讲就是，农业从简单的种田到农林牧副渔，再到农产品加工产业化，每次变革都在拓展农业的概念，每次拓展都为农业带来了更大的空间和更多的发展机会。

农业领域拓展在时间和空间上的表现是：传统农业在很大程度上受季节时间的限制和地域空间的约束；现代生物技术使生物物质和能量转化的内容、形式及节奏都发生了变化，从而大大拓展传统农业生产的时空范围。这种变化首先就是加快了生物演化的进程，传统农业需要长期杂交才能培育的新品种，现在只要一年甚至几个月之内即可完成；其次摆脱生长环境的限制，过去需要在气候适宜地区生长并大量占用农田的生产方式，现在可望在室内进行。

综观农业发展历程，从整体上讲，农业领域经历过两次拓展：

(1) 第一次拓展是由狭义的农业即种养业（又称“小农业”），拓展到包括种植业、林业、畜牧业、渔业以及与农民直接相关的副业（又称“大农业”）。

(2) 第二次拓展，除包括以上种植业、林业、畜牧业、渔业之外，还包括为农业提供生产资料的农业前部门和由农副产品加工、储藏、运输、销售及有关服务所构成的农业后部门。也就是说，经过第二次拓展，农业已经渗透到第二产业和第三产业。

2. 生物经济时代农业领域的第三次拓展

随着生命科学的不断突破和现代生物技术的发展，一场以现代生物技术为核心的技术与产业革命的序幕正在缓缓启开。这是人类认识自然和自身的一次巨大升华，将对人类社会和经济发展产生深远的影响，首先受到影响的是农业。

在农业经济时代，农业主要是作为一种“自然之物”，基因尚不为世人所知晓。即使到了工业经济时代，农业技术更多的是对生命体外表形态的选择，依靠的是经验，缺乏对生命本原的了解。生命科学和现代生物技术的突破，生命密码的破译，生命本原正逐渐被一一揭开，改变了以往经济时代乃至当今信息经济时代对农业的认识，人类社会即将步入根据自身需要和意愿重新设计新的生命体和农作物新品种的时代。在这样的时代，农业成为生命科学和生物技术应用最广泛而深入的产业。未来的农产品也不再只是传统意义上的农产品。一些生物技术产品与传统农产品紧密地融合在一起，如抗病虫害重组玉米、将遗传改造的苏云金芽孢杆菌用作杀虫剂、用重组凝乳酶来生产奶酪等。

当今时代出现的食品短缺、疑难疾病、生态危机、以能源和水为主的资源与环境问题等无不与生命科学的突破和生物技术的发展密切相关。或者说，当代世界面临的食品、健康、人口、资源、环境五大问题都和生物科技有十分密切的关系。生命科学与生物技术是统领上述问题缓解与未来农业发展的桥梁与纽带。

在生物经济的成长阶段，农业的外延已经开始拓展到基因作物新品种、新型食品以及增加农产品功能等领域。在生物经济的成熟阶段即生物经济时代，农业的概念和领域将进一步拓展，从整体上形成第三次拓展。即由目前农业发达国家已经完成的“大农业、农业前部门、农业后部门”体系——常规农业系统，拓展到包含常规农业系统在内，并包括食品、营养、健康医疗、资源环境和生态等生物相关各系统在内的新型农业体系（第四章将有专门论述）。

3. 生物经济时代农业功能多元化

不同经济时代农业的作用与功能均有所不同：

（1）在农业经济时代，农业的功能主要是自给自足，满足人们吃饭穿衣需求，商品经营的内容体现不多，居于从属地位；其使命是“一元的”。

（2）在工业经济和信息经济时代，农业除满足人们温饱需求外，同时担负着为工业增值提供原材料，商业经营的内容已占据主要地位；其使命是“二元的”。相对而言，工业经济时代农业生产经营的目标主要是追求产品数量和利润的最大化；在信息经济时代，除主要追求产品数量和利润外，同时开始注重产品质量、营养品质，以及对人体健康的基本要求。

（3）在未来的生物经济时代，农业的功能，除满足人们温饱条件、为工业增值提供原材料外，更主要体现在：增进人类健康，提高人类营养品质和生活质量，满足人类消费多元化和崇尚生活情趣、个性化定制食品和药物以及供人类回归自然与享受绿意等；其使命是“多元的”。生命科学与生物技术直接与人的生活品质和人类自身发展密切相关。生物经济时代的“现代农业”除继续体现利用时代最新科技、高产优质、绿色环保、可持续发展理念等特征之外，将更加注重体现人与自然的协调、健康营养、生活品质、产品向人性化与个性化方向发展等“人本化”特征，农业对生活环境的外溢效应更加显现。

在工业经济时代后期和当今的信息经济时代，“以人为本”的可持续农业发展观开始形成；而到了生物经济时代，“以人为本”将升华到“人本化”境界，现代生物技术将为人类实现发展经济的终极目标——对人类与人体自身的关怀——提供直接帮助与主要支撑。

二、农与“非农”的辩证统一

1. 农业院校演变趋势

农业院校是农业知识和新技术的主要发源地，其教学和科研的演变方向可以从一个侧面反映出农业发展的方向。以美国康涅狄格大学（The University on Connecticut，Uconn）为例，来说明传统农业院校的演变趋势。该校诞生于1881年，属于美国首批土地赠与大学，它从过去以农业为主的院校发展到目前拥有17个学院的综合性大学。农业与自然资源学院是其中之一，是由过去的农学院演变而来的。该学院下辖动物科学、植物科学、动植物病理、人类营养、自然资源管理与工程、资源经济6个系，外加1个相当规模的农业试验站和1个农业推广系统，无论是在教学还是在科研方面，都与传统的农业院校有明显的不同，不再专指可食用植物和动物的生产，也不再局限于人类食品的范畴。从该学院近年来毕业生从事的职业就可以看出其变化的趋势（表2-2）。

表2-2 康涅狄格大学（Uconn）农业与自然资源学院毕业生近年就业状况

就业部门或职务	业务范围或工作性质
政府	土壤保护、饮用水质、种子检测、气候分析、森林监护、中学农业教师、地方农业技术推广、农业展览、猎狩管理、湿地恢复、海滨水质分析、野生动物监测、乡镇企划、议员助理
经理	温室、果园、公园、高尔夫球场、娱乐马场、食用菌生产、垃圾处理与家用土壤、养鸡场、超市食品部、连锁饭店、冷冻食品

续表

就业部门或职务	业务范围或工作性质
技术	花卉育种、种子检验与处理、农药施管、农机具操作与修理、施肥施水、土质检验、病虫害诊治、草地维护、动物饲养系统、饲料制作、牛奶生产设施管理、动物皮毛处理、仔鸡孵化、鸡蛋分类、屠宰机械、肉类包装、宠物繁殖、兽医及宠物医疗、动物防疫、计算机、网络工程、奶制品检测、食品储存、食品加工、木材鉴定、卫星信息处理
商业	农药、农业机械、种子、肥料、市场信息、温室用具、宠物、生物制剂、疫苗、大公司代理、旅游、家政管理、银行信贷
媒体	气象气候分析、农业记者、农业经济分析
科研	植物转基因、植物育种、基因工程、植物病理、植物生理、统计、杂草科学、动物转基因、动物营养、繁殖生理、微生物、社区教学理论、森林化学、生态系统、野生动物、人类营养、儿童营养、烟草他用、细菌病毒

资料来源：根据康涅狄格大学农业与自然资源学院杨秀生（Harrison Yang）教授调研数据整理。

可见，农业的领域范围已延伸到生命科学、人体营养、人类生存环境以及生活品质等诸多方面。几十年来，西方发达国家甚至许多发展中国家的农业教育和科研系统纷纷更名，或演变成为包括农学院在内的综合性大学，也反映出这一变化趋势。

2. 农业与“非农”产业的边界模糊淡化

现代生物技术的发展使可供农业利用的动植物、微生物资源领域进一步扩大，使农业工业化经营规模不断扩大，进而使传统的农业与“非农”产业的界限变得日益模糊起来。

随着功能基因组研究开发的进展，生命本原逐步被揭开，不仅打破了农业内部不同生命体的种属界限，而且导致农业与其他产业间的“围墙”逐渐被拆除，如将各种疫苗的编码基因导入西红柿、黄瓜等果蔬之中，其产品属性就介于农业与医药业之间。转基因植物是常规农业系统与传统医学结合的典型，代表着未来农业的一种演进方向。利用转基因植物，既可改良植物产品的营养成分，也可以合成有价值的化学成分，包括对氨基酸、淀粉、木质素或油成分的改良，以及用转基因植物表达抗原、抗原片段（植物抗体）、疫苗、人血清蛋白或生物聚合物。正在进行的利用转基因植物生产塑料、燃料、涂料、香料、洗涤和润滑剂等研究，使得传统工业所需的诸多原材料和燃料可由转基因作物生产，从而使农业和工业这两个从同一个“天然母亲”先后诞生出又分离开来的古老产业，正在现代生物技术的基础上形成新的融合。即使是常规的农业生产，由于采用工厂化方式，农业和“非农”产业的边界也变得模糊。如现代化牛奶生产，它就像一个把草料加工转化为牛奶的车间，牛奶场和乳品厂只是诸多生产过程的中间阶段，与其说是农业，不如说更像工业。

生物能源的发展正在使农业与能源工业相互融合。在当今的信息经济时代，已经有学者[11]提出“生物能源的生产可以划入农业生产范畴”、“能源与医药都将成为农业的新产业”。以植物或农作物秸秆等光合作用产物作为原料，通过利用生物生活机能，实现物质和能量转化，生产出酒精、生物柴油、沼气等产品并使之商业化，可替代化石能源——这些过程无不体现并符合农业的三大基本特征，因而与常规农业生产过程基本相同，所不同的是延长了生产链，把农业延伸到以往的工业生产过程。这是在生物经济时代出现的农业与工业边界模糊、农业与“非农”产业融合的典范之一。

法国政府在强调发展生物能源时，由前农业部长向总统希拉克汇报提出“生物能源发展规划”也绝非偶然，因为农业与生物能源之间的界限变得非常模糊，或者说，农业与生物能源或环境等的关系越来越密切。希拉克表示，法国政府应从 2005 年起加速实施发展生物能源的各项措施，“鉴于农业、环境和能源战略的原因，法国加速发展生物能源具有很重要的意义。”①

与此同时，产业之间的分界正朝着类似于《大英百科全书》的知识分类的方向变化。该知识分类不是按照国民经济工业、农业等进行分类，而是将农林渔牧、食品、环境、医学、各种生物等归为“生命科学”一大类型，与其他如自然科学、社会科学、工程技术、人文艺术等并列（表 2-3）。引人注目的是，它把生命科学从自然科学中单列出来，并且把农业、食品、医学等归在一起，绝非偶然。

---

① 新华社：“希拉克总统强调法国应加速发展生物能源”，《世界科技研究与发展》，2004 年第 5 期，第 102 页。

表 2-3 《大英百科全书》知识分类

生命科学	古生物、生物与生物学、藻类、植物、无脊椎动物、哺乳动物、鸟类、鱼类、爬虫类与两生类、解剖、解剖与生理、医学、环境、农林渔牧、食品
自然科学	物理、化学、天文、数学、地球科学、矿物与燃料、度量
社会科学	人类学、考古学、社会、经济、政治、军事、教育、法律、心理、组织机构
工程技术	通讯、交通、电子与计算机、太空科技、军事科技、工程、机械与工具
历史	古代史、美洲史、欧洲史、亚洲史、大洋洲史、非洲史、中国与台湾地区史、史学与历史事件
地理	地理区、国家、行政区及其他、城市与乡镇、中国及其台湾地区、地形、山脉、水系与湖泊、海洋、岛屿、公园与保护区、探险
哲学与宗教	哲学观念与流派、宗教、圣经、玄学、经籍
人文艺术	建筑、绘画与书法、雕塑、摄影、工艺、艺术流派、语言、文学与创作、寓言与神话、音乐、舞蹈、戏剧、大众传播、文化机构
运动与休闲娱乐	运动、游戏、休闲娱乐、民俗与节日

资料来源：大英百科全书网上数据库（Britannica Online），http://162.105.138.185/database/EB.htm，2005 年 3 月 28 日。

随着农业功能的拓展，过去的食品工业、环保产业、健康医疗产业也将通过与农业结合而获得新的突破。

3. 农与“非农”的辩证统一

自然界的许多事物具有阴阳两极性，“万物负阴而抱阳，冲气以为和”（《老子》），不仅在动植物中明显如此，而且在非生命现象中也无处不在，如阴阳、乾坤、日月、昼夜、黑白、寒暑、刚柔、动静、正负、分合、张弛、生灭、城乡，等等。这充分体现出中国古典哲学中的“道”——自然变化的法则与规律。农与“非农”正是这样的矛盾对立统一体，二者之间不仅相生相克，相互依存与配合，彼此促进与制约，而且可以在一定的条件下相互转化。如同太极图所显示的，白中有黑，黑中有白；黑白交互，相互依存。

农与“非农”对立统一的辩证关系表明，解决农业发展中存在的问题，不能局限于常规农业范围，需要跳出农业圈子之外，用“非农”的思路和手段来解决“农”的问题，这样有时反倒取得更好的效果。此所谓“以正合，以奇胜”（《孙子兵法》）。

从 20 世纪 90 年代中期开始，中国有关农业、农村、农民的“三农”问题非常突出，以致成为影响经济发展和社会进步的重大问题。学术界和经济界以及政府更多地是基于传统的农业发展理论，从农业、农村或农民各自本身的角度来认识并采取措施，而较少跳出“农”之外，运用“非农”的发展理念与应对措施。直到 2005 年国家提出“坚持统筹城乡发展的方略”，才开始从发展理念上把解决“三农”问题放到整个经济社会发展全局和战略高度来筹划，开始从“三农”外部寻求解决“三农”问题的对策[12]。诚然，“三农”问题是一个系统，需要运用系统观点从整体上来认识；但是，“三农”与“非农”共同构成的是一个更大的系统，更需要首先从整体和战略思想上进行反思与突破。

发达国家的农业现代化无不走过了农业集约化和产业化、农村城镇化和社区化、农民数量大幅下降亦即“非农化”的道路。在其农业生产率或产值不断提高的同时，从事传统农业生产的劳动力数量不断下降，真正体现了现代农业的科学技术进步和综合效率。反观我国，如果农业的领域不拓展，农民不能及时转移到“非农”领域，那么，农业生产率就不可能大幅度地提高，也就不能称之为“现代农业”。当今我国的农业，虽然某些地区和部门采用了现代的科技与装备以及管理方式，体现出不少现代农业的特征，但从整体上讲，仍然徘徊在工业经济和信息经济时代的现代农业边缘。现代化是一个发展历程，农业现代化就是实现传统农业科学化的过程[13]。中国的农业整体上还没有进入现代化，更谈不上实现现代化。所谓的“二元”结构（发达与落后并存）也只是表现在局部，或主要建立在引进的基础之上，比如引进国外技术、资金和设施。

在农业经济时代，农业主要是一个自给自足的行业，不需要竞争，与其他产业没有大的联系，或者说，除小规模手工业外还不存在严格意义上的其他产业。产业群的出现是进入工业经济时代后的产物。自进入工业经济时代以来，农业的独立地位就一去不复返了，所有的产业交织在一起，农业成为了一个国家乃至世界产业链上的一环。在当今信息经济时代，任何一个产业的问题绝不单单是自身的问题，而是整个产业链的问题。正如解决农业问题不能仅仅着眼于农业内部一样，解决“三农”问题，必须先有新的“非农”发展理念与思维方式。我们能否采用超前的思路，找到一些非传统、非常规的方法？生物经济时代恰好为我们提供了这样的机遇。

参考文献

[1] 中国社会科学院语言研究所词典编辑室：《现代汉语词典》，商务印书馆，1988年，第839页。

[2] 谢岳峰：《中华小百科全书·农业》，四川教育出版社等，1994年，第1页。

[3] 国家计委："国家计委关于现代农业高技术示范工程2002年工作重点的公告"，http://www.dpc.hebnet.gov.cn/gjs/file/2002xiandainongye.htm，2001年2月6日。

[4] 武文、赵长保："农业现代化与现代农业"，农业部农村经济研究中心，http://www.rcre.org.cn/ztyj/rcre-a1-4.htm，2004年5月2日。

[5] 石元春："现代农业"，《世界科技研究与发展》，2002年第4期，第13～17页。

[6] 卢良恕、王东阳："近现代中国农业科学技术发展回顾与展望"，《世界科技研究与发展》，2002年第2期，第1～7页。

[7] 胡人荣、余长义："我国生态农业发展现状与展望"，北京农业信息网，http://www.agri.ac.cn/agri_net/02/2-08，2003年2月6日。

[8] 〔美〕杰里米·里夫金著，付立杰等译：《生物技术世纪》，上海科技教育出版社，2000年，第19，54～55页。

[9] 邓小莉："生物技术的应用与展望"，《生物学教学》，1998年第5期，第1～3页。

[10] 曾呈奎："寄语21世纪的中国海洋科技"，《科学时报》，2005年3月24日。

[11] 孟路、Jingxing Tiger Chang："2050大众眼中的中国农业"，载左天觉、何康主编：《真知灼见 透视中国农业2050》，中国农业大学出版社，2004年，第396～398页。

[12] 农业部课题组：《新时期农村发展战略研究》，中国农业出版社，2005年，第120～122页。

[13] 胡跃高："中西方农业现代化历程比较及发展展望"，《世界科技研究与发展》，2003年第4期，第78～83页。

第三章　农业易相发展理论

理论创新是政策创新和体制创新的基础和先导。一个新的经济时代的到来，加之农业发展面临的现实问题，必然要求对现有政策、体制提出新的思路和举措，因而理论创新必然会应运而生。

第一节　农业发展理论概述

中外农业发展理论流派纷呈，通过对这些理论进行概略扫描，目的在于发现与将要提出的“农业易相发展理论”密切相关的传统农业发展理论的主要类型与思想观点，以利后面的对比与分析。

一、发展经济学理论

发展经济学理论（又称“农业发展理论”）起源于发展研究，大规模的发展研究又归因于“二战”后第三世界的崛起。当时西方国家认为，应当对第三世界国家发展问题进行研究，以便认识这些国家，并对自身可能受到的影响进行预测。

发展经济学的理论大体可划分为四类：宏观发展理论、微观分析发展理论、结构发展理论和激进主义经济发展理论。20 世纪 50 年代初，发展经济学推崇工业化、唯资本化发展战略，认为农业在经济发展中的作用是依附和消极的；60 年代，以舒尔茨（Theodore W. Schultz）为代表的发展经济学家对农业在工业化过程中的重要性开始有所认识；80 年代发展经济学研究由微观领域转向宏观领域，但对于农业发展中的辩证关系缺乏深入研究。

1. 平衡发展理论

平衡发展理论,是以哈罗德-多马新古典经济增长模型为理论基础发展起来的,其中有两个代表性理论:罗森斯坦-罗丹的大推进理论和纳克斯的平衡发展理论。平衡发展理论强调产业间和地区间的关联互补,主张生产力在各产业、各地区之间的均衡布局,以实现产业和区域经济协调发展。专家认为,平衡发展理论在实际应用中缺乏可操作性,因为,平衡发展理论的出发点是为了促进产业协调发展和缩小地区发展差距,但是一般地区通常不具备平衡发展的条件,欠发达地区更不可能拥有推动所有产业同时发展的雄厚资金。

2. 不平衡增长理论

基于很多发展中国家无法筹集到平衡发展资金的事实,学者们不得不考虑不平衡增长问题。赫希曼(A. O. Hirschman)是不平衡增长理论(有的称"非均衡增长理论")的主要代表。他认为,发展中国家最弱之处在于各工业部门之间缺乏联系,而不单是缺乏资金,因而政府应集中投资于若干关键部门,发展这些主导部门以带动其他部门的发展。这里出现了两种对待农业的不同观点:尼克斯(Nicks)的平衡增长,将先进部门拉回落后部门的起点上;赫希曼的不平衡增长,希望把落后部门"拖到"先进部门的起点上。和尼克斯有所不同,赫希曼把农业放在次要地位,认为农业发展对带动相关产业起飞的意义不大,这一观点对发展中国家的发展政策产生过较大影响。

不平衡增长理论强调经济部门或产业的不平衡发展,并强调关联效应和资源优化配置效应,认为发展中国家应集中有限的资源和资本,优先发展少数"主导部门"。不平衡增长理论的核心是关联效应,即各产业部门客观存在的相互影响、相互依存的关联度。因此,优先投资和发展的产业是关联效应最大的产业,凡有关联效应的产业,不管是前向联系产业(指制造品或最终产品生产部门)还是后向联系产业(指农产品、初级产品生产部门),都能通过该产业的扩张和优先增长,逐步扩大对其他相关产业的投资,带动后向联系部门、前向联系部门和整个产业部门的发展,从而在总体上实现经济增长。不平衡发展理论遵循了经济非均衡发展的规律，突出了重点产业和重点地区，有利于提高资源配置的效率。中国学者厉以宁在对中国以及其他一些国家经济运行的实践进行比较研究的基础上，发展了非均衡经济理论[1]。

3. 以舒尔茨(Theodore W. Schultz)为代表的农业发展理论

早在20世纪40年代中期，张培刚即用系统的方法来探讨农业与工业之间相互依存及动态的演进关系，主张把农业和工业作为整体来发展。20世纪五六十年代发展经济学家开始关注农业在发展中的地位与作用。刘易斯(William Arthur Lewis)提出的二元经济论认为：发展中国家或地区传统落后的农业部门与现代发达的工业部门并存，农业部门可以向工业发展无限制地提供廉价劳动力。F. 约翰森（F. Johnson）和J. W. 米勒（J. W. Mealor）认为，经济发展急需大量的农产品，如果农业不能很好地发展，就不能提供更多的食品，将会严重阻碍经济的发展，这甚至与中国目前的政策观点仍非常一致。西蒙·库兹涅茨(Simon Kuznets)分析了农业的历史作用，认为农业有生产、市场与要素等方面贡献[2]。1964年，舒尔茨著《改造传统农业》一书，分析了将传统农业改造成为高生产率经济部门的必要性，强调传统农业中最重要的因素——农民的智力投资是改造成功的关键。

舒尔茨早期研究美国的农业经济问题，后将研究范围扩大到发展中国家。他将发展经济学与农业经济学结合起来，提出“农民的行为是合乎理性”的论点，指出“经济发展主要取决于人的质量，而不是自然资源的丰瘠或资本存量的多寡”，从而建立起“人力资本”理论。除《改造传统农业》外，舒尔茨其他有关农业发展的著作还有《经济成长和农业》、《不稳定经济中的农业》等。舒尔茨的主要观点是：传统农业不能成为经济增长的源泉，其根源是传统农业对原有生产要素增加投资的收益率低，对投资和储蓄缺乏足够的经济刺激，不可能增加储蓄和投资，也无法打破长期停滞的均衡状态，要改变这一局面，必须寻找新的生产要素作为廉价的增长源泉。具体措施包括：建立合适的改造传统农业的制度；从供给和需求两方面为引进现代生产要素创造条件；对农民进行人力资本投资。

舒尔茨关于改造传统农业的理论，不仅在理论上有新的突破，具有里程碑意义，而且具有很强的实践意义。有专家认为，以此为代表的学术思想与同时兴起的农业技术革命一起，极大地改变了农业发展的趋向，对发展中国家重新重视农业作用并由此掀起“绿色革命”浪潮具有积极的推动作用[2]。

二、农业生态理论

作为现代意义上的“生态农业”一词最初由美国土壤学家M.阿尔布雷奇特(W. Albrecthe)于1970年提出；1981年英国农学家M.沃辛顿(M. Worthington)将生态农业定义为“生态上能自我维持，低输入，经济上有生命力，在环境、伦理和审美方面可接受的小型农业”，其中心思想是把农业建立在生态学的基础上[3]。生态农业的思想源远流长，一般认为较为完整的生态农业理论与技术源于中国。例如，战国时期《吕氏春秋》中提出的“夫稼，为之者人也，生之者地也，养之者天也”；明末清初的《补农书》中记载的庭院生态系统；明清年间在珠江三角洲和太湖流域形成的初级生态农业模式“桑基鱼塘”，充满了“池内养鱼，堤上植桑，毫无废弃之地”朴素的生态农业思想。这些都是我国生态农业模式的雏形。

农业生态理论，又可称为农业生态学，是研究农业生态系统的生物与环境之间的相互关系，农业生态系统的结构、功能与生产力及其调控与管理的学科。它是生态学应用于农业的一个分支。主要内容涉及大农业生态系统结构与功能及优化调控、农业生物物质循环与能量转化、农田生态系统与生物群落结构与功能关系、农作物个体与种群生态、农业生态环境人工演替与恢复重建。这一理论对于正确处理农业生产力提高与保持良好生态环境之间的辩证关系具有指导意义。

三、农业区域开发与布局理论

农业区域开发与布局理论是基于农业生产的地域空间特点与分布差异而形成的，研究农业生产地域分异及其规律的学科。从地理学角度讲，它是经济地理学的一个分支，因而又可称为农业地理学。我们认为，农业区域开发与布局理论属于经济地理学与农业科学交叉的一门学科。

农业区域开发与布局的一些重要概念和思想同样有着比较悠久的历史。中国早在两千多年前就意识到农业生产与地域条件的联系，指出了因地制宜利用自然条件发展农业生产的必要性。如《左传》记载有“先王疆理天下，物土之宜，而布其利”；《尚书·禹贡》分地区评述了土壤种类、耕地等级、田赋收入水平、当地农特产品和水利状况等，均是因地制宜发展农业思想的体现。中国20世纪80年代兴起的农业区划和国土整治，以及目前正在进行的“西部大开发”等都是这种理论在现代区域开发实践中的典型案例。

从古罗马时代到17～18世纪，西方一些地理学家的著作中也有关于农业生产布局的记述。19世纪被认为是地理科学和农业科学革新和深化的时期，为农业地理学的发展打下了基础。1826年德国农学家和经济学家杜能(Thunen, Johann Heinrich von)发表了著名的《孤立国与农业和政治经济学的关系》，首次探讨不同农业类型和集约水平分布的规律性，创立了农业区位论，与韦伯(Alfred Weber)1909年提出的工业区位论并称为经济地理学“双星子座”。

农业开发与自然条件和社会经济条件密切相关，传统农业生产存在明显的地域特点。农业区域开发与布局理论的内容涉及：农业生产及其各部门、各环节的地域差异特征；农业生产的自然和社会经济原因、形成过程及变化趋向；各种农业地域类型和农业区的形成、结构与演变；农业资源合理利用和农业生产布局方案；农产品比较优势及其与市场的关系等。

与农业区域开发与布局理论相关的理论有比较利益学说，其中最为经典的是大卫·李嘉图(David Ricardo)的比较利益学说。他认为：实行专业化分工，各地区都可建立起具有相对比较优势的产业，生产力发达地区选择优势最大的产品或产业，生产力落后地区选择劣势最小的产品或产业，通过交换，双方都可以获得比较利益。

四、农业可持续发展理论

1. 可持续发展理论

可持续发展理论的形成经历了一个逐步发展的历史过程。20世纪中期以来，在经济增长、城市化、人口、资源、环境等压力下，人类对经济增长和发展模式产生了怀疑，并进行了反思。1962 年美国生物学家莱切尔·卡逊(Rachel Carson)著《寂静的春天》一书，描绘了一幅由于农药污染而造成的可怕景象，惊呼人类将会失去“春光明媚的春天”，从而引发有关发展观念的争论。70 年代，美国学者巴巴拉·沃德(Barbara Ward)和雷内·杜博斯(Rene Dubos)的《只有一个地球》问世，把人类对生存与环境关系的认识提高到新的可持续发展境界；罗马俱乐部发表的《增长的极限》，提出了“持续增长”和“合理的持久的均衡发展”的概念。1987 年联合国世界与环境发展委员会发表《我们共同的未来》，正式提出“可持续发展”概念，将其定义为：既满足当代人的需要，又不对后代人满足其需要的能力构成危害的发展。1992 年联合国环境与发展大会提出了以人的全面发展为目标，经济、社会和资源、环境协调持续发展的新发展观。至此，“可持续发展”概念得到广泛共识；可持续发展逐步成为一种新的发展思想和战略模式，其理论框架开始形成。中国因其特有的对自然界的整体论思想，而对可持续发展更为重视，并在 20 世纪末将“可持续发展”与“科教兴国”一并确定为国家发展战略。

2. 农业可持续发展理论

农业可持续发展理论是可持续发展理论的核心，其形成同样经历了一个逐步发展的历史过程：第一，以 1972 年联合国在斯德哥尔摩召开的人类历史上第一次“人类与环境大会”通过的《人类环境宣言》为标志，人与自然协调、保持环境清洁和维持地球生态平衡等思想开始得到重视，世界农业发展开始新的战略转型。1985 年美国加利福尼亚州议会通过了“可持续农业研究教育法”，并提出“可持续农业”发展概念。1987 年美国农业部可持续农业研究与教育计划(SARE)正式提出了农业可持续发展的模式。1988 年法国针对农业高投入对环境和自然资源带来污染与破坏的问题，成立了全国环保委员会，倡导发展环保型持续农业，改进现有农业技术，使之更加符合环保要求，注重产品质量、资源与环境的保护及管理。1991 年联合国粮农组织在荷兰登博斯召开了国际农业与环境问题大会，提出了《关于可持续农业和农村发展的登博斯宣言和行动纲领》，将“可持续农业”(Sustainable

Agriculture)定义为:“管理和保护自然资源基础,调整技术和机制变化的方向,以便确保获得并持续地满足目前和今后世世代代人们的需要。因此这是一种能够保护土地、水和动植物资源,不会造成环境退化,同时在技术上可行、经济上有活力、社会上能广泛接受的农业。”这对于可持续农业观念的形成与发展及其实践具有巨大推动作用。1992 年联合国环境与发展大会通过的《21 世纪议程》把农业和农村的可持续发展作为可持续发展的根本保证和优先领域,体现了农业可持续发展新思想的全球共识和最高级别的政治承诺,从而把农业可持续发展研究推向了一个新的阶段。1997 年在德国召开的国际可持续农业会议,从理论上探讨了气候变化对农业生态系统可持续性的影响,从实践角度论述了可持续农业中的植物育种、基因工程和生物技术,以及有机农业系统在不同环境及投入情况下的土地、水和作物资源的管理,植物、微生物的相互作用,生物多样性和自然资源保护等,是对全球可持续农业理论与实践的系统总结与发展。

农业可持续发展理论一方面要求增加生产,扩大食物与纤维供给,保障人类生存发展;另一方面要求发展不以牺牲环境为代价,要保持资源供需平衡和生态环境良性循环。具体包括以下 5 个方面:增加农产品供给,增加就业机会;提高资金、土地、劳动力等投入与其他农业资源的利用效率;维护环境与土壤养分的良性循环;保持资源具有持久的开发潜力;保护农业与相应工业发展的合理配置与适度规模。

由于国情和发展背景不同,农业可持续发展的内涵也不尽相同。对于发展中国家来说,农业可持续发展的核心应是发展农村经济,增加农民收入,同时合理利用资源,保护环境,即在经济发展中协调解决人口、资源和环境问题。

由以上概述可以发现,传统农业发展理论认为农业产出取决于土地、劳动和资本的数量,并注重生产方式变革、制度对农业发展的影响;强调农业内部及其与其他产业之间的平衡或不平衡增长关系;注重“人力资本”投资与可持续发展;农业发展要因地因时制宜,并与保护生态环境相结合。在近期农业发展理论建设中,一些专家对农业政策的作用作了强调,认为农业发展主要取决于提高土地和劳动力的生产率所作的政策安排;政策本身虽不能增加农业资源，但可以改变生产要素配置的环境和相对价格，从而影响农业发展的方向、速度和效率。这种观点被认为是农业发展理论的新发展[4]。随着信息经济时代的到来和生物经济时代的临近，土地作为传统农业的生产要素，不再是一切农业形态所必需的物质基础，其在经济发展中的价值相对减弱，知识（智力）已成为农业发展的一种新的“资本”，“知本农业”的理念和农业形态正逐步形成。所谓“一靠政策，二靠科学，三靠投入，四靠管理”，体现了中国自 20 世纪 80 年代以来农业发展过程中各要素的缺乏和相对重要性，以及在不同发展阶段需要强化的要素的变化过程。

除上述理论外，与农业发展密切相关的理论或学科还有许多，如农业经济学、农业资源经济学、农业现代化理论、农村产业结构理论、区域发展理论，乃至中国古代农业“三才”理论与“三宜”思想，以及当代学者提出的零散的理论或概念。这些理论与上面提到的理论各有侧重，相互之间存在着重叠与交叉或历史渊源关系。这就需要我们用学科综合的思想，利用综合分析与系统科学的方法，去应对这种学科分化现象，把握理论发展的历史脉络，对未来农业发展理论的演变与创新进行思考。

第二节　“易”之含义与事物转化规律

在思考“生物经济时代到来意味着什么”的命题时，传统或常规的农业系统，以及食品、营养、医疗、健康、资源、环境、生态等与人类生活品质紧密相关的概念，时常一一展现或综合映于脑海之中。它们都属于目前的农业范畴和领域么？在未来的生物经济时代，它们之间的关系是什么？中国的农民为什么从一生下来就是农民，除非通过后天的努力以考大学等少数方式跳出“农”门？农村与城市是必然分割开来的么？诸如此类的一系列疑惑，促使我们想到了农业与“非农”产业之间的界限，想到了两个特定的概念：关联与整体。农与“非农”是对立统一，在一定的条件下或在不同的历史时期完全可以并且已经多次相互转化；二者相生相克，相息相长，相互争夺资源又相互依赖；二者之中，在一定的范围内或条件下存在“你中有我，我中有你”的关系。总之，这一切令我们不由自主地想到中国古代哲学中的“易”的思想，首先是“易”的“变化”思想；其次是易的“关联”与“整体”思想；还有“你中有我，我中有你”对立调和的“阴阳”观念，等等。反过来，这些思想和观念又促使我们去复习“易”的知识，理解“易”的内涵，对其了解愈多，愈加发现生物经济时代下的农与“非农”存在与“易”相通的内在联系。于是便有了进一步的探究、比较与借鉴。

用中国古代的“易”来诠释现代科技与现代农业的发展，也许会招来不同甚至反对的意见。为什么近代科学没有在中国诞生？目前中国的技术发明为什么落后？一经谈到这些问题，一些人可能就联想到中国古代的哲学思维和儒家思想，认为中国的传统文化和包括“易”的思想在内的古代哲学阻碍了近现代科技的发展，有人甚至认为“阴阳没有科学的影子”。在这里，我们不必直接探讨中国现代科技发展与古代以“易”为主的哲学思维之间的关系，也不去探讨“李约瑟难题”。我们只是借鉴“易”的合理成分，从历史与全球的角度，以自己的思路和线索去探讨现代农业可持续发展与中国传统“易”的思想之间的异同，并由此获得借鉴与启发。

一、“易”之含义：变易为本

“易”字本身，即“从日从月”的象形字“易”；象形加会意，表示日在上月在下，阳在上阴在下。推而广之，日月阴阳是天体万物组合的本体，是宇宙万物生生不息、运动变化的总纲。

谈到“易”，不免会联想到中国古代的一位先贤，他就是周文王姬昌。商纣王时被封为西伯，故亦称西伯昌。相传他在被囚羑里时，演《周易》七年，探求天人之理。

《周易》包括《易经》和《易传》两大部分。《易经》是占筮书，包括六十四卦卦形及卦、爻辞，是周朝初年的作品，相传为姬昌所作。《易传》是对《易经》的解释，又超出于《易经》，当然创作也较之为晚，大抵于春秋时期，且非一人之作，而是不同年代、不同人的作品汇集[5]。《周易》的基本内容是阴阳之道与图像。阴阳是解释万物世界的基本哲理；图像是构成万物世界的基本框架。

“易”的含义有多种。黄寿祺的《周易名义考》列出了九种[6]：晰易、生生之谓易、逆数、变易、易简、不易、太易、日月为易、宇宙之本体为易。其中“易”最主要的含义有三种，即简易、变易、不易。

• 世间万物，源于大道。姬昌相信，前人的八卦学说和他的《易经》，都是教化百姓理解大道的工具，因此，《易经》必须“简易”，即简单易明。相传孔子后来详细注释了“简易”的重要性，“乾以易知，坤以简能。易则易知，简则易从”(周易·系辞上)。只有简单、容易的道理，百姓才容易理解和遵从；易学易用的道理，才能得到民众的拥护，才能广泛流传。此颇类似于“话须通俗方传远，语必关风始动人”。

• 简单容易的道理，怎么能够阐述天地万物？关键就在于“变易”——变化和变动。六十四卦以乾卦开始，以未济卦为终，其含义是“物不可穷也，故受之以《未济》。终焉”(周易序卦)。暗喻了变化可以循环往复、永无止境的道理。这相当于日常生活中所说的“变化是绝对的，不变是相对的”、“唯有变是不变的”道理。亦所谓“逝者如斯夫，不舍昼夜”(《论语》)。

• 尽管变易无穷，但《易经》还是有不变之理，即所谓“不易”。孔子解释说：“易，穷则变，变则通，通则久”(系辞下)。即是说：《易》的原则是，处于困境就要变通，变通则可以通达，通达就可以长久；变化本身是永久的。“无极生太极，太极生两仪，两仪生四象，四象生八卦”，将八卦两两组合，推演出六十四卦，再到《易经》的生长规律是不变的。“天下万物生于有，有生于无”也是不变的。从现代管理的角度来看，以万变应万变会使人陷入忙碌的泥潭，使管理者做得很累；反之，若能找到“不变”之道，以不变应万变，则可以使事业游刃有余。“不易”还意味着对大道的追求要执著、坚韧，碰到困难而不变。此所谓“天行健，君子以自强不息”(上经·乾卦第一)是也。

在“简易、变易、不易”三义之中，“变易”又是最主要的，被认为是“其中的一个根本意义”[5]。

“《易》之为书也不可远，为道也屡迁，变动不居，周流六虚，上下无常，刚柔相易，不可为典要，唯变所适。”“刚柔相推，变在其中矣。”(《系辞下》)

从这两句话中可以印证，这里除“变”、“变动”本身外，其他如“迁”、“不居”、“周流”、“无常”、“相易”等都是“变化”之意。

从卦、爻象到筮法都体现着变易的原则。阴阳解《易》始见于《彖传》，《彖传》发扬了《易经》中蕴含“变化”的思想，认为世界万物处于变化之中，并将这种变化概括为消息盈虚、此消彼长的始终循环的过程。

二、“易相”与现代农业发展观渊源

针对时代发展的变化和生物经济时代对农业发展的要求，我们将提出农业“易相”发展思路与概念。在此我们将“易”字的含义理解为“变易”及“宇宙之本体”之意，“变易”即“变化”（Change），从哲学上理解就是扬弃和革新。“相”比较容易理解，即“状态”或“位相”（State; Phase）之意。例如，在物理学中，相是指在热力学平衡态下，其物理、化学性质完全相同、成分相同的均匀物质的聚集态；相变是指物质在压强、温度等外界条件不变的情况下，从一个相转变为另一个相的过程。再比如，月相是指月亮的圆缺变化，即从地球上看，由月球与太阳的相对位置变化所引起的月球发光部分的形状改变，也称为位相变化。“易相”（Changing State）就是根据事物对立统一相互依存不断发展的规律而改变状态之意。它借鉴了中国古代哲学尤其是《周易》的思想。以《易传》为代表的“万物有道”、“天人合一”的宇宙观体现了新的农业发展观。在现代农业导致土壤退化、环境污染、能源紧张、生态失衡的情况下，“天人合一”、“辅相天地之宜”、“穷神知化”；“一阴一阳之谓道”、“睽中有合”等思想观念，要么强调人与自然的和谐共处，提倡人既改造自然又顺应自然，既尊重自然规律又充分发挥人的主观能动性；要么注重事物对立统一及转化的规律，认为对立中有相通之处而趋于相合。

1. 天人合一

在《周易》原文中虽然找不到“天人合一”一词，但在其诸多卦中都反映了“天人合一”思想，如“形而上者谓之道，形而下者谓之器”（易传・系辞上）。《周易》认为，“形而上”之道，既是天道，又是人道，是“天人合一”之道。天道与人道有共同点，天道同人事相联系，天道的变化同人谋自然相合，人之经营谋划皆顺从天理，此即天人一体[7]。从《易经》的观点出发，一般认为，“天人合一”中的“天”是指客观存在的事物及其规律；“人”指人的主观认识；“一”表示主观认识与客观事物及其规律是否相符合、相统一。

虽然早在先秦时期就形成了“天人合一”观念，然直到北宋时期，“天人合一”的命题才由中国古代哲学家张载第一次提出[8]。其所谓“合一”，并不认为天人可以混同，相反，却将天与人、天道与人事加以区分，强调不能把人的意识强加于天。张载认为，天与人的根本区别就在于：天无心无为，人却有思虑行为。如他在《易说·系辞上》中所说：

> “神则不屈，无复回易，鼓万物而不与圣人同忧，此直谓天也。天则无心，神可以不屈，圣人则岂忘思虑忧患？虽圣人亦人耳，焉得遂欲如天之神，庸不害于其事？圣人苟不用思虑忧患以经世，则何用圣人？天治自足矣。圣人所以有忧者，圣人之仁也；不可以忧言者，天也。盖圣人成能，所以异于天也。”

意思是指：天化育万物，生生不息（“神”通伸）。天本无心，自然无为，并非出于人的谋划。人则不同，人的特点是有思有虑。圣人仁爱百姓，总是用思虑忧患以治世，不能无为而治。圣人有所作为，经世济民，以成就天道化育万物的功能，这是与天治的区别所在。张载区分天与人的目的在于强调发挥人的主观能动性，利用和改造自然，为人类造福。如同《周易》所称“知周乎万物，而道济天下”（《易传·系辞上》）。

“天人合一”的观念是逐步形成并成熟的，现已发展成为一种自然观。“天人合一”从思维方式上表现天与人的关系有道家、儒家、佛教三家不同观点。其中以道家的观点与当今及未来农业发展的方向最为契合，因为在道家看来，天是自然，人是自然的一部分。相较而言，儒家和佛家的观点牵涉较多的道德和人性的因素，与未来农业发展方向关系不大。

2. 辅相天地之宜

“辅相天地之宜”出自《周易》（上经·泰卦第十一）：

> 《象》曰：天地交，泰。后以财成天地之道，辅相天地之宜，以左右民。

这里的"后"是君主之意；"财"通"裁"，裁决之意。上卦为坤，为地，地属阴气；下卦为阳，为天，天为阳气。阴气凝重而下沉；阳气清明而上升。泰卦象征宇宙风调雨顺，国泰民安的最佳状态。"天地交，泰"：阴阳二气交感，万物纷纭生成、发展、变化，所以卦名曰泰，通泰之意，即天地交换位置（指变化）就形成了泰卦。

"财成天地之道，辅相天地之宜"意思是说，要掌握时机，善于裁节调理，以促成天地化生万物。这句话寓意：人类活动只有尊重客观规律并很好地运用客观规律才能取得成功；合理开发和利用自然资源，保护并优化生态环境，达到人与自然和谐，才有利于保持经济社会与环境的良性循环与可持续发展。

3. 穷神知化

"穷神知化"源自《周易》(易传·系辞下)：

> 子曰："天下何思何虑？天下同归而殊途，一致而百虑。天下何思何虑？日往则月来，月往则日来，日月相推而明生焉。寒往则暑来，暑往则寒来，寒暑相推而岁成焉。往者屈也，来者信也，屈信相感而利生焉……穷神知化，德之盛也。"

"信"通"伸"，与"屈"对应。"神"指气运动变化的性能和源泉；"化"指气运动变化的过程和形式。"穷神知化"就是认识和把握气、化的法则和过程[7]。

张载从人的道德修养上对"穷神知化"的含义作了解释，为帮助理解，此不妨化用。他说："神不可致思，存焉可也。化不可助长，顺焉可也。存虚明，久至德，顺变化，达时中，仁之至，义之尽也"(《正蒙·神化》)。张载认为，能存神顺化，就是仁至义尽了[7]。存神，即不运用思虑，其精神与神化合一；顺化，即安于变化，不人为地助长。人能顺应阴阳二气的变易法则，与天地之化同流，不被个体事物的生死存亡所牵累，不计较个人生活中的利害得失，就达到了最高的德行。有了这种德行，就达到了穷神知化，与天为一的最高境界。

若从引申和发展的含义上去理解“穷神知化”，意思就是：穷究事物的奥秘，认识事物的变化。这对于认识农业发展的变化并采取相应对策具有启发和借鉴意义。

4. 一阴一阳之谓道

“一阴一阳之谓道”出自《周易》(系辞上)：

> 一阴一阳之谓道……生生之谓《易》。

意思是说：一阴一阳的对立转化叫做道；生生不停叫做变易。“生生”即变化无穷之意。一阴一阳是六十四卦乃至整个世界的普遍法则，六十四卦反映了事物总体变化规律，自然及社会中的每一事物都包含着阴阳两个方面，总是阴阳二者周而复始地变化，对立又统一。

“道”有“本体、自然”之意。在“形而上者谓之道”中，“道”是作为“本体”之意；“一阴一阳之谓道”、“生生之谓易”、在“天道、人道、地道”中，“道”是作为“自然”之意。“本体”和“自然”均含有“规律”之意，也就是说，“道”主要是指“规律”之意。“道，理也”(《庄子・外杂・缮性第十六》)表明：道，就是天地万物的必然规律。不管人们认不认识，规律是自然界的客观存在，故称“常道”——永恒不变的规律。如果人们发现了规律的存在，就称之为“道可道”。由于各种物质的存在形式、数量、质量，以及物理、化学的演化不同，从而构成具有各自特点的规律，因此其道无常，“非常道”——不是永恒不变的规律。

“道生一，一生二，二生三，三生万物”(《道德经》)。对于道来说，其中的阴阳两种状态首先是统一的，正是这种统一状态，使道成其为道。这就是

"道生一"的内在含义。"一生二"是指阴阳二者在统一性的前提下，又有着相斥的力量存在。阴阳二者的绝对对立存在是不可能的，只能是一种相互依托的存在。对这里"一"、"二"、"三"的解释分歧不少，但有一种观点认为："一"、"二"都是"天下万物生于有，有生于无"中"无"的存在状态；而"三"这个概念则进到了"有"的阶段，正是在这个阶段，"无"这种抽象规律性的东西和"有"这种具体性的东西结合，才具有了万物生成、变化的基础[9]。

5. 睽中有合

"睽中有合"源自《周易》(下经·睽卦第三十八)：

> 《彖》曰：睽，火动而上，泽动而下……天地睽而其事同也，男女睽而其志通也，万物睽而其事类也。《象》曰：上火下泽，睽。君子以同而异。

"睽"字的含义是：违背、不合、分离，表示事物之间的明显差异。睽卦讲的是化睽为合，于异求同。卦中六爻，象征事物都处在离异状态，又都能走到一起。这两方面的情况说明，有睽就有合，无睽就谈不上合。《彖传》用"睽而合、睽而通、睽而类"三个命题，概括了睽而必合的普遍意义，含蓄地提示：同的前提是异，合的前提是睽。世间事物，千差万别，没有绝对的相同。必须在异中求同，在同中求异：尊重差别，尊重特点。没有异的同，即没有差别的相同，好比铁板一块，是坏事而不是好事。"合"有两重含义：一是和合、协合；二是聚合、整合。前者强调统一；后者强调对立，是为了实现"和合"而进行的"整合"。

上述思想的共通之处就是都包含了"阴阳"范式，这种范式由"易"所倡导，是中国古代科学思维所谓三大范式之首(另两个分别为五行和元气，将在下面分别涉及)。

"睽中有合"体现的同样是事物发展的对立统一思想，揭示了事物的差异性和同一性。农与"非农"正是这种阴阳对立的统一体。既有差异，又具有相通之处。有农就有"非农"，无"非农"就谈不上农。有差别才可异中求同，相互补充，共同发展，发展的前提是二者之间有差异，差异之中包含着共同的特点。单纯而片面地强调农或“非农”哪一方，都好比不尊重差别与特点，铁板一块，终为不妥。

三、太极：阴中有阳，阳中有阴

“太极”源自《易传》，指宇宙本体，它是《易》学的重要概念，也是其宇宙论、宗教修养等理论的基本概念。“《易》有太极，是生两仪。两仪生四象。四象生八卦”（周易·系辞上）。意思是说，《易》成卦的过程，先是有太极。“太极”或“太极学说”被认为是中国古代宇宙理论基础。

太极图有一种简捷的画法，就是用一个以曲线分隔的圆圈表示，以黑白分之。该图的含义是：一个整体分成一半白一半黑，白者为阳，黑者为阴；白中又有一黑点，黑中又有一白点，表示阳中有阴，阴中有阳。可寓意于农与“非农”共同构成事物的整体，农中包含“非农”成分，“非农”中也有农的成分；并且二者生克消长，在一定的条件下可以相互转化、相互融合。

四、阴阳与五行：相互对立与联系

阴阳与五行原属于两个学说，自战国晚期以来，两者开始结合并融合为一，成为解释世界事物产生和变化的一种理论，共同解释事物或现象之间的相互对立与联系。

1. 阴阳观念的由来

阴阳（Yin-Yang）本指日照不及与所及的意思，“阴者见云不见日也，阳者云开而见日也”（朱骏声《说文通训定声》）。日照则暖，日阴则寒，因而由阴阳引申出阴晴寒暖之意。春秋时期阴阳观念得到拓展，以阴阳为本产生所谓六气：阴、阳、风、雨、晦、明。阴阳成为六气之中的两个，从原来表示寒暖的感觉发展到近乎实物了。不过，阴阳二气较之其他四气稍显抽象，适合于人们合理想象，因而对许多现象所具备的解释力也就越大，于是开始从六气中脱颖而出，与更多的事物和现象发生关联[10]。

使阴阳观念发生决定性改变的，据称是由《易传》而来。儒家经典《论语》、《中庸》、《孟子》均不谈阴阳。战国末期《荀子》礼论中有“天地合而万物生，阴阳接而变化起”；天论中有“是天地之变，阴阳之化”。但这里的阴阳与天地同义，并非指后来“为万物构造之状态”之意[10]。《易经》卦辞、爻辞中同样无阴阳，却包含了由各卦所象征的具体事物相互联系来解释吉凶的思想。到了《易传》，阴阳观念才有质的变化。《易传》彖传中开始出现用刚柔来解释卦象；系辞中，先是刚柔与阴阳并无关联；后演变成“阳为刚、阴为柔”的观念。再后来出现用阴阳观念来解释《周易》，从而因此“转变《周易》卜筮的迷信性质，赋以哲学性质的构造”[10]。于是有“一阴一阳之谓道”、“观变于阴阳而立卦，发挥于刚柔而生爻”等等，从此阴阳开始成为宇宙创生万物的两个状态，以及由这两个状态有规律的变化活动而形成宇宙创生的大法则。这种观念进一步引申发展成为泛指自然界及社会中两种基本的、相互区别而又相互联系的事物属性。

2. 阴阳理论：对立统一

阴阳学说诞生于殷周之交，是《周易》的基本理论，被认为是《周易》及世界的普遍法则。如上所述，阴阳是指世界上一切事物中都具有的两种既相互对立又联系的力量。《老子》认为，阴阳蕴含于气之中。庄子亦有“乘六气之变”（《逍遥游》）之说。一气流行，无极而太极，太极的动静产生阴阳，阴阳又推动着世界及其中每一事物的运动变化。阴阳的对立统一，表现形式虽然千差万别，但为世界所固有，是说明世界的变化法则：天地成其体，阴阳成其用；昼夜成其道，乾坤成宇宙。“道生一，一生二，二生三，三生万物。万物负阴而抱阳，冲气以为和”，意思是指：由道形成原始的统一体，从统一体派生两种对立的力量；两种对立的力量互相渗透，生成万物。万物背面是阴，正面为阳，阴阳二气相互交流达到和谐的状态。泊静子认为，在《老子》中，道本来就包含着阴阳两种属性；阴阳并不是某种具体的概念，而应该是抽象的对立统一的矛盾范畴[9]。阴阳从道派生，“道”的本质是运动和变化；阴阳是宇宙中最基本的既对立又统一的力量，是具有相辅相成性质的气，同时它们又内在于每一事物之中。

3. 五行观念的由来

五行(Five Elements)是指用来概括世界上几类基本要素的范畴。有关“五行”观念的描述最早出现在《尚书·周书·洪范》:“五行:一曰水,二曰火,三曰木,四曰金,五曰土。水曰润下,火曰炎上,木曰曲直,金曰従革,土爰稼穑。润下作咸,炎上作苦,曲直作酸,従革作辛,稼穑作甘。”金木水火土是古代先民对生活资料的粗略归纳,起初并未包含多少抽象含义。为何用“五”表示,有学者称是因为“手指为五”,更实质的原因可能是因为这五种物质为人们基本生活资料,所谓“五行即五材也”。实际上也有用“六府”表示的,“水、火、金、木、土、谷,谓之六府”(《左传》),在上述五行的基础上多了一个“谷”。同属基本生活资料的“谷”,为何没能促使“五行”成为“六行”?也许是因为“谷”乃人工作用产物?我们不敢贸然断定。

五行不仅寓指生活资料,也开始出现寓意“五味”,如“水性本甘”、“火性炎上,焚物则焦,焦是苦味”,等等。由五行发展到“五味”,已成为一种关联,但至此还没有上升到抽象地寓意事物关联的高度。

五行由实物拓展到半抽象的可概括万物分类的气,据称是在“社会迷信中酝酿出来的”[10]。无独有偶,古希腊有水、空气、火、土四元素说,用来解释万物的起源。李约瑟等认为,中国的五行,并不类同于西方“地水风火”四行说,四行说把它们作为构造万物的元素,而中国的五行是以五行间的相互关系,以形成一套以“相生相胜”(如木生火、火生土,土胜水、水胜火;此“胜”即“克”之意)为主的有机作用来解释万物的变化。意思是说,中国的五行重“相互关系”;西方的四行重“元素”。好比中西医在整体论和还原论上的区别:中医以系统整体论为指导,注重系统整体运动变化过程,可称为过程医学或状态医学;西医以还原论为指导,注重分析还原和人体结构,可称为结构医学或实证医学。区分这一点,是我们阐释农与“非农”相互关系的立足点所在。

4. 五行学说:相生相克

五行学说,虽以“金木水火土”五种具有普遍意义的物质命名,但并非仅仅指这些具体事物本身，而是以它们为基本框架或思维模型，将一切生克制化的错综变化的现象分成基本的五大类，表明世界万物的起源与基本联系。“五行的概念，倒不是一系列五种物质的概念，而是五种基本过程的概念。”[11]它与古代自然哲学认为的世界是由金、木、水、火、土五种元素组成学说并不相同，但二者都含有“世界统一有序而又互相联系”之意。李约瑟也认识到五行的不足，“五行或阴阳体系看起来并不是完全不科学的……唯一毛病是它流传得太久了。在公元一世纪的时候，中国的五行学说是十分先进的东西；到了十一世纪的时候，还勉强可说是先进的东西；到了十八世纪就变得荒唐了。”[11]

五行的相互关系，最重要的是相生相克：

• 五行相生：水生木，木生火，火生土，土生金，金生水，水复生木（图 3-1 中圆圈线路，以水为起点），指它们可以依照一定的顺序相互生成。生成是循环不断的。

• 五行相克：水克火，火克金，金克木，木克土，土克水，水复克火（图 3-1 中圆中线路，以水为起点），指它们之间依照另一顺序相互克制。克与被克，也是循环不已的，每一克制者，在另一场合便是被克者。

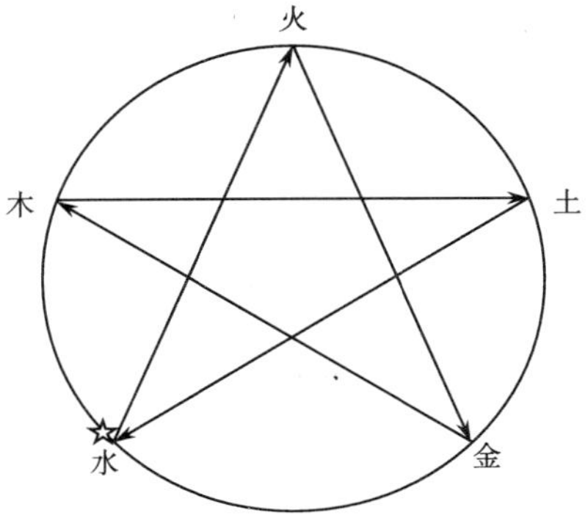

图 3-1　五行生克制化示意图

我们以既寓意基本元素而又更注重相互联系的观点来理解，并作为以下分析的出发点。五行学说以阴阳为纲，农业发展可以从其寓意中得到启示：农与“非农”恰是这样的对立统一体，二者既相互对立又彼此联系，既相生相克又可以相互转化，共同构成多样化的产业体系。当然，阴阳五行于农业的微观研究与发展启示远不及其之于宏观的启示，这是因为阴阳五行重视万物交感与关联等观念，而不太注重事物每一项元素与结构观念，这可能也是中国古代科技由于受到阴阳五行观念的影响而不能发展成为近现代科技的深层原因之一。这就好比：不解剖细节，便不了解微生物和基因；没有微生物的作用和基因调控，也就无法产生现代农业一样。

第三节 “易”与农业的渊源关系

农业发展可以并已经从“易”中得到借鉴与启示。在我们的考察中还发现：事实并非如此而已，“易”与农业之间原本就存在着深厚的渊源关系（与中国古代天文、传统医学同样存在深厚关系）。我们难以在短的时间内去深度发掘这种关系，但可以采撷其中的一些“片段”，以期“窥一斑而知全豹”。

一、中国古代农业“三才”思想

《周易》有一个著名的思想，叫做“三才之道”。

> “易之为书也，广大悉备。有天道焉，有人道焉，有地道焉。兼三才而两之，故六。六者非它也，三才之道也。”（《易传·系辞下》）

意思是说，《易》这本书，内容广大而无所不包。有天道，有人道，有地道。并且以三级爻位来代表天、地、人三才，所以一卦有六爻。“六”在此没有其他别的意义，就是根据三才的道理而确定的。另如：

> “昔者，圣人之作《易》也，将以顺性命之理，是以立天之道曰阴与阳，立地之道曰刚与柔，立人之道曰仁与义，兼三才而两之，故《易》六画而成卦。”（《说卦》）

《周易》所表达的天人观是：天对人而言，便是“乾道变化，各正性命”（上经），即天道赋予万物和人各有不同的性命，人作为“天地之子”有其独特的地位；人对天而言，则是“继之者善也，成之者性也”（系辞上），即人在天地万物中负有一种神圣的使命，继承天道是善，完成人之所以为人之本性。人类活动、社会的发展都建立在这种天人观的基础之上。人与天地自然之间存在一种内在的联系：相辅相成、沟通与和谐。其寓意是：人生于自然，又作用于自然；自然哺育了人，但也制约着人。

“易”的三才思想还体现在《吕氏春秋·上农》整个农学体系之中。《齐民要术》使天、地、人“三才”思想发展为：“顺天时，量地力，则用少力而成功多”。

二、中国古代农业“三宜”思想

与“三才”思想密切联系的有因时、因地、因人制宜的“三宜”说。

> “观乎天文以察时变，观乎人文以化成天下。”（上经·贲卦第二十二）

意思是说，观察天象，可以察知四季、昼夜变化的规律；观察社会人文现象，可以教化天下的人，促成大治。又如：

> “《彖》曰：至哉坤元，万物资生，乃顺承天。坤厚载物，德合无疆。”（上经·坤卦第二）

意思是：土地是万物自下而上的基础，万物依靠它才能生长。

与“三宜”思想相关的基本概念有：天时、地利、人和。“农夫朴力而寡能，则上不失天时，下不失地利，中得人和而百事不废”（《荀子·王制》）。“夫稼，为之者，人也；生之者，地也；养之者，天也”（《吕氏春秋·审时》）。这些概念已超出《周易》范围。“天时”一般是指自然界的运动。《周易》中关于“天时”的记载有：“先天而天弗违，后天而奉天时”（上经·乾卦第一）。“地利”的原始意义是指：收割禾谷而获得利益。《说文》“刀部”：“利，铦也，从刀。”甲骨文中“利”字，从刀从禾。“利”作锋利解是其引申义。可见，从“利”字的起源看，“地利”是从农业生产中得出的概念。“人和”原意是指人与人或团体之间的和谐关系，后发展成指人的分工协作关系。孟子针对作战时所说“天时不如地利，地利不如人和”(《孟子·公孙丑》)中的“人和”便是指人心齐、内部团结之意。

三、气与农业

作为哲学范畴的“气”，是中国古代科学思维三大范式之一，其形成与农业密切相关。“气”从“云”衍生而来。远古时代，人们为务农而测天，云是重要的观测对象。人们在观测中看到，山川之气升而为云，云凝结为雨而降落，风雨阴晴多与云气变化有关，从而导引出“气”的概念(“气”的另一来源是人的呼吸之气)。后来又认识到，天上各种气象的交替出现，不过是“气”变化所致。人们把“气”看做充斥于天地之间的一种流动不息的精微之物，世间万物由它凝聚而成。这种看法至今对解释宇宙早期形成仍具有科学意义。

在春秋时代，人们认为天有“六气”，地有“五行”。如上所述，“六气”指阴阳风雨晦明；“五行”为金木水火土。“天六地五，数之常也。经之以天，纬之以地”(《国语·周语》)。它们是经天纬地的“数之常也”，意思是说，自然界本身的“六气”、“五行”决定着世界的秩序，即所谓“天地之形质来自于元气之聚合”[10]。

在道教的学说中，气是世界上一切事物的本原、质料，是世界统一性的基础。“万物负阴而抱阳，冲气以为和”(《老子》)。“负阴而抱阳”是指万物都内在地包含了抽象的对立统一，但这种对立统一是混沌的，万物的生成，还必须有“气”的作用。“冲气”指矛盾的冲突，“冲气为和”即指在冲突中得到调和。“自以比形于天地，而受气于阴阳”(《庄子·秋水》)，此“受气”即“聚气”。“通天下一气耳”(《庄子·知北游》)，意思是指整个天下不过贯通着一气罢了。天地形成之先，便有元气。“元气，大虚之先……于是清通澄朗之气，浮而为天，浊滞烦昧之气，积而为地，平和柔顺之气，结为人伦，错谬刚戾之气，散而为杂类。自一气之所育，播万殊而种分”(吴筠《宗元先生玄纲论》上篇“元气章”)。意思是说：宇宙中清通澄净明朗的，浮而为天；重浊滞塞的积而成地；平和柔顺的凝聚成人；错杂怪谬刚猛不正的气，散发开去，形成万物；都是一气所化育，而播下千差万别的种类。这种解释与西方关于世界本原是由“气”组成的假说有些类似，以今天的科学观来看，显然荒谬，但从当时的认识论出发，无疑包含了朴素的哲理。

《易传》主导的思想与《老子》基本相同。《易传》的“仰以观于天文，俯以察于地理，是故知幽明之故”与《老子》的“万物负阴而抱阳，冲气以为和”，都以光、气为基础。有所不同的是：一个名“易”，强调光（有“日月为易”之说）；一个曰“道”，强调气。

四、阴阳与天气

“阴阳”原始概念的形成，与在农业生产中对自然现象的概括有关。农作物生长需要充足的光照，人们早就懂得在向阳的地方选择耕种。太阳光及太阳光之所照为“阳”，太阳光照不到的地方为“阴”。《说文》：“阳，高明也”；“阴，闇也，水之南，山之北也”。《诗经·大雅·公刘》记公刘率领周族迁豳，“乃景乃冈，相其阴阳，观其流泉……彻田为粮”。“乃景乃冈，相其阴阳”就是指选择耕地和居处时通过测日影来判别阴阳；“彻田为粮”表明与农业有关。背日者（阴）寒，向日者（阳）暖，阴阳因而有寒暖之义。“六气”中以阴阳代表寒暖；又可以包括其他四种“天气”，如明为阳，晦为阴，风为阳，雨为阴。于是，可用阴阳代表全部的六种“天气”。可见，“阴阳”除了含有事物中两种既相互对立又联系的统一意义外，也代表“天气”，与农业着实相关。

中国处于典型的季风气候区，每年海洋暖湿气流和大陆干冷气流随季节交替进退。因此，古代先民用“阴阳推移”来表示和解释四季更替和气候变化。如：

春秋冬夏，阴阳之推移也，时之短长，阴阳之利用也，日月之易，阴阳之化也。（《管子·乘马》）

春者，阳气始上，故万物生；夏者，阳气毕上，故万物长；秋者，阴气始下，故万物收；冬者，阴气毕下，故万物藏。故春夏生长，秋冬收藏，四时之节也。（《管子·形势解》）

故阴阳者，天地之大理也。四时者，阴阳之大经也。（《管子·四时》）

可见，阴阳学说在农学上的应用，主要表现在解释农业生产中时令的变化。

总之，“易”与农业存在着渊源关系。《周易》中的许多概念或思想，无论是“天时”中的“时”，还是与“天时”密切相关的“阴阳”等，其起源都与农业生产实践密切相关。我们将基于生物经济的新的农业发展理论命名为“农业易相发展理论”，除了表明农业发展的许多规律与“易”之规律相通并从中可以得到启迪，进而表明农与“非农”共生互补的相互关系外，还隐含了农业与“易”之间的渊源关系。

至此，我们已将“阴阳”、“易相”概念中所包含的“状态”之意逐渐揭示出来，“易相”就是根据事物对立统一相互依存不断发展的规律而改变状态之意，为在第四节“农业易相发展理论”的正式提出作了铺垫。

孔子所谓“逝者如斯夫，不舍昼夜”，同样是说明天地间的万物都是变动不居的。顾炎武《日知录》认为“天地万物，过中则变”，强调了此变化的转折点，即“中”，因而不能死守旧章。农业发展理论的演变亦然，只有根据变化了的情况，在继承的基础上因势权变，才能有所创新，适应新变化，解决新问题。我们努力创建农业易相发展理论的意义就在于此。

第四节　农业易相发展理论及其内涵

一、农业发展“范式”转变

自20世纪90年代中期以来，中国“三农”问题非常突出，以致成为影响国家经济发展和社会进步的重大问题。学术界和政府更多地是从农业、农村和农民等“农”本身角度，基于传统的农业发展理论或思想，来认识并采取措施，而较少跳出“农”之外系统运用“非农”的发展理念及长期制度性应对措施。以2004年2月8日正式对外公布的《中共中央国务院关于促进农民增加收入若干政策的意见》为例来说明。该政策性文件分为九大部分，包括：①集中力量支持粮食主产区发展粮食产业，促进种粮农民增加收入；②继续推进农业结构调整，挖掘农业内部增收潜力；③发展农村二、三产业，拓宽农民增收渠道；④改善农民进城就业环境，增加外出务工收入；⑤发挥市场机制作用，搞活农产品流通；⑥加强农村基础设施建设，为农民增收创造条件；⑦深化农村改革，为农民增收减负提供体制保障；⑧继续做好扶贫开发工作，解决农村贫困人口和受灾群众的生产生活困难；⑨加强党对促进农民增收工作的领导，确保各项增收政策落到实处。这九大部分基本上都是在“农”字里面做工作，不仅字面上脱离不开“农”字，内容也基本如此，所体现的内涵全部在现行的“农”字当中，外延与“农业、农村、农民”几乎对应。

政府已经认识到“非农”对于农业的影响和作用。直到2005年国家提出“统筹城乡发展方略”，才“把农村和城镇作为一个有机统一的整体统筹协调……是我国新时期对‘三农’发展理论和思路的重大创新，标志着党和国家已经把解决‘三农’问题放到整个经济社会发展全局和战略的高度来筹划，开始从‘三农’外部寻求解决‘三农’问题的对策……探索从根本上解决‘三农’问题的有效途径”[12]。学术界同样认识到“三农”问题不是一个孤立的现象[13]，解决起来不能依赖“三农”本身。但农业发展的基本政策思路，除最近提出的“统筹城乡发展”战略外，总体上讲还没有从根本上采用“非农”的发展理念。因为现实的情况是，要么没有从“变易”的角度系统把握好农与“非农”之间对立统一与互补关系，要么没有将所把握的这种对立统一与互补关系的思路转化为“变易”的政策与措施。

在生物经济时代，产业发展的下列特点将更加突出：任何一个产业的问题不仅牵涉到产业内部及其有关产业，而且将越来越多地涉及到更大的系统；产业问题不但是产业本身的问题，而且是整个产业链的发展问题；产业间的界限也将会变得越来越模糊。农业的发展更是如此，因为农业是最先受到生物经济影响的产业，而且其影响最直接、最深远。

正如解决农业问题不能仅仅着眼于农业内部一样，解决“三农”问题，必须先有新的“非农”发展理念与思维方式。农业发展的现实问题给我们提出了严峻挑战，现实要求必须采用超前的思路，找到一些非传统和非常规的方法。生物经济时代的到来正好提供了农业发展范式转变的机会。

农业发展范式，是借鉴科学哲学中的概念，从科技进步范式引申出来的。农业发展与科技进步两者存在诸多相通之处，如常规农业之于常规科学；农业发展问题之于科学发展中“反常与危机”；农业发展模式转变之于科学革命，等等。美国科学哲学家库恩(Thomas Kuhn)在其《科学革命的结构》一书中把科学进步描述为“前科学—常规科学—反常—危机—科学革命—新的常规科学”，其中“常规科学—反常—危机—科学革命”被认为是科学革命的结构模式[14]。常规科学时期是指科学共同体在现有范式指导下的知识积累时期，是范式的拓展以及为新的突破奠定基础的时期。科学革命就是范式转换(Paradigm Shift)。

与科学哲学中的常规科学发展观点类似，常规农业系统是孕育新的农业发展突破的基础。当科学发展出现与范式预期不同的反常情况时，新的危机开始孕育，科学革命也就从危机开始，范式面临转换。与此相通，当农业发展出现难解的重大问题时，首先应当思考的是发展理念、发展战略、制度与政策的转换，也就是农业发展范式的转换。

科学革命具有两个基本特征：第一，科学革命带来探索问题的改变和解决问题合理标准的改变；第二，范式转换是一个重新概念化过程，即抛弃旧的概念体系建立新的概念体系的过程。农业发展范式转变同样具有类似的特征：解决农业问题的思维方式与手段，以及评判问题解决的合理标准都将发生改变；新的农业体系的概念框架将取代旧的概念框架。有所不同的是：农业发展是扬弃旧的概念体系，而不是抛弃；是新的层次上的“包容”，而不是否定。即将常规农业系统纳入生物经济时代第三次拓展体系的农业范畴(第二章第二节和第四章第二节均专门述及)。所谓“取代”也只是指主流的取代，就如同生物经济时代将要取代信息经济和工业经济时代一样，而后者并未消失，只是不占主流。

二、农业易相发展理论的提出

中外经济发展的经验教训表明：不能再用单一的物质财富或GDP增长

来衡量经济发展水平。中国政府当前倡导的科学发展观以及早已为人所认识的“绿色 GDP”概念即是这种思想的体现。衡量经济发展水平，除了用 GDP 指标外，是否应当从宇宙的、人类生存的、生态的、人与自然和谐共处的观点与视角来考察？现在看来答案显然是肯定的。恰如洋务运动所带来的教训：当时现代化的本质是农耕文明向工商文明的社会转型；其关键不在于器物层面，而在于理念层面。由此推之，当前的现代化本质是工业经济向信息经济的转型，未来的现代化本质是信息经济向生物经济转型；理念而非器物，在转型过程中所起的作用至关重要。

古往今来，人类文化与经济社会充满了事物发展对立统一的关系。分别从经济管理、军事及文字渊源、科学等方面举三个例子：①以易学中的“乾坤”思想在当代经济管理学中的应用为例。乾坤十二爻用在经济生活中的为人处事方面：乾卦体现的是老板哲学；坤卦寓意员工哲学。我们知道，在绝大多数的岗位上，老板和员工的角色同时存在于每一位人士身上。乾坤合一，乾中有坤，坤中有乾，表明一个人可以同时承担老板和员工的双重角色。乾坤可以互相转化，说明一个人的老板和员工角色也是可以转化的。在同一时间、同一地点，处理不同的事务，每个人都应明确自身的定位或角色，采取乾还是坤的策略要依据当时的环境而定。在员工面前，如果你是老板，做事就应符合乾卦的道理，主要依“天行健，君子以自强不息”风格做事，领导下属推行自己的主张；乾也不是一任地“刚正不阿”，而是要在环境允许时才“出头”，且还要“潜”下来等待时机。在老板面前，如果你是员工，做事就应符合坤卦的道理，主要依“地势坤，君子以厚德载物”风格做事，修炼和提升自己；坤也不是盲目地顺从、一味谨慎地“囊括”，而是该做的事还是要主动地去做。也就是说，老板有时也要像员工一样谨慎；员工有时也要像老板一样奋进。每位经济生活中的人士，无论你承担的是乾坤中的哪一角色，都应乾中有坤，坤中有乾，乾坤合一，才可能使你有一个良好的工作环境和心态，取得更大的业绩。②以“一张一弛，文武之道”中的“武”字为例，这属于军事及文字渊源方面的例子。“武”之演变源远流长，“武”远非今日“打仗”或“暴力”之意，从字的起源上讲，“止戈”为武。本意是说，“武”要用戈，目的是为了下一步停止用戈。要想实现停止用戈，首先就得要有戈。正是因为这么一种对立统一的关系，才使得“武”字的发展至今仍然充满了丰富的内涵。③在科学上，以现代信息论思想为例。香农是现代信息论的创始人，信息论的诞生对电子计算机设计和现代通信技术产生了巨大影响。电子计算机设计中的“二进制”，有关通讯技术理论中用布尔代数进行的开关电路分析，乃至在香农著作《通信的数学理论》中所称“通信的基本问题就是在一点重新准确地或近似地再现另一点所选择的消息”等，无不体现“0”和“1”对立与转化的关系。比特(Bite)作为二进制的基本单位，就是信息论的量子[15]，它所负载的信息是“二中择一”的：头或尾，是或否，“0”或“1”。

自然界的许多事物具有阴阳两极性，如前所述，农与“非农”正是具有这种关系的辩证统一体：二者之间不仅相生相克，相互依存与配合，彼此促进与制约，而且可以在一定的条件下相互转化。

农业与“非农”对立统一的辩证关系表明，解决农业发展中存在的问题，尤其是我国目前面临的“三农”问题，不能局限于常规意义上的现代农业(即常规农业系统)范围，需要跳出“农”的圈子之外，用“非农”的思路和手段来解决“农”的问题，这样极有可能反而能够取得更好的效果。正如19世纪、20世纪和21世纪初由科技、经济和军事发展所分别表现出的地缘政治法则：谁控制了海洋，谁就能控制大陆；谁控制空间，谁就能控制整个地球。也就是说，必须跳出圈外，才容易解决圈内的问题。此亦所谓“以正合，以奇胜”。时代在催生新的发展理念。只有在新的发展理念的基础上，探讨并运用“非农”的思想和方式来解决农业发展问题(包括创建新的发展理论)，才能达到农与“非农”互补，相互促进，共生共荣。

将传统的农业范畴拓展到“非农”范畴，反过来通过“非农”来促进农业的发展，以达到农业与“非农”共生共荣、整体和谐发展的状态，这就是农业易相发展理论(Yi-theory of Agricultural Development)。

三、农业易相发展理论的概念与内涵

1. 农业易相发展理论的概念

概念反映理论的特征。概念框架对于发展视野的拓展与理念的形成有极大帮助；概念框架的形成，离不开一批概念的支撑。农业易相发展理论的主要概念有：

（1）易相

易相是农业易相发展理论的一个基本概念。这里的“易”是指“变易”之意；“相”指“状态”之意。“易相”就是根据事物对立统一、相互依存、不断发展的规律而改变状态。通俗一点讲，“易相”就是利用问题的对立面，促其转化或终结。如解决农业问题，就是利用“非农”来促进农与“非农”相互转化。即减少传统农业，发展新型农业；促进农村城镇化、社区化；减少或使传统农民消失（主要是“小农”）。

（2）人本化

人本化是农业易相发展理论的一个最重要的概念，是基于当前信息经济和工业经济时代已经开始出现的“以人为本”发展理念，并将在生物经济时代进一步升华、发展到对人的终极关怀的一种理念。我们将它定义为：以人为本＋生活品质。在过去的研究中，也曾将它理解为“人本关怀”[①]。

（3）常规农业系统

基于生物经济时代将要出现新的农业体系，为了区分与新型农业体系之不同，我们将现行的属于第二次拓展体系的农业范畴定义为“常规农业系统”。可见，本书所指的“常规农业”，是未来生物经济时代的一种农业形态综合体。

（4）非农化

非农化是一个相对的概念，是由常规农业范畴拓展到“非农”领域进而建立新型农业体系的过程。具体包括：农村社区化及城镇化、农场化；农业产业化（Industrialization，我国官方称“农业产业化经营”）；传统农民成为“新型农民”或其他非农职业。农村社区，可将农民与非农职业的居民结合在一起，是体现农与“非农”相互融合、相互补充的最佳形式之一。

（5）农业功能多元化

农业功能多元化，是指农业功能与使命将由农业经济时代的自给自足、

① 邓心安：“生物经济时代与新型农业体系”，《中国科技论坛》，2002年第2期，第19页。

满足人们吃饭穿衣的“一元”使命，工业经济和信息经济时代同时还担负着为工业增值提供原材料的“二元”使命，发展到未来生物经济时代担负“多元”使命的过程。生物经济时代农业的功能与使命，除了满足人们温饱条件、为工业增值提供原材料外，更主要地要体现在：增进人类健康；提高人类营养品质和生活质量；满足人类生活情趣；给人类提供回归自然与享受绿意等。

（6）新型农业体系

新型农业体系是基于生物经济时代，农业的外延将由信息经济与工业经济时代的第二次拓展体系，拓展到包括常规农业系统在内，并包括食品、营养、健康医疗、资源环境和生态等系统的新体系。在生物经济的成长阶段，农业的外延已经拓展到基因作物新品种、新型食品以及增加农产品功能等领域。在生物经济时代，农业的概念和范畴将进一步拓展，从整体上形成第三次拓展。即由目前农业发达国家已经完成的“大农业、农业前部门、农业后部门”的第二次拓展体系，拓展到包括常规农业系统在内，并包括食品、营养、健康医疗、资源环境和生态等子系统在内的新型农业体系。

上述概念对于理解生物经济时代农业的特征、构建基于生物经济的新型农业体系具有重要作用。虽然有关这些概念的思想，有些已经体现在当今时代发展的理念之中，如“以人为本”、“以工补农”、“产业化”、“非农化”等，但随着生物经济发展及其时代的演进，这些概念无疑将会得到进一步的丰富和完善，并逐步系统化，同时还将有尚未预知的新概念诞生。

2. 农业易相发展理论的研究内容

概括地讲，凡用“非农”的思路和方式来解决农业发展问题（包括就业、收入、市场、技术、生产生活环境、社会保障等）的所有方面，均可纳入农业易相发展理论的研究领域。从当前中国农业发展的现状和生物经济时代可能带来的机遇出发，其研究内容应当包括：

（1）研究生物经济时代农业第三次拓展体系的结构与功能。在生物经济时代，不仅农业的领域范围显著地拓展，而且农业与其他产业相互融合，农业边界淡化或变得异常模糊。那时的农业体系的结构与功能及其与其他产业互补与制约关系，都是有待深入探讨的课题。

（2）研究生物经济时代背景下工业反哺农业、对农业进行保护的政策与措施。随着工业化程度的加深，即由工业化中期向工业化中后期推进，“三农”单向奉献的阶段终结，我国将进入工农互补、城乡共荣的发展阶段，或者说进入“以工补农”的阶段。

（3）与新型农业体系相关的非农化问题和途径研究。非农化包括：农村社区化、城镇化、农场化，产业化及农民非农化。探讨在非农化过程中缩小“小农”或“旧农”的必然性与倡导“新型农民”的必要性之间的关系，以及如何释放农村就业市场以致形成城乡统一就业市场，将农村人口转移到“非农”领域——包括新的农业领域和“非农”领域——的政策措施与途径。

（4）研究新型农业体系的技术体系及其与常规农业技术体系的关系。即研究在利用常规农业技术的同时，如何利用生命科学与生物技术的最新成果来拓展农业新的领域；基于生物经济时代的新型农业技术系统的结构与功能；现代生物技术哲学及生物伦理问题。

（5）理论及其相关政策推论的可行性、试点及示范推广研究。

第五节　农业易相发展理论对于解决农业问题的意涵

农业、农村、农民与其各自对应的“非农”一面构成了三种类型相对独立的整体，每一种类型都是矛盾的对立统一体。解决其中任何一个问题，既离不开自身，也离不开与其对立面的“变易”关系和相互转化。同时这三者之间也是相互联系、相互制约的，共同构成了一个更大更高层次的对立统一体。

一、中国农业发展面临的问题

1. 农业发展问题的集中体现

农业发展本是一项具有公益性的产业过程，如何就演变成为具有全国普遍性乃至国际关注的问题？这里的“问题”有两种理解：一种是产业发展过程中出现的值得探讨的正常现象，如果要严格加以区分的话，相当于“农业发展问题”；另一种是发展过程中的“障碍”或“麻烦”①，对应相当于“农业问题”。用英文加以区别，前者好比是“issue”；后者是“problem”。我们的研究出发点和归宿是把它们作为前者，即农业发展过程中出现的正常现象，但在研究过程中又不得不先把它们作为后者看待。

当前中国农业发展问题的集中体现，就是所谓的“三农”问题。无论是发达国家还是其他发展中国家都不存在所谓“三农”问题，也只有在中国，农业、农村、农民三者各自及其结合一起，才共同成为一系列备受社会各界关注的重大问题。

“三农”问题可以具体用“三农”差别来反映。“三农”差别，包括农业与“非农”产业的差别、农村与城市的差别，以及农民与非农民的差别。这三种差别又可以分别形象地概括为行业差、区域差和人力差。产业与地区收入差距缩小、相对均衡是经济与社会发达的必要条件，也是其标志之一。例如，美国农业部门与“非农”业部门的劳动生产率和收入没有明显的差别，如果说有差别的话，那么其差别也不足以大到超出一个行业内部的差别。美国“农业已不再等同于乡村价值观和乡村生活，农场已成为一种企业，农业与其他企业部门之间的区别正在消失，城乡实现一体化”[12]。从总体上讲，美国的南北、东西或各州之间的收入差别也不明显，这些差别之大甚至不及同一地区就业岗位不同所造成的差别。农村与城市之间的收入差别更是小得无法统计出明显差别，因为许多人在城市里工作而居住在农村，反倒是城市里存在不少贫困人口。孙津认为[13]，社会一体化是指社会整体文明进步的过程，主要标准是社会各领域发展水平的同步程度；它“是一个国家现代化进程中必须面对的问题”；“发达国家的社会一体化程度较高”。应当讲，行业差、区域差和人力差过大，是不利于社会向一体化方向发展的，甚至会引发一系列经济与社会问题。

---

① 对孙津的“把问题当作问题”的一次演讲，及其新作《中国农民与中国现代化》中有关观点的理解。

农村与城市的差别应当是“三农”差别的核心，它在表面上主要体现在城乡收入差别上，而实质却体现在城乡分割的制度上，如城乡分割的户籍制度及由此引发的就业制度、福利制度、教育体系等的差别上。自1990年代以来，我国城乡收入差别日益拉大。2001年我国城市/农村收入比率超过2.9，而国际上该比例很少有超过2.0的国家[16]。更有甚者，2003年与1998年相比，农民人均纯收入增加460元，而城镇居民人均可支配收入增加3047元，城乡居民收入差距从2.5∶1扩大到3.2∶1[12]。收入差别的原因在于：第一，由于政策制度而造成的城乡劳动力市场分割。这种分割的集中体现就在于现有的户籍制度和由此派生出的多种补贴、福利和社会服务准入政策的城乡差异。第二，产业本身的原因，包括农业发展相对滞后，农村基础设施落后，以及农民生产经营的知识和其他素质普遍性偏低。第三，表现在教育投资制度上，据有关研究，我国农村地区每个小学生的花费只有城市水平的1/4[17]，更遑论农村地区存在着数量众多、规模巨大的失学少年。

人力差问题，除可以通过人力资源状况反映外，就业现状与前景也是突出的一个方面。在现有思维和就业模式下，不仅在乡村，包括城镇劳动力在内的就业形势都比较严峻，有人甚至把就业问题比喻为中国未来发展中不容易解开的“结”。之所以形容为“结”，是因其由下列因素纠缠在一起：城乡劳动力总量矛盾；经济结构升级导致就业结构性矛盾；企业下岗工人再就业压力；高校扩招导致部分毕业生就业面与期望值之间的矛盾，等等。那种简单认为大学毕业生就业期望值过高而不愿到农村就业的观点是片面的，试想连农村的年轻人都拼命到城里来找工作，大学毕业生何以还要成批量地挤向农村？因此，解决就业问题必须要有新的思路，寻求新的途径。

2. 农业发展问题的三个层面

有人把“三农”问题的主要方面（或曰“关键”）归结为“农民问题”，并誉为“以人为本”的发展观，这是转化矛盾的一种做法（理由详见第六章有关“三农”问题本质的讨论）。当前我国农民的自主权和选择机会很少，或者说，没有选择是目前农民务农的主要选择，因为“农民”作为一种职业大多不是选择而是被迫的。在这种情况下农民何以成为“问题”？是农民本身的问题，还是其他阶层将其作为“麻烦”的问题？所谓“农民问题”，应如农业发展问题一样，是发展过程中出现的正常现象，而不应作为发展过程中的“障碍”或“麻烦”。

能把中国农业问题归结为单一的经济、社会或科技问题么？显然不行。许多问题是交织在一起的。如果去做相对区分的话，可以把这些问题归纳或划分为不同侧重的制度、资源和科技三个层面：

• 制度层面，侧重点是农民平等机会，包括农民从事“非农”产业准入问题，农民进城平等待遇问题，外出务工农民回乡遭受乡村干部的“过分”职权管理问题，农民健康与养老问题，农民素质提高及培训机会问题，广义农产品国内外贸易问题。

• 资源层面，主要针对的是农村发展，包括农村环境退化问题，资源与人口关系问题，水、土等资源开发利用与保护矛盾问题，农村劳动力转移问题，农村基础设施与文化建设问题。

• 科技层面，侧重点在农业多元化，包括农业拓展与规模化经营问题，机械化和标准化生产问题，品种改良问题，品质提高问题。

显然，制度层面是制约当前中国农业发展的主要问题，或者说是“三农”问题的矛盾主要方面。因为，在后两类问题中，有相当部分是第一类问题的派生问题。

3. 农业发展重大问题及其生物技术关联

农业发展重大问题应是涉及面广、影响较深、在较长时期内存在的问题。概括起来，21世纪前四分之一叶中国农业发展面临以下重大问题：

• 农产品产量、营养及品质共同提高问题；
• 农业可持续发展的资源尤其是水资源短缺问题；
• 农业可持续发展的环境问题、城乡生态问题；
• 农业功能拓展以满足日益扩大的物质与精神需求问题；
• 农村与城市的收入差别问题；
• 农村劳动力转移、传统农民终结及如何成为新型农民问题。

上述任何一项都不是孤立的农业问题。在2020年代之前人口继续增加，目前城乡环境负荷加大、整体质量下降，以及化石能源枯竭、水土资源相对减少等现实面前，上述每一问题的解决，无不与人类及生物自身、生物技术研究开发及其产业发展相关。解决每一项重大问题，在现有农业发展思路与框架下都不啻是一项严峻的挑战。

二、农业易相发展理论对于解决农业发展问题的意涵

1. 农业向“非农”领域拓展是实现农业现代化的必由之路

时代发展要求我们必须从更开阔的视野、长远的关怀、完整的联系去看待农业发展。发达国家的农业现代化无不走过了农业集约化和产业化、农村城镇化、农民数量大幅下降亦即非农化的道路。在其农业生产率和产值不断提高的同时，从事农业的劳动力数量不断下降，农村环境质量同步改善，真正体现了现代农业的科学技术进步和综合效率。反观我国，如果农业领域不拓展，大部分农民不能及时转移到“非农”领域，那么，农业生产率就不可能大幅度地提高，也就不能称之为现代农业。当今中国的农业，虽然某些地区、某些部门采用了现代的科技与装备，体现出不少现代农业的特征，但从农业、农村、农民三方面来讲，仍然整体徘徊在工业经济和信息经济时代的现代农业边缘。现代化是一个发展历程，农业现代化就是实现传统农业转型的过程。“现代化一个非常关键的、也是比较容易把握的指标，就是要让农民不再是穷人。”[18]中国的农业整体上还没有进入现代化，更谈不上实现现代化。

诚然，“三农”问题是一个系统，需要运用系统观点从整体上来认识；但是，“三农”与“非农”是一个更大的系统，更需要首先从整体和战略思想上进行反思与突破。解决农业问题不能仅仅着眼于农业内部，必须先有新的“非农”发展理念与思维方式。

2. 农业易相发展理论对于解决农业发展问题的意涵

从生物经济时代角度来看，农业发展问题的本质其实是“非农”问题。

即农与“非农”地位的差距、乡村与城镇的差别问题，归根到底是如何建立起农与“非农”相互转化、相互促进的发展理念与体制问题。

农业易相发展理论对于解决“三农”问题的意涵在于：农业与“非农”产业的界限正变得模糊；乡村与城镇的差距日益缩小；以“小农”为特点的传统农民将被“终结”——被新型农民所取代；常规农业向外拓展的空间广阔。具体表现在：

• 农业——产业化。农业本身是一个产业(Industry)，为何还要提产业化？这是由中国的国情所决定。由于农民人数过多，农产品加工与商品化不足，大部分农产品用于自给自足——被农民就地“吃”掉或用掉，而不是易地转化为商品。所谓这样的农业主要是从生产者的角度，而不是从供求的另一方即消费者角度来考虑农业生产的。也就是说，目前中国常规农业的大部分或主体并未真正形成产业。农业“产业化”与农民向“非农”转移及土地整合程度直接相关。

• 农村——社区及城镇化、农场化。社区及城镇化，表面上是要占用一定的农业用地，甚至是良田。但从资源利用效率、规模经济上去衡量，社区及城镇化实质上是整合并节约了农业用地；在改善生活环境的同时改善了人居环境，体现了生物经济时代的“人本化”关怀。因地制宜、统一规划是城镇化过程中节约土地尤其是耕地的前提。针对中国的国情，只有统一规划建设新式农村社区，形成水、电、气、通讯等基础设施配套建设，才能实现规模效益，从而大大节省土地。

• 农民——非农化。非农化并非指所有传统意义上的农民都要转移到“非农”领域，而是指目前大部分农民将逐步转而从事“农业后部门”服务和食品系统、营养系统、健康医疗系统等“五大系统”产业；少部分传统意义上的农民(如到生物经济时代的 2020 年代大约为 5%)仍然继续从事农业“第二次拓展”体系中的“大农业”——农林牧副渔。从这一意义上讲，传统意义上的农业人口外流、农民失地是不可避免甚至是有益的，为传统农民向新型农民、常规农业系统向新型农业体系转变创造了条件。

参考文献

［1］ 厉以宁:《非均衡的中国经济》,经济日报出版社,1991 年。

［2］ 陈晓律:“战后发展理论的演变”,http://www. studa. com/newpaper/2003-4-26/2003426104157. asp。

［3］ 胡人荣、余长义:“我国生态农业发展现状与展望”,《生态农业研究》,2000 年第 4 期,第 99～101 页。

［4］ 李成贵:《中国农业政策:理论框架与应用分析》,社会科学文献出版社,1999 年。

［5］ 陈鼓应:《易传与道家思想》,三联书店,1996 年,第 3～4,10～11 页。

［6］ 江国梁:《周易原理与古代科技》,鹭江出版社,1990 年。

［7］ 郑万耕:“横渠易学的天人观”,《周易研究》,1997 年第 1 期。

［8］ 李慎之:“对‘天人合一’的一些思考”,《文汇报》,1997 年 5 月 13 日。

［9］ 泊静子:“道可道”, http: //www. wencon. 8u8. com/kill/sinology/dao. htm, 2003 年 12 月 10 日。

［10］ 刘君灿:“生克消长——阴阳五行与中国传统科技”,载刘岱主编:《格物与成器》,三联书店,1992 年,第 59～100 页。

［11］〔英〕李约瑟著,何兆武等译:《中国科学技术史(第二卷)》,科学出版社等,1990 年。

［12］ 农业部课题组:《新时期农村发展战略研究》,中国农业出版社,2005 年,第 112,118,122 页。

［13］ 孙津:《中国农民与中国现代化》,中央编译出版社,2004 年,第 45～47,141～142 页。

［14］ 陈振明主编:《政策科学——公共政策分析导论》,中国人民大学出版社,2003 年,第 412～413 页。

［15］〔美〕约翰 · 霍根著,孙雍君等译:《科学的终结》,远方出版社,1997 年,第 115 页。

［16］ Albert J. Nyberg:“农村/农业收入——过去、现在和将来”,载左天觉、何康主编:《真知灼见 透视中国农业 2050》,中国农业大学出版社,2004 年,第 199 页。

［17］ Johnson, D. G. 2000. Reducing the Urban-rural Income Disparity in China. Paper No. 00-07C. Chicago: University of Chicago, Office of Agricultural Economics Research.

［18］〔法〕H. 孟德拉斯著, 李培林译:《农民的终结》,社会科学文献出版社,2005 年。

第四章　新型农业体系结构与内容

按照农业易相发展理论的思路，需要构建一种适应生物经济时代的新的农业体系，借此把与生命科学和生物技术及其“人本化”密切相关的“非农”领域，与当前的常规农业系统一起，纳入到一个更大的框架体系之中。构建这种新的农业体系的出发点是生物经济时代正在成长，将要来临，农业必须应对。归宿在于：使农业范畴和领域得到进一步拓展，从而实现其多元化功能。

第一节　生物技术与现代农业的交融

一、现代农业与生物技术结合：农业生物技术的形成与发展

1. 现代农业与生物技术“结缘”

生物技术是指对生命活动和生物系统的改造和利用，满足人类生活和社会经济发展需求的相关技术。现代生物技术的发展正在改变着人们生产、生活方式与健康医疗观念，引发农业领域一场新的革命。

当今世界正处在信息经济时代，人类所面临的贫困人口增加、食品短缺、资源耗竭、环境恶化、疑难杂症等问题依然突出，这些问题还带有深厚的工业经济时代的烙印。对中国而言，水资源、能源、生态、环境以及人口健康、老龄化等方面存在的问题尤其突出。这些问题的解决或缓和，都直接或间接地与现代生物技术有着密切的关系。因为，生物技术能够利用更多的生物资源——包括人类本身——的可再生性，培育新的作物品种，开辟食品新的来源，节约资源，减少能耗与环境污染，改变人们健康理念与消费观念，

发现新的治疗手段，等等。难怪有专家发出“生物技术革命的主战场在哪里——在农业”的感叹①。

有人考证，生物技术可能和农业一并起源[1]，可以追溯到很久以前，如先民们发现食物因为微生物酸败而腐坏，通过干燥、盐渍的方法以保存食物，通过发酵来酿酒等。现代农业与生物技术的结合是未来新型农业发展的需要，也是当今主流时代——信息经济时代——和未来生物经济时代的必然。二者之间的结合及其程度，正在从过去传统的以单项、零散为特点的结合，演变成整体性的、系统的融合之势，进而产生了一门新的综合领域：农业生物技术。

中国“863”高技术研究与发展计划，在由生物、信息、自动化、能源、新材料、海洋六大领域（民口）组成的计划系统运行了 14 年之后，于 2001 年对领域进行了调整，由原来的六大领域调整为信息、生物和现代农业、新材料、先进制造与自动化、能源、资源环境等新六大领域。其中一个最大的变化就是将原来的生物领域拓展为“生物和现代农业”领域。现代农业与生命科学、生物技术的密切程度可见一斑。

2001 年由上海三联书店出版的“科学技术的现在与未来”丛书一套五册，其中生命科技与农业科技合二为一[2]。有着 200 多年历史的《大英百科全书》按知识门类而将农林渔牧、食品、环境、医学、各种生物等归并为“生命科学”类型。如果说前者“既是巧合，也是必然”，那么后者可以说是经过了深思熟虑的精心安排，因为它历经了 200 多年修订、再版的发展与完善，并享有盛誉。以上两种具有代表性的现象，除了和农业的基本特征之一“利用生物的生活机能”有关外，与近年来现代农业的发展离不开现代生物技术的推动也有非常密切的关系。

中外有关现代农业发展战略的著名学者也纷纷发表言论，呼吁重视现代生物技术在未来农业发展中的重要作用。例如，美国国际农业生命科学发展教育所理事长左天觉先生曾把未来的农业产业称为包括食品、营养、健

---

① 张占耕：“生物技术革命的主战场在哪里”，《光明日报》，2005 年 7 月 26 日。

康、医疗、环境、资源和生态系统等众多方面的生命科学产业①。2004 年 5 月 26 日，美国地球政策研究所所长莱斯特·布朗(Lester R. Brown)访问中国农业大学，作了题为“新的经济模式与农业”的报告。他在报告中说，环境恶化已经成为威胁人类生存与发展的首要敌人，人们应该给予充分的重视，并从人口、能源、全球气候等各方面入手，建立新型的生态农业经济②。中国农业大学石元春教授认为，现代农业是以生物技术和信息技术为先导的，现代技术高度密集的科技型产业；是正在拓展中的多元化和综合性的新型产业③。

现代农业与生物技术“结缘”，绝非偶然现象，是农业发展到生物经济时代孕育和成长阶段的一种必然趋势，也是农业发展思路上的一种突破。正是由于现代农业与生物技术的“结缘”以及农业领域的不断拓展，一个新门类的综合技术系统——农业生物技术——已经形成并呈蓬勃发展之势，这应是隐藏在“结缘”表象背后的本质。

2. 农业生物技术研究开发的新阶段

农业生物技术是以农业生物为主要研究对象，以农业应用为目的的相关技术体系，即由用于培育动植物及微生物新品种，生产生物农药、兽药、疫苗、生物肥料及农用材料等领域的基因工程、发酵工程、酶工程、分子育种等所构成的综合技术体系。按照国家科学技术部《2002 中国生物技术发展报告》的划分，农业生物技术包括：转基因技术、超级杂交稻技术、分子标记辅助育种技术、生物反应器(有别于传统的反应器——发酵罐)、动物胚胎移植与体细胞克隆、动物分子育种、动物生物制品与饲料生物添加剂、生物农药、微生物肥料等[3]。

农业生物技术的研究开发始于 20 世纪 80 年代，已经历培育抗病耐除

---

① 杨秀生：“农业产业化与西部大开发”，《二十一世纪中国与经济全球化》，欧美同学会(资料)，2000 年。

② 扬帆报道：美国著名学者布朗来我校演讲，认为“环境恶化是人类首要敌人”。http://news.cau.edu.cn/show.php?id=0000015124，2004 年 7 月 10 日。

③ 石元春：“现代农业”，《世界科技研究与发展》，2002 年，第 24 卷第 4 期，第 13 页。

草剂等新品种和改善作物品质提高其营养两个阶段，正在向利用生物反应器生产药品和化工产品的第三阶段迈进。可见，在生物经济的孕育和成长阶段，农业生物技术领域已经超出了常规农业系统；农业的外延已经开始拓展到基因作物新品种、新型食品以及增加农产品功能等领域。

农业是生物学应用最重要和最广泛的产业，农业生物技术将从根本上改造传统的常规农业，为农业带来新一轮的科技革命。

二、农业院校演变趋势：农业领域拓展的一个侧面

农业院校是农业科学知识和新技术的主要发源地，其教学和科研的演变方向可以反映出农业发展的方向。以美国康奈尔大学(Cornell University)和康涅狄格大学(Uconn)以及我国的农业大学为例，来说明传统农业院校的演变趋势；通过传统农业院校的演变趋势，来进一步说明农业与生物技术的关系。

康奈尔大学曾属“赠地学院”，本身兼具公立和私立双重性质，即在总体上系私立大学性质，但带有一些公立大学的成分。根据有关资料，由过去涉及土地赠与资金(农工学院)发展而来的综合性大学，一般都有一个“经典”的在其专业设置介绍里往往名列第一的学院，叫做“农业与××学院”。在康奈尔大学，这个学院现在就叫做“农业和生命科学学院”。康涅狄格大学从过去以农业为主的院校发展到现今拥有 17 个学院的综合性大学。除新增医学院、法学院等非农院系外，传统的农学院也已发展成现在的农业与自然资源学院，下辖动物科学、植物科学、动植物病理、人类营养、自然资源管理与工程、资源经济 6 个系，外加 1 个农业试验站和 1 个农业推广系统。可见，即便是原来的农业学院也已突破传统农业的范畴。从该学院近年来毕业生从事的职业就可以看出这一演变趋势(参见表 2-2)。经过专业调整，我国的农业大学一般设有“农业与生物技术学院”，亦非偶然。

第二节　新型农业体系的结构

一、新型农业体系的结构框架

如第二章所述，农业范畴和领域已经历过两次大规模拓展。在生物经济时代，农业领域将进行第三次拓展即由目前农业发达国家和部分发展中国家业已完成的“大农业、农业前部门、农业后部门”体系，拓展到新型农业体系。所谓新型农业体系(New Agriculture System，NAS)，是指农业发展到生物经济时代成熟阶段时出现的，以现代生物技术及其产业为核心的，体现农业时代特征的，包括常规农业和食品、营养、健康医疗、资源环境、生态等子系统(Sub-systems)在内的农业体系[4]。显然，新型农业体系是生物经济时代的“现代农业”。该体系的结构框架，除了包含传统的常规农业系统外，还包括五大子系统(图 4-1 所示)。这五大子系统的内容都体现出由生命科学与生物技术来表现的“人本化”时代特征。

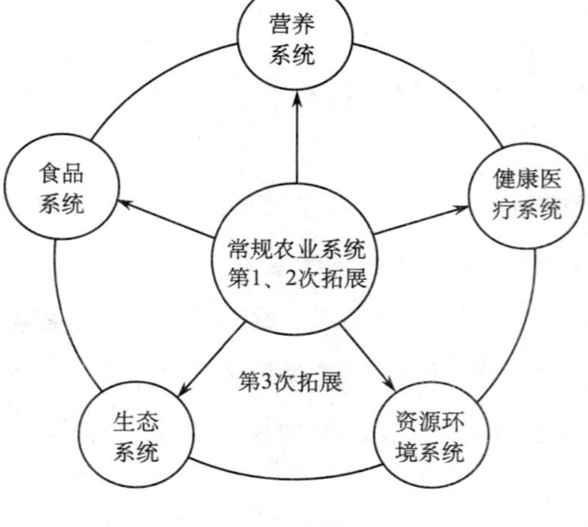

图 4-1　基于生物经济时代的新型农业体系框架

• 常规农业系统：即农业第二次拓展体系，包括种植业、林业、畜牧业、渔业，以及为农业提供生产资料的农业前部门和由农副产品加工、储藏、运输、销售及有关服务所构成的农业后部门。

• 食品系统：包括转基因食品、新型功能食品、新型保健品、免疫食品、新型甜味剂等。

• 营养系统：包括动营养改良品种、单细胞蛋白、生物高效饲料、新型饲料添加剂等。

• 健康医疗系统：包括生物治疗、分子诊断、生物新药、新型疫苗、动植物组织和器官克隆、抗体工厂、中药标准化、药用蛋白、新型胰岛素与生长激素、功能基因库、新型农用化学品等。

• 资源环境系统：包括抗性植物、生物能源、工业原料替代作物、生物材料、生物肥料、生物治理与降解、植物找矿与细菌冶金、新型生物催化剂、新型物种、生物遗传资源、微生物采油等。

• 生态系统：包括生物农药与生物防治、生物安全与入侵防治、生物多样性保护、基因污染防治、现代生物伦理等。

这六大子系统之间相互关联，如食品系统与营养系统本来就密不可分，它们又都与健康医疗系统有着密切的关系；资源环境与生态关系非常密切，以至于有的将它们并称在一起，它们同时都与动植物健康有着越来越密切的关系。

二、常规农业系统与新型农业体系其他子系统的关系

常规农业系统与新型农业体系其他子系统的关系，首先属于递进与并列的关系。新型农业体系其他五个子系统，是在常规农业充分发展的基础上，经过拓展，在农业发展到生物经济时代出现的相对独立系统；五个子系统与常规农业系统之间是分别并列、相对独立又相互联系的关系；同时，五个子系统相互之间也是并列的关系。其次，常规农业系统与新型农业体系其他子系统共同组成了一个全集，即它们同属于一个更大的集合——新型农业体系。

由此可见，新型农业体系与目前的常规农业体系是包含与被包含的关系，新型农业体系向下兼容。也就是说，新型农业体系及其所对应的农业易

相发展理论具有包容性，是对常规农业系统及传统农业发展理论的一次扬弃。

有一个也许不甚妥当但能帮助描述常规农业系统与其他五个子系统之间关系的例子：常规农业系统与其他子系统之间的关系，有些类似于美国宪法主文件(The Main Document)与宪法修正案(Amendments)的关系。今日宪法的主文件与1787年的相同，但是后来陆续在修正案中对其做了一些修改(Changes)与拓展(Additions)。正是由于美国宪法根据时代发展而变化调整，但保持基本的宗旨不变，所以美国人称他们有一个活着的宪法(Living Constitution)。常规农业系统中的种植业、林业、牧业和渔业好比是宪法主文件；农业第二次拓展体系中的"农业前部门、农业后部门"和第三次拓展体系的其他五个子系统好比宪法修正案。稍有不妥之处在于：宪法的主文件与过去相同；而常规农业系统本身也是渐近发展的。类似于此，新型农业体系也可以被称作为"活着的农业"(Living Agriculture)。

传统农业技术的发展已近顶峰。凭借传统技术，无论是从质量还是从数量上讲，世界以食品为主的传统农产品的生产都已接近极限。也就是说，从技术的角度来讲，常规农业系统的生产潜力挖掘已近规模经济的上限，只能靠制度的完善和市场组合来提高其经济能力。而制度完善是一个异常复杂的系统，从属于社会经济大系统，非农业系统单独能够有所作为，有关这方面的研究是目前中国学术界和政府部门研究的主流领域和方向之一。

新型农业体系的生产与经营潜力，将主要依赖于第二次拓展的"农业前部门、农业后部门"和第三次拓展的其他五个子系统。新型农业体系应当有相应的制度体系与之对应，从而产生出巨大的经济能力。这正是我们将要在第六章提出制度建设的出发点。

三、新型农业体系其他子系统与"非农"领域相应系统的关系

新型农业体系的其他子系统指的是食品系统、营养系统、健康医疗系统、资源环境系统、生态系统。在"非农"领域相应存在着这五个系统，如工业食品、大气环境分别属于另外的食品工业系统和资源环境系统。显然，不能把所有的涉及这五个系统的内容都归类到新型农业体系的范畴，如不能

将部分健康医疗、矿产资源、工业环境等内容划归入农业领域。也就是说，未来农业将越来越多地渗透到既有的“五大系统”之中；同时“五大系统”中的与生物机能密切相关部分内容将被纳入到未来的新型农业体系之中。

1. 标志界定与观念拓展

在目前关于农业的思维定势和观念之下，如何区分新型农业体系其他子系统与“非农”相应系统的关系？

第一，要有“标志”界定。所谓“标志”，就是指这些系统的本质内容是否符合农业的基本特征，即是否涉及利用生物的生活机能、生物的物质与能量转化；其内容所依托的核心技术是否属于生命科学与生物技术领域。以资源环境系统为例，目前存在的资源环境系统包括煤炭工业、石油产业、矿产业、环境保护产业、森林工业，以致处于酝酿之中的草业、水资源产业等。它们中的一些领域如森林工业、草业，与新型农业体系的资源环境系统存在很强的交叉关系，或属于其中的一部分；而另一些领域如矿产业，仍旧属于工业范畴。也就是说，新型农业体系资源环境系统与现有的资源环境系统之间存在交叉重叠部分。区分的标志就在于：这些系统的本质内容是否涉及利用生物的生活机能和生物的物质能量转化；所依托的核心技术是否属于生命科学与生物技术领域。如果是肯定的，则可纳入新型农业体系资源环境系统。

第二，要求“观念”拓展。新型农业体系是基于生物经济时代的概念框架，是自 2005 年起未来 20 年后的农业愿景（Vision）。所以，需要跳出目前农业的领域范围和发展观之外，用全新的前瞻性思维去观察和理解。

2. “自然人”及人体组织将形成新的生物产业

依据上述的标志界定与观念拓展，“自然人”（区别于社会人、经济人）也可被纳入新型农业体系的生产及其产品范畴，准确一点地说，就是把人的基因、组织和器官的克隆与其生产应用，及其与医疗健康相关的产品和服务纳入新型农业体系。这是因为：第一，无论从农业生产性质还是从内涵拓展上来衡量，“自然人”与常规农业系统中动物的物质与能量转化存在着共性特点;第二,健康医疗的主体和对象,不仅指一般动植物,而且包括“自然人”;第三,更为关键的与以往经济时代不同的一点是,以往“自然人”不符合农业基本特征的第三点“人工作用以取得产品”,因而不能被纳入农业范畴,而随着现代生物技术和生物伦理观念的发展,这种传统正在逐步被打破(参见第五章第五节组织工程部分)。

在目前生物经济的成长阶段,在我们首次提出把“自然人”纳入新型农业体系①后的不久,就发现一些战略专家或科学家从各自不同的视角也认识到这一点。例如,英国牛津大学工程科学系教授崔占峰认为,10～15 年后,人体的部分组织如骨骼、肌肉、血管、筋腱甚至神经等将可以实现批量“生产”②。他把人体组织产业化前的研究归纳为两个模式:其一,人的自体模式。假如一位病人某块骨头坏了,可以通过拍 X 光了解坏死骨头的信息,然后将需要再造的骨头信息输入计算机,由计算机设计出一个新骨头的支架,通过三维打印出一个由高分子可降解材料制造的支架,再将患者自身的干细胞放进这个支架,通过工程技术的方式培养出一块新的骨头,植入患者身体。这一模式用于临床应用可能只需要 3～5 年。其二,工业化生产活体组织。通过生物工程技术制造出数以千计不同型号、规格的骨骼、肌肉、血管、筋腱等,通过冷冻的方式保存,一旦需要就可以像输血一样选择适合自己基因的“产品”来移植。

同理,部分资源环境系统和生态系统,也要利用生物的生活机能,与生物的物质和能量转化密切相关,并且从广义上来讲也要通过人工作用取得产品(如景观、清洁的水和空气),因而也将被纳入到新型农业体系之中。

区分新型农业体系其他子系统与“非农”相应系统关系的意义在于:帮助构建起新的农业发展理念和概念框架。区分不是最终目标,区分的目的是为了淡化农业与“非农”产业的界限,运用两者的对立统一、相互制约关系,使两者之间产生融合,相互转化,共生共荣。

---

① 邓心安、王世杰、姚庆筱:“农业易相发展理论与中国农业现代化”,《世界科技研究与发展》,2003 年,第 6 期,第 68 页。

② 赵华:“10 年后可批量‘生产’人体组织”,《科技日报》,2005 年 3 月 24 日。

第三节　新型农业体系的内容

一、食品系统的内容及其发展方向

与新型农业体系分为常规农业系统与新型农业体系其他子系统一样，食品系统也分为常规食品系统和生物新型食品系统。本节论及的重点是生物新型食品系统，其主要内容包括：转基因食品、新型功能食品、新型保健品、免疫食品。显然，这些食品类型之间互有交叉，各有侧重。

1. 转基因食品

转基因食品是新型农业体系的重要内容，与人类健康医疗一起，堪称生物经济时代的永恒主题。讨论转基因食品，离不开转基因作物。通过基因工程技术，将具有某种特性的基因转移到农作物中，以改良作物特性，由此获得的作物称为转基因作物(GM Crops)。

(1) 转基因食品的概念

简言之，转基因食品(GMFs)是指利用含有转目的基因的动植物生产出来的食品。即利用基因工程，将某些生物的基因转移到其他物种中，改造生物的遗传物质，使其在性状、营养品质等方面向人类所需要的目标转变，以转变后的生物产品为直接食品或为原料加工生产的食品。以植物为例来说明转基因食品的生产原理：在基因克隆技术建立以前，育种学家通过常规育种杂交等方法把一些植物中的优良性状的基因导入所选用的作物品种中，培育出优质高产的作物品种。随着生物技术的发展，现能够克隆出用于改良作物品质的基因，如抗逆、抗病虫害基因，并将其连接到一个载体上，然后用含有目的基因的载体将基因转到植物的细胞中，再通过细胞培养等培育出转基因植株。

以上是对转基因食品概念的通常理解。从广义上讲，转基因食品不仅包括加入外源基因的食品，也应包括去除原有基因的食品。前者如转基因动物表达外源性基因，即基因嵌入；后者如不能表达自身的基因，即基因剔除。随着生物技术的发展，转基因食品又进一步拓展到利用农作物自身原有基因来改造的新型转基因食品。

按照目的基因的功能，转基因作物主要分为五类：

• 提高产量作物。

• 增加营养的作物。如在有些植物中加入了提高蛋白质、维生素含量的基因，能补充人体所需的营养。

• 抗逆环境作物。

• 可抵御害虫侵害，减少杀虫剂使用的作物；抗疾病作物。

• 抗除草剂作物。

(2) 转基因食品的优点

传统农业技术，虽然不能说已经发展到顶峰，但也可称已近极致。从传统技术上来衡量，无论是质量还是数量，世界食品的生产都已接近极限。转基因技术不仅为农产品质量改善和数量增加提供新的手段——相当于提供增加土地和劳动生产率的手段，而且有利于保护环境。转基因食品的优点表现在：

• 提高产量，并降低成本，缓解食品短缺问题。

• 增加营养成分，提供优质的动植物产品，满足人类生活品质提高的需求。

• 使作物具有不同抗性，适合于更广泛的生长环境。

据预测，到 2025 年，世界人口将达 85 亿；2050 年将达到 120 亿。按目前耕地面积及传统技术的生产能力计，地球无法供养这么多人口。通过基因工程增加食物产量和品质已成为发展趋势，并逐步成为现实。美国、阿根廷、加拿大等国半数以上的土地被用来种植转基因作物。尽管消费者抗议转基因产品的浪潮此起彼伏，但是面对转基因作物能增产 100%的诱惑，及到 2050 年全球消耗肉类总量将达到 5.13 亿吨(1997 年为 2.11 亿吨)而带来的巨大缺口，人们不得不选择转基因作物作为未来的生存之本①。

(3) 转基因食品存在的问题

转基因食品问题目前集中在以下三个方面：

① 安全性。转基因食品的安全性主要表现在：是否对人体健康产生危害；会不会带来生态灾害。虽然目前尚未发现转基因食品对人体健康有害的事实，但是并不意味着没有潜在危险，因为毕竟转基因食品开发的历史不长，而且其影响也不一定很快就能反映出来。在基因转移过程中，可能会带上一些抗体，这些抗体通过肠胃后促使人体抗体发生变化，影响医药的功效；而且转入的基因可能激活沉默基因，引起过敏反应。类似担忧也不无证据，如据 2002 年《自然》和《科学》杂志陆续报道②，纽卡斯尔的研究人员发现转基因食品中的 DNA 片段可以进入人体肠道中的细菌体内，可能证明肠道的菌群会对抗生素产生抗性。

据报道[5]，美国有 40％的玉米移植了苏云金杆菌(Bacillus Thuringiensis, Bt)的基因(即一种来自苏云金杆菌能产生杀虫毒素的基因)，以抗御玉米钻心虫和其他虫害；农民种下 Bt 转基因玉米 25 天后发现 Bt 可由玉米的根部渗透到周围土壤，而且保持了很强的活性，仍能杀虫；这种渗进土壤的毒素可能助长一些害虫对杀虫剂产生抗药性，对土壤生态环境产生长远的负面影响；若人们长期食用这种转基因食品，具有 Bt 基因的转基因玉米可造成人和动物的过敏反应。再如，以提高食物转化率、抗冻、抗盐、抗病为目的而进行基因转移的转基因鱼，如果逃逸到受控水域之外，就有可能因其具有特异性能而对其他鱼的种群产生不可逆转的影响，因为原有的种群在长期进化中已形成一种相对稳定的高度交织的网络关系。

另据国际农业生物技术应用研究所(ISAAA)董事会主席克莱武·詹姆斯(Clive James)于 2005 年 4 月 4 日在中国农业大学所作的“全球转基因作物的推广应用和未来展望”报告，2005 年是转基因食品开发与利用的第十个年头，在十年里没有任何迹象表明对人类健康有害，因此，到目前为止，

---

① 《大公报》：“生物经济商机无限”，http://www.zhoucun.net/oldnews/2000/071813.htm，2004 年 7 月 12 日。

② 卢家兴：“转基因食品：几家欢喜几家愁”，《科学时报》，2002 年 12 月 23 日。

对于生物技术食品安全性的担忧是没有依据的。

因此，我们应当辩证地看待转基因食品的安全性问题。首先应当加强转基因技术的研究、开发与推广应用，造福于人类，尤其是造福于发展中国家和水土资源相对缺乏国家的人民；同时制定相关法规，加强对转基因作物的检验检测及其食品的标签与跟踪管理。

② 消费者知情权与选择权。虽然转基因食品对人体到底有没有不利影响尚不知晓，但在“人本化”关怀的时代，消费者有权也理应知晓自己消费食品的安全性和潜在危险。联合国在《生物安全议定书》中指出，各国公众都有权知道转基因食品的真实情况。世界一些国家尤其是欧洲国家实行了严格的转基因食品标识制度，姑不论其出发点如何，但至少公民的知情权得到了法律保障。

③ 道德伦理。如 1989 年，中国科学家成功地将人促生长激素（hGH）基因导入鲤鱼的卵细胞中，由这样的鱼卵发育成的鲤鱼，因为有了新导入的 hGH 基因，生长速度明显地加快。产量是提高了，但人食用了该转基因鱼，会不会产生“人吃人”的心理反应？

对转基因食品持排斥或强烈反对态度的人大体出于以下三种观点：理性观，认为转基因食品过去没有被证明，因而从科学意义上讲是有风险的；贸易观，多从农产品贸易保护的角度去看待转基因食品；宗教色彩观。一些偏激的反对论者甚至嘲讽称转基因食品为“弗兰肯食品”（Frankenfoods）[①]，而支持论者则称其为“基因工程食品”（Genetically Engineered）。例如“金色稻米”，系由于植入维生素 A 基因片断（用于治疗失明等维生素 A 缺乏症）而使大米呈现黄色，支持论者视其为技术“典范”而大加褒扬，理由是如果没有类似农业生物技术改造，挨饿和患病的人数将上升，而反对论者则贬低其价值，称之为“黄米”。

（4）转基因食品的研究与开发进展

全世界转基因作物种植面积从 1996 年的 170 万公顷增加到 2004 年的

---

① “弗兰肯食品”（Frankenfoods）源自 19 世纪英国女作家玛丽·雪莉（Mary Sherry）的一部小说。该书的主人公是一位科学家，创造了一种四不像的怪人弗兰肯斯坦，后者追杀创造它的科学家和人类，造成了巨大灾难。

8100 万公顷,其中大部分是转基因大豆和玉米等粮食作物;中国转基因农作物和林木有 22 种,主要是转基因 Bt 棉花。1996～2004 年,全球转基因作物种植面积年平均增长 62.1%(表 4-1),可见发展速度很快。

表 4-1 全球转基因作物种植面积 单位:百万公顷

年份	1996	1997	1998	1999	2000	2001	2002	2003	2004	合计
面积	1.7	11.0	27.8	39.9	44.2	52.6	58.7	67.7	81.0	384.6

资料来源:国际农业生物技术应用研究所(ISAAA),http://www.isaaa.org/kc/CBTNews/press_release/briefs32/figures/global_area.jpg,2005 年 4 月 6 日。

人类已研制出抵抗多种细菌病的转基因水稻,正在培育的有抗盐碱、耐水淹等高产水稻。据《自然-遗传学》,中美科学家在水稻中鉴别出一种与耐盐性相关的基因,水稻品种 Nona Bokra 的耐盐性缘于一种名为 SKC1 的基因变异①。从基因角度深入认识自然界中耐盐作物,有助于促进新的转基因工程技术,从而提高农作物对环境中的高盐问题的抵御能力。人工构建抗黄矮病毒基因已导入高产、优质、不抗病的小麦品种之中,并获得抗病毒转基因小麦植株。转基因大豆、转基因抗病毒甜椒,高含量必需氨基酸的转基因马铃薯,以及抗腐能力强、耐贮性高且食味更好的转基因番茄等都培育成功,有的已大规模投放市场。

伴随着转基因食品的潜在安全性与反对者的呼声,技术的发展又一次为转基因食品的开发扫除了障碍——2000 年 12 月,美英等国科学家宣布完成了拟南芥的基因图谱破译[5],拟南芥的一批重要功能基因被发现。结果表明:拟南芥中有像动物和人一样的属于防御系统的免疫功能基因,而且是一个庞大的基因系统。它们不仅可抗病虫害,还可抵抗恶劣气候和干旱、盐碱等不利的生长环境对作物生长的影响。其中最具潜在价值的防御病虫害的基因是 DIR－1,它涉及一个整体的防御系统,能激活作物抗御各种病毒和真菌。这种防御不仅能识别各种危害作物的病原菌,也能抗御病毒与真菌的各种传播方式,好比人体,可隔离病原菌,甚至像人体白细胞一样杀死被病原菌感染的细胞。在拟南芥中还发现了可促进作物生长发育的基

① “让农作物更加耐盐”,《科学时报》,2005 年 9 月 21 日。

因,如控制开花的基因 RIGIDA,该基因的自然突变将导致植物提前开花。这一突变是对寒冷气候的适应。如果将这一原理用到作物的生长上,可促使某些作物提前开花和结果,从而可望通过缩短作物生育期获得高产。在拟南芥中还发现了控制植物性状、作物产量和专门控制作物某种成分生长的基因,对它们的鉴定和应用,能够提高作物产量和品质,延长保质期、保鲜期,增加人们所需的某种食物特性和成分。如开发蛋白含量高、脂肪含量更低,既益于人们的健康,还可能使食物味美香甜、可口细腻,更受消费者喜爱的新型食品。拟南芥中发现的 GAI 基因,如果突变,会引起小麦和水稻变矮,根据这一原理,美国和印度的研究人员正在实验室中计划通过基因枪把拟南芥突变的 GAI 基因引进小麦和水稻中,以便使其抗倒伏并获得高产。

拟南芥基因图谱及功能基因的发现具有深层含义,表明植物或各种农作物本身就包含了各种各样的功能基因,人类有可能不必通过引入具有不安全因素的外源性基因,就可以改良作物品种。因此,转基因食品的开发可望发生革命性突破,不引进外源性基因,不必用其他病毒、细菌的基因,而直接使用作物自身原有的基因就可以进行改良。由此不难预见,以拟南芥为参照系,在所有作物中找到抗病虫害的基因,就地取材来增进作物抗病虫害的能力,比用病毒或其他微生物的基因更加安全,至少心理上更安全。拟南芥功能基因发现的深远意义就在于,为转基因食品开发提供了一个新的重要思路:一个不同于外源性转基因食品的新型转基因食品——绿色遗传改造食品。

(5) 转基因食品的安全问题

转基因食品安全是未来食品系统中最为引人关注的问题。一些人担心,食用转基因食品,其基因可能会转移到人体当中。另外的担心还有:转基因食品可能产生新的有害物质或过敏源;能制造杀虫毒素的转基因作物,其毒素可能伤害其他生物,或通过进入食物链危害家畜与人类健康;转基因作物可能与其野生亲缘种杂交,产生基因污染;抗虫害转基因作物会导致对其毒素有抵抗力的害虫获得生存优势,从而使其演变为具有极大危害的"超级害虫"。

要回答这些问题,不妨首先从转基因食品与过去常规育种方法获取食品之间的区别上来探讨。其实，自然界中的基因重组一直没有停止，人类今天种植的作物正是几千年来自然选择加人工培育的结果，当我们吃了由这两种选择而生长出来的食品时，也相当于吃进了从该食物的野生亲缘种而来的抗病基因或其他各种基因。过去常规育种方法已存在多年，但并没有人对它的安全性提出疑问；常规的杂交育种也会引入很多新基因，其中相当一部分人类并不了解其食用后果，在食用了一段时期后也没有人对它的安全性表示疑问，原因就在于这一过程是缓慢的，并且经过了较长时间证明是安全可靠的。转基因食品主要是通过基因工程技术来导入 1～2 个性状已知的新基因（也有少量去除某个基因），只是相当于人为地加快了以往传统选择的进程。因而，从理论上讲，转基因食品是安全的，与过去的常规育种本质上并无二致。

其次从基因作用原理上，几乎所有的动植物以及微生物食品都含有基因，构成基因的物质 DNA 在食用进入人体后都将被酶分解破坏成小分子，不可能将外来遗传信息"装配"到人体的基因组当中。因此，从食用原理上讲，转基因食品与传统农业生产的食品没有差别。

最后，从实证角度来探讨，截至目前，国际上还没有发现因长期食用转基因食品而引发中毒等任何不良反应。据多家报道，目前在美国上市的包括婴儿食品在内的转基因食品已近 4000 种，60％以上的加工食品以转基因作物为原料，有两亿多人食用，多年来也未曾见一例转基因食品安全事件；全球实现商业化的转基因作物种植面积多达数亿公顷，也未曾见一例出现所谓转基因食品的生态环境安全问题。即使发现了某一例，也有能力在一定时间内将其消灭在萌芽状态。由其造成的所谓"生态灾害"程度，与生物入侵的危害程度应当相似，因为基因污染作物要突破从种群建立到成灾等一系列障碍，也是需要一定时间和严格条件的。预防是必需的，但也不必因噎废食。

当然，从严格的科学意义上讲，目前没有出现并不等于将来不出现，因为转基因食品出现的时间毕竟不长，只有十年左右时间。只要将来出现一例，转基因食品的目前"绝对安全"就会不攻自破。因此，对转基因食品的安全评价和监控仍有必要，但也不必过分惊恐甚至"如临大敌"。世界上许多国家都制定了对转基因生物的管理法规和办法，中国2001年已发布的《农业转基因生物安全管理条例》，2002年颁布的《农业转基因生物安全评价管理办法》、《农业转基因生物标识管理办法》，以及正在酝酿制定的《国家生物安全法》，都是本着对人类及其子孙后代长远利益负责的态度，从生物安全性问题的广泛性、潜在性、长期性、严重性上做好安全管理工作，同时要求对进口的转基因食品进行严格的安全检测，以确保消费者权益。由于转基因食品上市之前要经过大量试验和严格检验，且转基因食品在体内不积累，所以，只要基因来源安全，就不应有其他安全问题。

2. 转基因水稻与特色水稻

转基因水稻是转基因作物的重要品种，也应是讨论的重点。因为水稻是世界的主要粮食作物之一，是中国的传统主食品种，为此，我们对转基因水稻及与其相关的其他功能水稻一并讨论。

(1) 中国水稻技术的三次飞跃

中国水稻产量的不断刷新与突破，归功于技术的持续创新；水稻研究之所以领先于世界，也是因为育种技术的不断创新。除传统的水稻常规育种技术外，着眼于进一步提高产量和改进品质、增加功能与花色品种的其他新技术主要有：转基因育种、太空育种、保健稻、特种稻，后一类新技术共同构成了生物经济时代水稻生产的主流方向和“人本化”趋势：解决粮食安全问题、增加营养、丰富品种以及改善品质等。今天稻米差价的日益扩大，便是这一发展趋势的前奏和市场反应。

20世纪下半叶以来，中国水稻单产历经了两次飞跃，正在孕育第三次飞跃。

第一次飞跃：20世纪60～70年代，半矮秆品种的育成与普及，使单产比原有高秆品种平均增产30％；

第二次飞跃：从70年代中期开始，以袁隆平为代表的育种专家成功选育三系杂交水稻；

第三次飞跃：90年代中期以来，应用现代生物技术的“超级稻”研究，已显露出成功的曙光。

（2）转基因水稻

世界转基因作物种植主要集中在大豆、玉米、棉花、油菜、马铃薯等作物上，水稻原并不突出，国际对转基因水稻的重视和关注是近几年随着水稻基因组计划的成功而兴起的。

对于中国而言，转基因水稻在转基因作物中处在最重要的位置。2001年，中国成功完成世界第一张籼稻全基因组物理图谱，被誉为水稻研究领域重要里程碑；2002年，日本和中国分别完成水稻一、四号染色体精确测序工作，被称为是"继水稻基因组草图完成之后国际水稻基因组计划中又一具有里程碑性的工作"①。水稻基因组测序和功能基因组研究，可获得大量水稻遗传信息和功能基因，为新品种培育奠定了坚实的基础。

（3）太空稻

通过卫星搭载，采用空间环境诱变育种技术而培育出的水稻称为太空稻。空间诱变育种通俗地称为航天育种或太空育种，是指在航天器上搭载植物种子，利用太空高真空、强辐射、微重力和弱地磁场等特有条件，多因素综合作用，优化种子的基因构造，使种子基因实现在地面难以实现的有益变异，从而缩短地面育种周期，提高育种效率。种子返回地面后，还需经过连续筛选。

中国航天育种研究始于1987年，是世界最早将航天技术用于育种的国家。到2004年，太空诱变表现最好的是水稻。江西、广西、浙江和福建均有航天育种育出的常规或杂交水稻新品种通过省级审定并大面积推广。特优航1号和Ⅱ优航1号已进入全国生产试验，推广面积逾百万亩；米质大大超过汕优63；Ⅱ优航1号百亩亩产达到815公斤的超级稻水平②。又据报道，Ⅱ优航1号2004年在福建尤溪百亩示范片创下亩产928公斤的纪录，成为中国首个百亩亩产突破900公斤的超级稻，跻身世界航天育种优良新品种之列，推广面积已达200多万亩③。

---

① 《自然》杂志审稿人语。

② 科技部网："太空成基地 我国航天育种育出7个水稻新品种"，http://www.most.gov.cn，2004年7月21日。

③ "航天育种催化中国超级稻研究"，《科学时报》，2005年8月16日。

经过福建农科院、中国农科院和哈尔滨工业大学“空间育种课题组”等十余年的研究，初步证明太空稻具有“米质更优、抗瘟性更强、更耐高温、穗更长”等特点[①]及耐寒、不易倒伏等潜在特点。水稻空间诱变在抗病育种、改变粒型、改善品质和培育早熟高产品种等方面有独特优势，为创造优异种质资源，优质高产抗病杂交水稻育种开辟了一条新途径。与此同时，从粒子生物学、物理场生物学和重力生物学等不同角度研究航天环境各因素的诱变特异性，开创了地面模拟航天环境诱变作物遗传改良另一条新途径，为探索航天诱变育种机理和建立航天育种技术新体系作了储备。

(4) 保健水稻

保健水稻系指具有预防和辅助治疗疾病功能的水稻。它介于新型农业体系的食品系统与健康医疗系统之间。随着人们生活水平的提高，高血压、肥胖、糖尿病等所谓的“富贵病”日益增多，通过食用此类功能稻米，可以减免患者经常服药之苦，寓预防和治疗于日常饮食的不经意之中。此以预防高血压的稻米新品种为例，来说明这类稻米的神奇之处：

中国水稻研究所应用生物工程技术培育出一种富含 γ-氨基丁酸的水稻品种，食用该大米能补充人体抑制性神经递质，有缓解和预防血压上升的功能[②]。γ-氨基丁酸可以由人体通过谷氨脱羧酶进行生物合成，也可从食品中直接摄取得以补充。神经递质分为兴奋性和抑制性两种，前者控制血管收缩，使血压升高；后者控制血管舒张，使血压下降。神经抑制性氨基酸是重要的抑制性神经递质，研究表明，γ-氨基丁酸属于强神经抑制氨基酸。如果人体内合成或外源补充 γ-氨基丁酸，就能起到降低血压的作用。目前已成功研制出富含 γ-氨基丁酸的系列水稻新品种大米，其 γ-氨基丁酸含量较一般水稻品种的精米高五六倍。

高血压是冠心病等最危险的因素，仅中国高血压患者目前就已超过一亿人。用这类稻米作为预防和辅助治疗高血压疾病的食品，既可革新目前单纯服药降压的防治方法，又可消除因长期服药而可能引起的不良副作用。

---

① “‘太空水稻’创超高产新纪录”，《科学时报》，2003 年 8 月 15 日。

② 据《科学时报》，2003 年 1 月 6 日报道。

由此可见，仅仅通过水稻的这一项功能技术，即可望改变人们对某些疾病的防治模式。那么，若算上其他如减肥、美容等功能，保健水稻的前景应该是充满神奇的。

以下研究为中国水稻的研发与生产继续引领世界作了基础性的储备：抗虫转基因水稻研究开发；破译水稻“长寿基因”——可望延缓稻谷储藏的霉化变质期限，在谷物储藏方面具有重大应用前景；地域气候适应性强、能够实现无性繁殖、多年生、具有较强抗性和耐性（抗病、耐冷、耐旱、耐贫瘠等）的“傻瓜水稻”研究；杂交旱稻（节水）研究；特种水稻研究等。这些研究大多尚处在实验室阶段，预计实现规模化生产仍需 5～10 年。

以上以水稻为例揭示出面向生物经济时代农作物食品开发的潜力与方向。以转基因水稻为代表的水稻品种的内容如此丰富，那么，转基因的大豆、小麦及其他经济作物和动物品种呢？这些动植物同样显示或共同昭示出未来生物经济时代多样化食品的丰富内涵与巨大的潜在市场。

3. 新型功能食品

(1) 从功能食品到新型功能食品

功能食品，泛指对于人体或其部分具有某种特殊功能的食品。国家标准 GB16740-1997《保健（功能）食品通用标准》第 3.1 条将功能食品定义为：功能食品是食品的一个种类，具有一般食品的共性，能调节人体的机能，适于特定人群食用，但不以治疗疾病为目的。功能食品与药品有严格的区别。药品是治疗疾病的物质；功能食品本质上仍是食品，虽具有调节人体某种机能的作用，但它不是人类赖以治疗疾病的物质。对于生理机能正常、想要维护健康或预防某种疾病的人而言，功能食品是一种营养补充剂；而对于生理机能异常的人来说，功能食品可以调节某种生理机能、强化免疫系统。

功能食品与一般食品有联系也有区别。国家标准 GB/T15901-1994《食品工业基本术语》第 2.1 条将“一般食品”定义为：可供人类食用或饮用的物质，包括加工食品、半成品和未加工食品，不包括烟草或只作药品用的物质。可见，它们之间的共性在于：功能食品和一般食品都能提供人体生存必需的基本营养物质（食品的第一功能），都具有特定的色、香、味、形（食品的第二功能)。其区别主要在于:其一,功能食品含有一定量的功效成分——生理活性物质,能调节人体的机能,具有特定的功能(即食品的第三功能);而一般食品不强调特定功能。其二,功能食品一般有特定的食用范围,即特定人群;而一般食品无特定的食用范围。功能食品中的生理活性物质,是通过提取、分离、浓缩或添加纯度较高的某种生理活性物质,使其在人体内达到发挥作用的浓度,从而具有特定功能。值得一提的是,一般食品中也含有生理活性物质,但由于含量低,在人体内无法达到调节机能的浓度,不能实现功效作用。

功能食品一般分为传统功能食品和现代功能食品。前者如萝卜、花椰菜、黄瓜、人参、黑木耳、大蒜、香菇、灵芝、茯苓、苦瓜、山药、银耳、百合、海参、文蛤、大枣、猕猴桃、肉桂、韭菜等,它们要么是常见的食品,要么是药食两用的药材,合理食用,可以调节人体免疫机能。功能食品的生产离不开生物及农业资源。中国是一个传统的农业大国和资源大国,同时又是一个具有传统饮食文化的国家。所谓"药膳"之说,指的就是功能食品。在"药食同源"的思想的影响下,中国很早就有了自己特色的功能食品。如早在三千多年前的《山海经》就有"穰木之实,食之使人多力;枥木之实,食之不忘"等有关食疗的记载。

新型功能食品是指包括转基因功能食品在内的现代功能食品。在人类社会进入生物经济时代的前夜,功能食品已悄悄发生了变革。突出的表现就是现代生物技术被越来越广泛和深入地应用到功能食品的研究与开发上,由此形成了具有生物经济特色的新型功能食品,有的干脆称之为"生物功能食品"。

(2) 新型功能食品的特点

功能食品具有自然与人体协调的特点,契合了中国古代哲学所倡导的"天人合一"思想。世间百草皆有属性:寒热温凉,辛酸甘苦咸。人是自然之物,依自然法则,以自然之物医自然人体之身,构成了功能食品这种特点的朴素思想基础。新型功能食品,在继承传统功能食品朴素思想的基础上,结合现代生物技术及发展理念,从而形成以下两大特点:

① 运用现代生物技术手段,通过食品维系人体健康

现代生物技术的发展，使人类对食物功能和营养特性有了新的认识。现代生物技术不仅可以在数量上解决食品短缺问题，还可以从品种、品质、功能等方面带来新的突破，如转基因食品及生物反应器可以帮助获得“设计食品”：高油玉米、脱敏花生、无腥大豆、抗癌草莓、免疫调节食品、食品疫苗、食品抗生素、保健食用油，以及各种专用食品加工原料等。现代生物技术推动了食品工业的革新。基因工程、细胞工程、酶工程和发酵工程等现代生物技术与食品工业结合，从而形成了独特的技术门类：食品生物技术。利用基因工程等技术，不仅可以改良食品加工原料，改变微生物菌种性能，提高食品用酶的稳定性，还可以通过修饰蛋白质分子，提高其营养价值与加工性能。新型功能食品的发展，是人类认识和利用食物资源、运用现代生物技术来提高生活质量的一大进步。

② 功能食品“人本化”

随着世纪之交人类基因组的破译和 21 世纪功能基因组的进一步发展，人们越来越关注饮食与健康、营养与基因的关系。在生物经济时代，人们将更加崇尚健康，注重回归自然，未来的食品将在“人本化”理念下，更加强调“以人为本”。正是在这种时代理念的主导下，各类功能食品将得到快速发展，并将在食品中占有越来越大的市场份额。

为避免日益扩大的医疗费用负担，人们想办法尽量少得病、不得病，因而越来越注重营养保健，希望通过高品质的健康食品，达到既减少医疗费用支出又减轻社会保障体系压力的目的。而这一切的实现必将依赖食品科技的进步。因此，食品系统同时具有了维护人类健康，促进社会发展的神圣使命。从这一意义上来讲，功能食品，节省医疗开支，变相地增加了经济收入。

(3) 新型功能食品的发展方向

随着 20 世纪 80 年代“回归自然”浪潮的兴起，绿色食品和自然保健食品的开发受到普遍关注。作为食品行业中具有强大生命力的领域之一，新型功能食品将引领新型食品的研制向着预防医学与食物疗法两个相关领域深入。

面对现代生活方式带来的肥胖、高血脂等健康问题，研究开发具有生理调节作用的功能食品已成为现代食品发展的新潮流。新型功能食品可以为既喜爱美食又渴望健康的人们带来美味与保健的双重享受。

转基因功能食品的开发已成为生物技术领域研究的热点之一，转基因功能食品有逐步取代传统保健品的趋势。如转基因番茄可以降血压、抗病毒、提高免疫力甚至治疗血友病，转基因马铃薯可以预防龋齿。

4. 新型保健品

(1) 新型保健品的界定

相对于传统保健品而言，新型农业体系中新型保健品是指利用发酵工程、酶工程等现代生物技术开发生产的，对增强肌体抗病能力、维护机体健康，以及增进健美等方面有显著功效的产品。它是介于食品和药品之间的一类特殊产品，主要指食品但也并非专指食品，严格地讲，新型保健品还应包含少量的日用品，如用于化妆美容的保健产品，但因主要涉及功能食品或保健食品，因而在此把它纳入食品系统。

(2) 新型保健品的特点

与传统保健品相比，新型保健品有两个显著性特点：其一，依托现代生物技术；其二，产品生产与消费贯穿"人本化"理念。

例如，利用植物细胞克隆技术生产白藜芦醇产品，就属于新型保健品范畴。白藜芦醇是目前世界上最新的药用保健活性物质，可望成为抗癌新药和新型保健品的药用成分。迄今为止，世界上有十余家企业生产销售与白藜芦醇相关产品，主要分布在美国，纯度为95%的白藜芦醇国际市场价格每公斤为6200美元[①]。由于受从植物中提取等生产方式的限制，白藜芦醇原料的供应远远不能满足市场需求。新型白藜芦醇产品，由于采用现代生物技术，克服了传统方法从植物中提取、产量小、成本高、受季节限制等不利因素，能够实现白藜芦醇产业化，并具有绿色与环保意义。再如大蒜，对中国大多数消费者来说，它既是一种普通蔬菜，又是一种传统的保健食品。但

① "2001年西安市科技成果项目册"，http://www.xainfo.gov.cn/home2002/canzhan1/cheng2/content01.htm，2004年8月13日。

是，以大蒜为原料采用现代生物技术生产出的“时间晶体”（一种全蒜提取物生物制品），就属于一类新型保健品。它通过新的萃取、配方、提纯等方法，克服了传统蒜制品化学性质不稳定、含有不利于健康的高硫物质的弊端，将油溶性、水溶性有效成分浓缩于一丸，既保证人体足够摄入量，又缓释利于人体吸收，被誉为传统大蒜保健品的集大成者。与传统的其他大蒜制品相比，在制作上，“时间晶体”借助现代生物技术，成功解决了服用普通大蒜制品刺激胃黏膜和有浓烈大蒜味的难题；在填充油上，“时间晶体”选择了橄榄油，能够使大蒜中的活性物质在较长时间内保持稳定。其所含的“不治百病防百病”的理念具有时代意义。

5. 免疫食品

（1）免疫食品的概念与方法原理

免疫系统是机体的一个重要的功能系统，担负着免疫防御、免疫监视与免疫自稳的功能。它如同机体防病的一道坚固“长城”，如果出现问题，细菌就会乘虚而入。目前，人类通常借助外界药物来提高自身免疫机能。免疫食品的出现，提供了一个新的健康理念。

免疫食品，一般是指从食品中长期而稳定地获得人体防病抗体所需的天然免疫球蛋白和活性因子。食品免疫的方法主要有两种：一种是经常直接服用含有人体防病抗体所必需的免疫球蛋白的食品，提高人体免疫功能，达到强身健体、抵御疾病的目的。另一种是通过基因工程，让食品含有某种抗原，食用后相当于接种某种疫苗，以激发人体免疫系统。例如，将大肠杆菌的基因注入土豆的脱氧核糖核酸，使它产生出大肠杆菌蛋白。该土豆就成为一种免疫食品，人食用了这种土豆之后，能够激发自身对大肠杆菌的一些菌株产生免疫反应。免疫食品的发展已不局限于人体，到生物经济时代，将进一步拓展应用到其他动物身上。

（2）免疫食品的发展方向

食品疫苗是免疫食品的主要类型和应用方向，是将某些致病微生物的有关蛋白质基因，通过转基因技术导入某些植物受体细胞中，并使其在受体植物细胞中表达，从而使受体植物成为具有抵抗相关疾病的“疫苗”。这种用转基因植物生产的“疫苗”保持了重组蛋白的理化特征和生物活性，既可直接食用，也可经提纯后作为疫苗。如美国亚利桑那大学的生物学家培育出含乙肝疫苗的转基因土豆——土豆经常被用来研究转基因食品，这项成果可望为发展中国家偏远地区的乙肝防治带来福音，因为传统的乙肝疫苗需要冷藏，这在偏远地区难以做到。他们的做法是，从乙肝病毒中取出一个基因，将其植入土豆植株，使土豆产生病毒抗原。人食用这种土豆后，抗原蛋白会触发人体免疫反应，产生乙肝抗体。临床试验表明，33 人中有 19 人在食用这种土豆后体内产生了更多的乙肝抗体，其中 1 人抗体水平上升了 56 倍①。再如，研究人员已培育出一种转基因香蕉，使人吃了之后就像注射过疫苗一样，可避免乙肝、霍乱和痢疾等传染病的侵袭。这是基于，科学家将某种变形的病毒疫苗注入香蕉树，使该病毒遗传物质永远成为植物细胞的成分。随着植物的生长，植物细胞会产生出病毒蛋白，但并非具有传染性的病毒。人食用了这种香蕉后，免疫系统会产生出抗体，抵御传染性病毒的侵害。除转基因植物外，在转基因动物的乳汁中也可以表达食品疫苗。这些疫苗既可以通过食物摄入方式来获得免疫，也可以通过直接 DNA 转染来进行疫苗接种[1]。

2002 年，美国珀杜大学和美国农业部属农业研究局开发出含有高浓度抗癌物质番茄红素的“抗癌西红柿”和中国农科院生物技术中心培育成功的“抗乙肝基因西红柿”都是一种“番茄疫苗”。可分别用于降低心脏病和某些癌症的发病危险；预防乙肝，辅助治疗高血压、血友病及骨质疏松症。

机体免疫能力过高与过低一样，同样会对机体造成损害。免疫食品食用不当或过量也会对人体产生危害，因为机体的免疫系统本身应维持着一种动态平衡状态。当免疫力过低时，人很容易被传染上各种病；当免疫力过高，则会导致变态反应或自身免疫病，如常见的荨麻疹、过敏性皮炎、过敏性鼻炎、哮喘、风湿病、肝炎、肾小球肾炎及甲状腺功能亢奋等疾病。

---

① “美培育出含乙肝疫苗的转基因土豆”，《科学时报》，2005 年 2 月 18 日。

二、营养系统的内容及其发展方向

营养系统与食品系统紧密相连，区别在于侧重点不同，营养系统更加强调品质和膳食平衡。二者都不局限于供人类食用，其中一部分可纳入其他动物饲料范围。

1. 营养改良品种

（1）营养改良品种的功能与意义

营养改良品种是指利用现代生物技术，以改进品质、增加营养价值为目的的动植物育种和繁育。它是营养系统的核心内容，主要目的是：通过控制动植物基因，生产口感更适、营养更丰富和更全面、更益于人类或部分动物健康的食品。如通过基因改良或引入外源基因，来提高大宗食品如水稻、小麦、玉米、大豆等某些基本氨基酸（如蛋氨酸）的含量，或开发个性化营养定制食品；通过转基因，在降低牛肉和猪肉中饱和脂肪的含量同时，提高不饱和脂肪的比例；通过控制基因启动与沉默条件、抑制基因的表达等手段，来降低甚至消除农产品中的致敏蛋白质或有毒化合物含量。通过植物转基因，不仅可对植物化学成分进行改良，而且可在转基因植物中合成有价值的化学成分，后者包括对氨基酸、淀粉、木质素或油成分的改良，以及用转基因植物表达抗原、抗原片段、疫苗、人血清蛋白或生物聚合物。

改良品种按改良目的可分提高产量、增强抗逆性、改善品质、综合改良等几种类型。发展中国家有超过 1/5 的人口营养不良，营养不良又导致对疾病的抵抗能力减弱，这种连锁反应与发展中国家主食以传统大米、土豆等作物的广泛种植不无关系。因此，通过生物技术对传统作物进行品种改良，以增加营养，对于改善膳食结构，促进营养与健康具有根本性作用。

（2）营养改良品种的发展方向

随着传统技术品种改良极限的临近，营养改良品种转而采用常规技术与现代生物技术相结合，以及利用基因工程等现代技术方法。

如浙江省农科院从光合产物分配角度，采用反义 PEP 基因提高油菜种子含油量的技术路线，利用农杆菌介导途径将反义 PEP 基因导入油菜基因组，相继获得了多批反义 PEP 基因油菜植株。育成的“超油 1 号”、“超油 2 号”含油量分别达 47.4%和 52.8%，比传统品种高 25%以上。不仅成为目前国际含油量最高的甘蓝型油菜，而且扭转了长江流域油菜含油量长期徘徊不前的局面。

由广东省农科院农业生物技术研究所、中山大学生物工程研究中心等研制的“特种稻”黑米，也属于此类营养改良品种。该项研制工作以改善水稻营养为目标，以特种稻营养品质研究和育种技术创新为切入口，通过品种选育、评价、加工开发形成产业。其研制思路是：系统评价黑米黄酮等活性物质含量，证明其具有清除自由基延缓衰老、抑制动脉粥样硬化形成等保健功能；分析稻米色素及主要矿物质营养素的遗传效应及其性状遗传相关性，提出“稻米天然颜色愈深，营养愈丰富、结构愈平衡合理”的新概念与营养品质改良的间接选择育种方法；制定了黑米生产与流通的国家行业标准，建立特种稻的胚乳、母体和细胞质的新遗传模型，以指导品质育种的亲本选配与后代选择；采用稻穗离体培养与杂交技术，并与孤雌生殖育种等相结合，创建出一套育种技术体系。由此思路选育出籼型黑黏米、籼型黑糯米、粳型黑黏米和粳型黑糯米等 4 类黑米系列，具有优质、抗病等优点，已在全国 20 个省市推广千余万亩①；针对黑米的营养特点，创建了黑米两段发酵、营养素二次提纯、色素稳定化等加工新技术、新工艺，开拓出一条黑色食品产业化新途径。

河南南阳市小麦专家运用化学诱变、物理诱变、远缘杂交相结合的方法，经过十余年研究，培育出黑色和绿色等彩色小麦；其他如紫色、蓝色、翡翠色、咖啡色小麦也正在选育种之中。当前在食用面粉加工中人为添加多种微量元素，而彩色小麦却是自然生成的。彩色小麦中富含碘、硒、钙、铁、锌等微量元素，不仅能吃，而且具有保健作用。因其取自天然而更符合生物经济的“人本化”理念，对食品加工企业和消费者具有更大的吸引力。

2003 年初，新西兰阿格研究公司的科学家宣布培育出新型克隆牛，所产牛奶酪蛋白的含量明显高于普通牛奶，这一突破对奶酪产业的发展具有

---

① 王晓枫：“水稻新技术改善主食营养”，《科学时报》，2004 年 2 月 2 日。

重要的价值和意义。较之于以往同样采用转基因和克隆技术对牛进行操作使牛奶富含具有医疗价值的成分而言，其突破点在于：利用现代生物技术成功改变了牛奶自身的特性。其技术思路是：对牛细胞进行转基因操作，大幅度增加其携带的控制两种酪蛋白产生的基因；利用细胞核移植技术将这些细胞与牛卵细胞融合；将由此获得的克隆牛胚胎植入代孕母牛后，培育出克隆牛。实际培育出11头克隆牛，其中9头牛产出的牛奶含有高于正常牛奶水平的酪蛋白，两种酪蛋白高幅分别可达8%～20%和200%[①]。

2．单细胞蛋白

（1）单细胞蛋白的类型及特点

单细胞蛋白（Single Cell Protein，SCP）是指利用基质大规模培养富含蛋白质的藻类、微生物，并从中提取蛋白质。它既属于食品系统又属于营养系统，因所含的营养物质极为丰富，因而将其纳入营养系统。单细胞蛋白，又称微生物蛋白或菌体蛋白，按产生菌的种类，可以分为细菌蛋白、真菌蛋白等；按生产原料，可以分为石油蛋白、甲醇蛋白、甲烷蛋白等。其生产过程是：在培养液配制及灭菌完成以后，将它们和菌种投放到发酵罐中，控制好发酵条件，菌种就会迅速繁殖；用离心、沉淀等方法收集菌体，再经过干燥处理，即制成单细胞蛋白成品。

单细胞蛋白中的蛋白质含量高于大豆、肉、鱼、奶酪；而且氨基酸的组成较为齐全，含有人体必需的多种氨基酸，其中包括谷物中含量较少的赖氨酸；含有多种维生素、碳水化合物、脂类、矿物质，以及丰富的酶类和生物活性物质。单细胞蛋白具有以下特点：①生产效率高，因其利用微生物生长繁殖速度极快的优势，因而远高于植物生产能力。②生产原料来源广，可以废物利用。其生产原料主要有：农业副产品或废水废渣，如秸秆、蔗渣、甜菜渣、木屑等含纤维素的废料及农林产品的加工废水；工业废物废水，如食品、发酵工业中排出的含糖有机废水、亚硫酸纸浆废液；石油、天然气及相关矿

---

① 中国农业网："新西兰科学家宣布培育出新型克隆牛"，http://www.agronet.com.cn，2003年2月10日。

物产品，如原油、柴油、甲烷、乙醇。③易于工业化生产，免受地区、季节、气候之限。④用于生产单细胞蛋白的微生物种类多，包括细菌、放线菌、酵母菌、霉菌以及某些原生生物。这些微生物通常具备下列条件：生产的蛋白质等营养物质含量高；对人体无致病作用；味道好并易于消化吸收；生长繁殖迅速，对培养条件要求简单。

(2) 单细胞蛋白的应用及市场前景

单细胞蛋白已广泛用于人类食品和动物饲料中，应用范围包括：①用于制成"人造肉"(蛋白质食品)，供人直接食用；也可作为食品添加剂，用以补充蛋白质或维生素、矿物质。②某些单细胞蛋白具有抗氧化能力，使食物不容易变质，因而常用于婴儿粉及汤料、佐料中。③干酵母的含热量低，常作为减肥食品的添加剂。④用于提高食品的某些物理性能，如在意大利烘饼中加入活性酵母，可以提高饼的延薄性能。⑤酵母的浓缩蛋白具有显著的鲜味，已广泛用作食品的增鲜剂。⑥用做饲料蛋白。

近年来，国外已建起一批生产单细胞蛋白的大型企业。世界单细胞蛋白的生产能力达 200 万吨/年以上，而中国只有约 2 万吨/年；据有关推算，一座年产 10 万吨单细胞蛋白工厂的产品，相当于 150 万亩土地生长的大豆蛋白或 3 亿亩牧场所饲养菜牛或奶牛所得的蛋白量①。可见，发展单细胞蛋白产业，不仅有利于废物综合利用，而且对于节约耕地和草场具有重要意义。

单细胞蛋白安全性与可接受性是应用开发中有待进一步解决的问题。例如，单细胞蛋白的核酸含量达 4%～18%，食用过多核酸可能会引起痛风等疾病；因原料来源和微生物处理过程等原因，把单细胞蛋白作为一种食物，使得一些人在心理和饮食习惯上难以接受。

3. 生物高效饲料

生物高效饲料是指利用现代生物技术研制开发的新型饲料。高效饲料早已有之，且鉴别的标准也是相对的。发展生物高效饲料，对于突破传统饲

---

① 李新："开发单细胞蛋白产品大有可为"，《中国化工报》，2001 年 7 月 5 日。

料的极限与研制瓶颈，适应绿色环保的饲料发展新理念与要求具有重要意义。

生物高效饲料的特征显然有：利用现代生物技术；环境友好；高效。其中前两项是主要特征，“高效”则是几乎所有饲料所要求的共性目标和特征。例如，中国农科院饲料所采用生物发酵技术与营养平衡理论相结合的方法，研制出一种低成本、高效益的新型功能性生物饲料，使果渣变废为宝，用于反刍动物养殖业。其步骤是：对苹果渣进行处理，筛选并接种益生菌，进行生物发酵；对发酵产物进行营养平衡加工。因其符合上述三个特征，因而可以称之为生物高效饲料。

4. 新型饲料添加剂

与传统的饲料添加剂不同，新型饲料添加剂是指采用现代生物技术研制生产的，具有技术先进、饲料效益高、环境友好等特征的饲料添加剂。例如饲用氨基酸就属于这种新型饲料添加剂。复杂的合成机制，使得自然条件下氨基酸产量提高较为困难；若采用基因工程，通过将适当的生物合成基因克隆到细胞质粒中，可提高氨基酸产量。

再如，由大连韩伟集团与中国科学院沈阳应用生态所共同开发研制的生物活性饲料添加剂，也是一种新型饲料添加剂。其系列产品包括：益生素、复合酶、健壮素。这些产品属于利用生物工程技术对生产中的菌种进行筛选、重组，采用深层液体发酵与高营养固体发酵相结合的生产工艺，并通过共振热敏烘干方法进行后处理，从而形成富含多种有益微生物、有效酶类、非特异性免疫增强剂，集保健、营养、防病、净化环境于一体的新型产品，符合“技术先进、环境友好、饲料效益高”三大特征。

三、健康医疗系统的内容及其发展方向

“神农尝百草”，是农业与健康医疗最原始结合的典型例子。在历经工业经济和信息经济时代之后，生命科学与生物技术的发展，则“复归”并强化了农业与健康医疗的关系及融合。新型农业体系健康医疗系统的内容主要包括：生物治疗、分子诊断、生物新药、新型疫苗、动植物组织和器官克隆、抗

体工厂、中药标准化等。

1. 生物治疗及基因治疗

(1) 生物治疗及基因治疗的概念

生物治疗，一般是针对人类重大疾病而言，包括基因治疗、免疫治疗、靶向治疗、细胞治疗等。新型农业体系所倡导的生物治疗是指包括针对人类在内的动植物疾病的生物治疗。

基因治疗(Gene Therapy)，又称基因疗法，是指"利用遗传工程技术将基因送入病人体内，以治疗疾病的医疗行为"①。它是以改变人的遗传物质为基础的生物医学治疗，是通过一定方式将人正常基因或有治疗作用的DNA序列片段导入人体靶细胞，从而纠正基因缺陷或发挥治疗作用。基因治疗可分为两类：其一，体细胞治疗，基因的修饰不会遗传给子代；其二，种系治疗，即在性细胞或胚胎细胞中进行修饰，基因的改变会遗传给子后，亦即：如果基因治疗被用于单倍体的卵子或精子，改造后的遗传类型可遗传给后代。有的文献分别称其为：体外基因治疗和体内基因治疗，前者是在人体外扩增和转化人类细胞，然后将其重新输入体内；后者是用遗传材料直接对患者进行治疗[1]。基因治疗的目标，是通过DNA重组技术创建具有特定功能的基因重组体，以补偿失去功能的基因的作用，或增加某种功能以对异常细胞进行修饰或清除。

在已报道的约15000种人类疾病中，90%以上不能用常规疗法治愈，其中大多数起源于遗传或获得性遗传缺陷[1]。生物技术的发展表明：许多疾病不是由病原体引起的，而是某个或某些基因突变的结果，导致某一特定基因产生太少、太多或根本不产生某种蛋白质。基因突变不仅是许多遗传疾病的根源，同时也是许多获得性疾病发生的原因，如许多癌症并不是遗传的，而是后天基因损伤累积的结果。从理论上讲，人类疾病都直接或间接与基因相关，这些疾病的起因都离不开基因突变、缺失和表达异常。从遗传性疾病到癌症，从感染性疾病到心血管疾病、糖尿病等，基因疗法都将有所作

① 华文："基因治疗：前景依然光明"，《科学时报》，2003年10月8日。

为，可望使医疗发生革命性变化。在基因水平上对疾病进行诊断和治疗，既可做到病因诊断的准确性和原始性，又能够使诊断和治疗实现特异性强、灵敏度高、简便快速等效果。因为，它针对的是疾病的根源——异常基因——而非症状的表现，即“治标更治本”。

(2) 基因治疗的发展

世界首例人类体细胞基因治疗诞生在 1990 年的美国，对象是一名患有腺苷脱氨酶(ADA)缺乏症(俗称“泡泡儿”)的女孩。该治疗方法是这样的：从患者体内采集白细胞，再把 ADA 基因引入这些白细胞，将遗传修饰过的细胞通过动物病毒载体输回患者体内。自此例基因治疗后的近十年来，世界已有近 400 种基因治疗方案开始应用于临床，其中美国占了一半①。到 2002 年底，已有 600 多种基因治疗方案应用于 3500 多位患者，其中大多数在美国。由于技术复杂，起步时间较短，基因治疗尚处于实验室研究和临床试验阶段，没有正式向市场推出产品，更没有实现产业化，虽然在 2000 年美国即已成立近百家基因治疗公司。我国也是世界较早开展基因治疗临床试验的国家，建立了国家基因治疗示范基地，已有 B 型血友病、恶性肿瘤等 6 个基因治疗方案进入了临床试验阶段。但要真正做到产业化，基因治疗还需要克服一系列理论和技术上的难题，可能还要走 20 年左右的探索之路。

哺乳动物种系治疗的成功虽已有十几年的历史，但之于人的种系治疗尚处于临床试验阶段。有人预计，2010 年体细胞基因治疗应用到人体可望能够普及，但人的种系治疗则会较其晚 5～10 年；单基因修饰治疗会较早实现，而多基因修饰治疗可能在 2025 年左右成为现实[6]。

用基因技术治疗脑病虽已取得新的进展，但要将该技术真正应用于人体可能还要经过长时间的复杂实验。据报道：2004 年 7 月，美国科学家利用基因疗法剔除患有遗传性脑病实验鼠的不良基因，成功地控制了实验鼠病情的发展②。这是首例成功剔除患有脑病的动物大脑细胞中不良基因的实验。科学家在研究中使用的实验鼠患有脊髓小脑共济失调症，这种遗传

---

① “基因治疗谨慎行事”，《科技文摘报》，2000 年 3 月 10 日。

② 曹丽君：“基因技术治疗脑病取得新进展”，《科技日报》，2004 年 7 月 11 日。

性脑病的致病原因是小脑和大脑皮层细胞中的一种关键基因出现突变，产生一种有毒蛋白质，造成脑细胞损伤。其病征与亨廷顿舞蹈病相似，患者多出现行动失调、步伐不稳、眼球震颤、脑部损伤等。科学家采用核糖核酸(RNA)干扰技术，剔除患病老鼠的不良基因，并将一种叫做短干扰 RNA 的片段注入实验鼠出现基因突变的脑细胞中。这些脑细胞具有一种防卫机制，当短干扰 RNA 进入脑细胞中时，脑细胞中所有与该片段相匹配的 RNA 都会被破坏，从而使脑细胞不再产生有毒蛋白质，进而停止对大脑的损伤。在接受治疗半年后，实验鼠的活动逐渐恢复正常，而比较组中未接受治疗的患有该疾病的实验鼠的病情进一步恶化，脑细胞不断受损。实验结果还证明，RNA 干扰技术没有明显的副作用。该研究成果为治疗阿尔茨海默氏病、亨廷顿舞蹈病等人类脑病展露出成功的曙光。

(3) 基因治疗的安全性

基因治疗安全性是广受关注的热点问题。1999 年美国宾州的“杰西”事件(18 岁少年杰西·吉尔辛因基因治疗试验的某些失误而死亡)，为基因治疗方案的可行性及副作用以及构建新型的如何尊重生命的观念等带来挑战，也是对基因治疗所敲响的警钟。2002 年法国一位 4 岁小孩因基因治疗而患白血病，又使人对其产生怀疑。但专家认为，法国这一医疗事件只是一个特例，在治疗中使用的逆转录病毒载体已经使用了十几年，只是最近才出现了不良反应；不应因为个别的悲剧而排斥基因治疗，基因治疗的好处远大于其弊端，它让那些用传统医疗手段无法治愈的疾病患者看到了希望。可见，如何改造基因治疗载体，尤其是解决逆转录病毒的安全性问题，是基因治疗研究与临床试验中的难点之一。

是否所有的遗传疾病都是由于某个(组)基因的突变或编码错误导致的？答案应当是否定的，或至少值得进一步探究。现已证明，基因突变和隐性性状在生物进化中起到重要作用。如果剔除这些所谓的“缺陷”基因，则有可能缩小基因库，减少未来进化选择的可能性。因为，遗传性状的表达是有着异常复杂机制的过程，不能简单地认为是基因编码的错误；即使剔除或重新设计编码，也不一定能把隐性性状消除，反而可能造成基因库的损失。

从理论上讲，基因治疗是治本而无任何毒副作用的疗法。基因治疗既不是“魔鬼”,也不是没有风险。任何一项革命性的技术和医疗模式的诞生都不是一帆风顺的。基因治疗科学还有很多未知数,在试验过程中肯定会遭遇失败。诚然,在完全揭示人类基因组的运转机制、基因调控和疾病的分子机理之前,进行基因治疗是有危险的。然而,毕竟基因治疗才走过短短的十余年的历程,相对于任何一项革命性的技术手段和医疗模式,十余年都显得那么短暂。

2. 分子诊断

(1) 分子诊断的概念

分子诊断是指通过直接或间接检测疾病相关分子质和量的改变而进行的疾病诊断,这些分子要么是机体自身存在的,或在疾病状态下产生的,要么出自入侵的病原体。分子诊断主要包括:蛋白质分析诊断、酶学诊断、免疫诊断和基因诊断。其中酶学诊断、免疫诊断本质上都是蛋白质分析诊断,但所采用的方法不同。蛋白质分析诊断和基因诊断所采用的方法包括酶处理、电泳、分子杂交、聚合酶链式反应(PCR)、DNA 测序等,它们属于分子生物学技术范畴,因而分子诊断又可理解为分子生物学诊断。

(2) 分子诊断的发展

分子诊断发源于 20 世纪中叶提出的分子病概念。疾病发病的分子机理的逐步阐明,为分子诊断提供了理论基础。自 20 世纪 50 年代初开始的 DNA 双螺旋结构的发现、基因与编码蛋白质之间关系的阐明以及基因突变或表达异常作为引起各种遗传疾病、肿瘤和其他疾病内在原因的证明等,有力推动了分子诊断的发展。80 年代中期,PCR 技术的发明应用,促使许多传统的免疫学或酶学检查过渡到对基因和各种酶的基因检查,从而促进了分子诊断中最重要内容——基因诊断的普及。目前,分子诊断与传统的形态学、影像学诊断一起,并列成为疾病诊断的三大主要手段。

当前分子诊断的热点主要包括:诊断对象由单个基因或蛋白质向同时检查多个疾病相关基因或蛋白质发展;由单一基因疾病向多基因疾病发展。诊断方法向高度标准化、自动化、集成化方向发展。

(3) 基因诊断的市场前景

随着后基因组时代的到来，相应的医学诊断技术也将发展到对DNA分子进行直接分析的基因诊断技术阶段。目前的基因诊断仍主要是检测单个基因突变所导致的疾病，然而，几乎所有已知的疾病都与患者基因组中的基因突变或多态性有直接或间接的关系。作为第四代临床诊断技术，基因诊断已被应用于对遗传病、肿瘤、心脑血管疾病、病毒细菌寄生虫病和职业病等的诊断，具有较大的市场潜力。

基因诊断的基础在于：对导致或改变疾病风险的单个或多个基因的DNA序列改变的认识；基因多态性检测。人类基因组计划在这方面扮演着重要的角色。通过鉴定基因编码区DNA多态性和其他突变，并揭示这些变化对基因表达产物的影响，将能鉴定从经典的遗传疾病到多基因疾病的基因背景。

当未来基因诊断成为医学常规检测后，相应的道德、法律和管理措施也必须配套跟进。基因诊断的结果能否得到有效的保护，将涉及到个人稳私和就业、保险、家庭关系等。

3. 生物新药

生命科学与生物技术的发展，为人类了解和调控生命过程、认识和控制疾病、维护身体健康、建立良好的生存环境创造了条件和手段。欧美发达国家的癌症治愈率提高，心脑血管病的死亡率大幅下降，平均寿命延长到70～80岁，生物新药对此作出了显著的贡献。

(1) 生物新药的概念与类型

生物药物主要包括生化药物、生物工程药物和生物制剂。早期生化药物大多来自于从天然资源如畜禽器官组织、微生物的代谢产物中提取的有效成分。传统的研制技术已发展到极致，潜力非常有限。随着科技的进步，以基因工程、细胞工程、发酵工程、酶工程等为代表的现代生物技术被广泛地用于药物研制。新型农业体系生物新药指的就是此类药物，不仅包括人类用药，而且包括兽用药、水产用药和植物用药。

生物新药主要包括下列八种类型：①抗肿瘤疫苗、抗体、肿瘤抑制剂，如可抑制肿瘤血管生长从而达到抗癌目的的基质金属蛋白抑制剂；②治疗心血管系统疾病的单克隆抗体，如抗血栓的单克隆抗体；③用于自身免疫性疾病的单克隆抗体，如用于抗器官移植免疫排斥反应的单克隆抗体；④治疗神经退化性疾病的活性因子，如用于减肥的睫状神经营养因子；⑤抗感染、抗病毒的抗体和疫苗，如流感疫苗；⑥基因治疗剂，如心血管病基因治疗剂；⑦疾病诊断试剂；⑧基因制药，即利用基因改良动物乳汁生产有药用价值的蛋白质，该方法也叫“基因农场”。

（2）基因组研究对生物新药研制的意义

包括人类基因组在内的多种动植物及微生物的基因组测序与研究正在世界范围内如火如荼地展开。弄清基因的功能、基因间的相互作用及基因间的表型关系，不仅对生命起源、生物生长规律的研究具有重大意义，而且对生物的健康医疗、尤其是对生物新药的研制具有根本性作用。

此仅以人类基因组研究为例，来说明基因组研究对于新药研制的意义。①人类基因组图谱的完成及后基因组计划的实施，将提供完整的基因遗传信息，包括基因的完整编码、遗传连锁图谱和基因多态信息，据此可以寻找多基因遗传病和一些与基因有关的其他常见病如原发性高血压、癌症、糖尿病、老年性痴呆症、精神分裂症等的药物作用靶点。②研制基因疫苗。将病原体的非致病部分基因导入人体内，使机体产生对该病原的抗体。③设计或实施个性化用药。由于人体基因的个体差异性，同一种药物或同等剂量的药物用于不同的人会产生不同的效果或副作用，这主要是由肝脏中负责药物代谢的基因类型不同造成的。因此，如果能找到基因的个体差别，那么根据各人的基因特征来指导用药乃至设计个性化药物，就可以真正做到对症下药。

（3）生物新药的开发应用进展

据美国药学会统计，自 1982 年第一个基因工程药物——重组人胰岛素被批准上市以来，世界现已开发或正在开发的生物新药达 371 种，用于治疗 200 多种疾病；全世界有 2.5 亿人使用了生物新药[3]。近年销售额排名前五位的生物新药包括：治疗贫血的促红细胞生成素（EPO），治疗生长发育不良和肾功能不全的人促生长素（hGH），治疗糖尿病的人胰岛素，用于白血病、艾滋病和中性粒细胞减少症的粒细胞集落刺激因子，以及干扰素-α。

2000 年这 5 种新药的销售总额达 100 多亿美元[7]。

中国自 1989 年第一个基因工程药物重组人干扰素 α1b 被批准上市以来，到 2001 年，批准上市的生物新药达 21 种。包括：重组人 α-干扰素 1b、重组人 α-干扰素 2a、重组人 α-干扰素 2b、重组人 γ-干扰素、重组人粒细胞集落刺激因子、EPO、重组人白细胞介素、重组链激酶、重组人碱性成纤维细胞生长因子和重组人胰岛素等。

动植物资源为生物新药的开发提供了不竭的物质基础。例如，2005 年初美国科学家研究发现，菊科茼蒿属小白菊的提取物，不仅能够摧毁急性骨髓性白血病细胞，而且能够有针对性地消灭引发急性和慢性骨髓性白血病的干细胞，因而可望研制出从根本上治愈白血病的新药①。

4. 新型疫苗

(1) 从经典疫苗到新型疫苗

按照巴斯特(Louis Pasteur)的定义，疫苗(Vaccine)是一类由病原微生物制成，经过物理化学方法使其失去致病能力，但能诱导机体产生抗这种病原微生物感染的免疫能力的物质。新型疫苗是相对于经典疫苗而言的。综观疫苗研制生产历史，疫苗发展正在经历第三次革命：

• 第一次疫苗革命：自琴纳的牛痘苗问世到 20 世纪 90 年代的经典疫苗。

• 第二次疫苗革命：在 20 世纪 80 年代前后发生的，以分子生物学为基础的乙型肝炎病毒基因工程疫苗。

• 第三次疫苗革命：以 DNA 重组技术为基础的 DNA 疫苗。

在经典疫苗阶段的后期，组分疫苗或结合疫苗开始出现；在分子生物学的推动下，一个新的领域才开始出现：从多肽疫苗到重组疫苗。从经典疫苗研究中发展起来的生物化学技术意义上的多肽疫苗，到利用基因工程技术在原核系统制备的重组多肽疫苗，有人称之为疫苗研制从被动技术转向主动技术阶段的跨越。这个跨越实现了人类通过有目的地操纵基因来实现疫

---

① “小白菊提取物可治白血病”，《科学时报》，2005 年 3 月 4 日。

苗研制的设想。

基此，由基于分子生物学的第二次和第三次疫苗革命所带来的重组疫苗和核酸疫苗，可称为新型疫苗；也可以称其为“生物疫苗”。

(2) 新型疫苗的类型

按疫苗使用对象，新型疫苗可分为新型人用疫苗和新型兽用疫苗。但通常按疫苗技术平台的发展阶段来分，据此有以下三大类型。

① 重组疫苗

重组疫苗是根据免疫学中抗原概念的分析所确定的，利用各种途径在体外或体内表达产生，并可对机体产生抗原刺激作用的一类蛋白分子。它是在多肽疫苗的基础上，借助基因操作技术而发展起来的一个新的平台。到目前为止，全世界广泛使用并已取得明显预防效果的重组疫苗只有乙型肝炎病毒疫苗。包括最近开发应用的重组禽流感灭活疫苗等预防效果也不理想。随着分子生物学的发展，这一平台尚在进一步拓展，如拓展到植物基因工程领域，则使重组疫苗的理论和技术跨越动植物界限，从而形成更诱人、更具吸引力的领域：转基因植物重组疫苗。

② 核酸疫苗

核酸疫苗是指包括 DNA 和 RNA 两类大分子的抗原基因编码序列作为发挥疫苗功效的特定分子的统称。由于 RNA 分子在作为疫苗使用时，存在成本高，运输、保存、使用的稳定性差等一系列问题，因而现实中的核酸疫苗主要是指 DNA 疫苗。DNA 疫苗作为疫苗发展过程中新的技术平台，具有诱导有效免疫反应，较低成本，运输、储存方便，安全可靠等优点，在经典疫苗和重组疫苗难以解决的重型传染病方面具有较大潜力。

③ 其他新型疫苗

疫苗的使用仍主要集中在预防某种传染病发生的范围，但这一概念在生物经济成长阶段的今天已有新的拓展。拓展一：不再局限于针对某一种特定传染病的预防，而可以在一个单一的剂量中包含两种或两种以上特定传染病的疫苗抗原；拓展二：不仅局限于预防传染病，还可以在治疗传染病中发挥作用，乃至对一些非传染性疾病发挥治疗作用。拓展二使疫苗作为预防传染病专制品的概念发生了革命性变化，它可以成为一种兼具预防和治疗双重作用的生物制品。

拓展二给新型农业体系中“农业”概念的拓展提供了有益的启示。正如时至今日，如果有人还认为疫苗只是预防传染病，那么就不能认为其顺应了时代发展潮流一样，到了生物经济时代成长阶段，再认为“农业”仅局限于传统的常规农业范畴，那么也就不认为其站在时代的前沿并具有超前的发展理念。

由上述两个拓展，我们便不难理解，其他新型疫苗包括了新型联合疫苗和治疗性疫苗：

• 联合疫苗，是利用两种或两种以上的疫苗抗原，采用联合、结合、混合或同时使用等形式进行免疫接种，以预防多种或不同血清型的同源病原体引起的传染病的一种免疫手段；是指将两种或两种以上疫苗抗原在各自完成其半成品的制备后，根据相互配伍后可能产生的各自都具有最好免疫效果的免疫学分析而确定的组合方式，利用物理方法制备的一种疫苗混合制剂，以达到预防由不同病原体所引起的传染病目的。联合疫苗早已有之，如百、白、破三联疫苗，流行性感冒疫苗等。新型联合疫苗的基本原理类似于联合疫苗，是在联合疫苗的基础上，更侧重从完整的疫苗有效性和安全性角度来进行设计和研制的疫苗。

• 治疗性疫苗，是指超出于传统概念中的对传染病具有预防作用的，主要针对一些慢性感染、肿瘤、自身免疫功能紊乱、过敏性疾病等具有治疗意义的疫苗类生物制品。其使用对象是少数患病的个体，而非健康人群。

(3) 新型疫苗在新型农业体系中的开发前景

健康是人类永恒的主题，新型疫苗的开发应用与农业、人类健康休戚相关。中国市场目前占主导地位的仍然是常规的减毒疫苗或灭活疫苗，除乙肝疫苗外，新型疫苗市场占有率不大，但拥有巨大的市场拓展空间。随着生物经济时代医疗模式由治疗模式向预防模式的转变，疫苗市场将更加巨大。如抗肥胖疫苗、戒烟疫苗等“抗性”新型疫苗，都将由于巨大的市场需求预计不久就会被成功研制出来，并投放市场。

例如，中国科学院上海植物生理生态所利用烟草花叶病毒作为表达载体应用于植物反应器研究，用该方法大规模表达口蹄疫病毒表面抗原多肽，制备出高效、安全、廉价的重组口蹄疫疫苗。据美联社报道，美国科学家已加紧研制出了预防埃波拉病毒的实验疫苗。埃波拉病毒感染者死亡率极高（非洲 90%），美国当局担心它被用作生化武器，出于反恐需要，加紧了该疫苗的研制。研制所采用的就是最新的 DNA 技术，已成功地进行了动物实验，2003 年 11 月进行了志愿者人体实验，目前正在评估该疫苗在人体内的安全性①。国际上曾加紧研制的抗非典（SARS）疫苗也是一种 DNA 疫苗。

2003～2005 年在亚洲部分国家乃至全球性发生的由 H5N1 病毒导致的高致病性禽流感，给新型疫苗的研制造成巨大阻力。研究人员已着手研制抵抗 H5N1 病毒引发的人类新型流感的疫苗，美英等国科学家已初步研制出应对 H5N1 病毒的"疫苗原型"。世卫组织称，现有的原型疫苗已通过基础检测，以确保其在鸡等家禽中使用时的安全性和有效性。这种原型疫苗已通过基因稳定性、抗原（刺激免疫反应）有效性等测试。与抗非典疫苗不同，针对禽流感引发的人类新型流感的疫苗短期内有可能研制成功②。

5. 动植物组织和器官克隆

动植物组织和器官克隆对优良品种繁育、主副产品生产以及动物健康医疗具有促进作用。此以人体器官克隆及移植为例，来说明动植物组织和器官克隆的应用前景与潜在意义。

人体器官移植包括同种器官移植和异种器官移植；而后者又包括带有人类基因的克隆动物器官移植。从含有人类基因的克隆动物中获得人类器官移植所需的器官，可使外源性动物器官更好地与人类基因组匹配，从而减少排异反应。

人体器官移植正在形成产业，仅异种器官移植一项，据华尔街的投资公司所罗兄弟公司（Salomon Brothers）估计，到 2010 年，全世界将有 45 万人受益于外源性器官移植；新的器官产业市场价值可能会超过 60 亿美元[6]。人体器官移植供体的最佳来源，除来自人体器官克隆或捐献外，就是带有人

---

① 中国新闻社："美研制出预防埃波拉病毒疫苗，开始首次人体实验"，http://www.focus.cn，2003 年 11 月 19 日。

② "美禽流感疫苗通过人体试验"，《北京晚报》，2005 年 8 月 8 日，第 36 版。

类基因的动物，其中猪被认为是最合适的供体之一，因为转人类基因的猪器官移植可以减少人体对器官的排异反应。一些研究人员甚至希望超越目前的“器官移植”思维，进入“器官制作”时代。即用特定的生物塑料作为特定组织或器官结构的精密构架床，一旦“种入”的干细胞生成组织或器官，这些相容性构架床就会被降解，与其他组织衔接无缝。

现代生物技术可望使无头人的克隆成为现实，从而使人的同种克隆器官移植成为可能。由于这种克隆没有头及神经系统，因而可以绕开一般法律的限制，避免涉及与人胚胎相关的伦理问题。英国巴斯大学发育生物学家斯莱克(Jonathan Slack)的研究小组早在1997年就在人工玻璃子宫中通过对蛙胚胎的某些基因的操作，成功地获得了相同基因能表达相同功能的无头活蛙[6]。虽然听起来有点令人不可思议或者毛骨悚然，但也为未来实现人体器官克隆开启了另一扇希望之窗。

6. 动物“抗体工厂”与“微生物工厂”

(1) 动物“抗体工厂”

抗体是生物体免疫系统产生的特殊蛋白质，它能够附着在抗原蛋白上，帮助机体识别并抗击细菌或病毒的侵袭。抗体可以用作检测与特定疾病相关的抗原蛋白的手段，对疾病进行诊断和治疗；作为分子生物学的细胞生物学分析工具，可应用于食品和环境分析。

用传统方法生产抗体成本高、数量少、速度慢。利用克隆动物“抗体工厂”来生产抗体，不仅速度快，而且还可以根据需要生产出针对某个生物完整基因组所编码的任何蛋白质的抗体。其一般步骤是：首先克隆某个基因，然后获得该基因编码的蛋白质并进行提纯，再将蛋白质注入动物体内。

据报道，2003年，美国得克萨斯大学西南医学中心研究人员成功地使实验鼠变成了能够快速制造抗体的“工厂”，其产出抗体的速度比传统实验室技术快10倍①。利用动物来生产抗体的传统方法通常要耗时几周，而动

① “美国利用新技术使动物成为高效抗体工厂”，http://www.most.gov.cn/index.jsp，2003年8月17日。

物“抗体工厂”新技术对遗传免疫技术进行了改进，使动物体内制造抗体的效率和质量都有了显著提高，只需几天即可获得抗体。此外，该技术还有两个新的特点：①可以通过化学手段合成基因，然后把该基因直接注入动物体内；②可以多个基因同时注入。

(2)“微生物工厂”

“微生物工厂”的生产原理就是利用基因改造的微生物作为宿主菌来生产重组蛋白质。此以干扰素生产为例，来说明“微生物工厂”的生产原理及应用方向。

干扰素是在免疫系统的各种细胞中合成的蛋白质。它一旦与受体结合，便作为信息因子启动免疫反应。干扰素能够用于癌症的治疗，还可以治疗流感、肝炎、麻疹等由病毒引起的疾病。按照传统的制备方法，干扰素只能从人血中提取，300 升血液才能提取出 1 毫克，成本可谓巨大。利用基因工程方法，可将生产干扰素的基因转移到大肠杆菌中，使大肠杆菌能够制造干扰素，结果从每升培养液中便可得到 20～40 毫克的干扰素。同理，用于治疗糖尿病的胰岛素、治疗侏儒症的人体生长激素等，也可采用基因工程的方法，让“微生物工厂”来生产。

7. 中药标准化

(1) 中药标准化的概念与中药的特点

中药标准化(Chinese Native Medicine Standardization)是指：按照国家有关药品生产管理法规和国际通行标准，对中药的质量、安全性、有效性建立一套科学的评价标准，并在其生产、销售、使用中严格执行[8]。中药标准化是中药现代化和国际化的基础与前提，包括药材标准化、饮片标准化和中成药标准化。

其实，中药标准化自古有之，如《神农本草经》可算作最早的中药标准；李时珍的《本草纲目》是中药学标准规范的深化与集大成。但是，之所以重提并特别强调中药标准化问题，主要是基于现代生物技术的发展；基于目前中药缺乏一套完整的可被国际社会公认且规范的质量标准。后者与中药的特点及我国传统的科技文化有关。因为，西药为化学合成品，多为单体，是近现代科技发展的产物;而中药多采用复方,采用“望、闻、问、切”辩证施治的思想方法。即便是单味药,中药的化学成分也很多,难以准确地确定其有效成分、疗效机理和作用机制。

(2) 中药标准化的现代生物技术可能与历史性机遇

中药的标准化问题是中药走向国际化更大市场的“瓶颈”。生命科学研究的进展和日益发达的生物技术为中药成分与作用机理的解密、中药标准化的制定,进而开拓广阔的世界市场,打下了坚实的理论与技术基础,为中药标准化问题的解决带来了历史性机遇。生命机理研究、生物技术和分析手段的不断突破,特别是系统生物学的发展,为从基因及分子水平上解决中药标准化问题提供了可能。反之,若一任采用过去传统的观念和方法,中国的中药国际化就可能会面临更大的挑战,甚至遭到灭顶之灾也不无可能。有专家预计,一旦到中西医理论、单味与复方理论发展到调和之后,再来推动中药标准化或所谓“中药现代化”可能为时已晚,因为到那个时候,中草药也许已不再被世人称为“中”草药,而为别的国家所取代[8]。

实践初步证明,采用现代生物技术实施标准化的思路与策略是可行的。例如,为制定当归、黄芪的鉴定标准,科学家利用分子生物学手段找出了当归、黄芪及其各种混合物的 5S-rRNA 基因序列并加以比较,在 DNA 水平上建立了当归、黄芪的鉴定标准;同时利用先进的仪器分析手段,建立了当归、黄芪化学成分的指纹图谱[8]。

合成药物毒副作用大,且容易产生抗药性;而作为天然药物的中药,绝大多数是植物产品,正可克服或明显缓解上述不足,且符合人们“回归自然”的健康心理。这就为中药开发的人性化与“亲和性”以及国际市场开拓打下了资源与心理基础。只有具备生物经济的理论与技术基础,加之资源与心理优势,中药标准化方可成功。

四、资源环境系统的内容及其发展方向

新型农业体系资源环境系统的内容主要包括:抗性植物、生物能源、工业原料替代作物、生物材料、生物肥料、生物治理与降解、植物找矿与细菌冶金、新型生物催化剂、新型物种、生物遗传资源。

1. 抗性植物

(1) 抗性植物的界定

抗性植物是指利用转基因等技术使植物产生新的抗逆或抗病虫害、抗除草剂等特性，从而增加对环境的适应性或节省资源投入量，或通过减少农药、化肥用量而对环境产生“绿色”效应的植物。它不仅包括粮食作物，也包括如转基因抗虫棉、转基因烟草等经济作物，以及转基因蔬菜瓜果等其他植物。

(2) 抗性植物的主要类型

- 抗逆植物：含抗盐碱、耐旱或节水、耐寒、耐高温等基因的转基因植物；
- 抗病虫害转基因植物；
- 抗除草剂转基因植物。

(3) 抗性植物的研究与发展

利用转基因技术可以培养出多种类型的抗性品种。下面分别以抗病虫害、抗盐碱、耐旱、耐寒、耐高温等转基因植物为例，来说明抗性植物的开发原理与应用前景。

① 1988 年，中国科学家人工合成抗黄瓜叶病毒的基因，并把这一基因引入到烟草等作物的细胞中，得到了抵抗病毒能力很强的作物新品种。

植物中原本就存在抗病害和抗环境压力的抗性基因。据 2004 年 2 月 26 日版《自然》，英国布里斯托尔大学和牛津大学的研究人员从拟南芥中分离和表征出 OX11 基因，该基因被证实能够提高植物抵抗真菌感染的能力，并能帮助根系在贫瘠的土壤中生长。这项新发现与以往发现的不同之处在于：新发现的基因同时关系两种压力状况——病害和恶劣生存条件。该发现还揭示出：类似于 OX11 的基因也可能存在于其他有机体当中；可望通过它更深入地了解植物如何抵抗病害、如何适应环境；从长远角度上来讲，也有益于人类的医疗应用。从该项研究中可以得到启示：原来植物与人类健康之间在分子水平上存在许多共通之处，为我们提出的把“自然人”纳入到新型农业体系提供了一个佐证。

② 科研证实,可以从特定的植物中克隆出抗盐碱基因,然后将该基因转入到其他植物中,从而使其他植物具有较强的抗盐碱能力。这项技术的推广应用,可望使盐碱地变绿洲,对于扩大盐碱地种植范围,提高盐碱地作物产量,保护与美化环境都具有重要意义。因为盐碱地是地球陆地上分布极广的一种土壤,土壤中的盐分过高,会破坏植物细胞结构,并使细胞中的酶失效,从而造成植物脱水而死。

法国国家农业研究所的科学家与日、美科学家合作的一项研究[①]发现,在拟南芥中含有可抵抗过多盐分侵袭的基因,并认为,如果将该基因转到农作物中,那么,农作物就可以在高盐分的土壤中生长。他们的研究证实:拟南芥能把叶子中过多的盐分通过茎送回根部,再由根部将这些盐分排除。拟南芥根部的内胚层细胞中的一些物质非常敏感,不能接受过多的盐分,当盐分过多时,这些物质就激活一个名叫“AtHKT1”的基因,从而启动排除过多盐分的运输机制。该基因包含对拟南芥的运输蛋白下达指令的密码信息,而这种蛋白可以有选择地运输那些多余和有害的元素。

无独有偶,厦门大学生命科学学院的研究人员用 mRNA 差别显示技术,从一种名为白骨壤的红树林植物中分离出耐盐基因,经过分子改造后,将其成功地转入烟草基因组中,培育出了 11 个转基因品系。转基因植株在盐分 2%(NaCL)和全海水配置的培养基中成活率达 80%～90%[②]。由于长期生长在盐度高的海岸地带,红树林植物已演化出一套有别于陆生或淡水生植物的适应机制,是公认的耐盐性强的高等植物,因而被选为研究开发对象。该成果对于将特定植物中的耐盐基因转入其他农作物,促进沿海滩涂和盐碱地农业开发及生态环境建设都具有启发意义和重要作用。

③ 同抗盐碱基因的原理一样,一些植物中存在耐寒基因。如果克隆出耐寒基因,并将其转移到农作物或草坪中,则这种转基因农作物或草坪就会提高抗寒能力。这一原理已于 2003 年被日本北海道大学教授藤川清三在札幌举行的日本植物学会年会上发表的成果所证实。当气温在－10℃以下

---

① “科学家在拟南芥中发现抗高盐分基因”,《科学时报》,2003 年 7 月 24 日。

② “我国培育出耐盐转基因烟草”,《科学时报》,2004 年 3 月 25 日。

时，草本植物内部水分冻结，细胞会因此死亡，而亚寒带树木在气温达－100℃时仍能存活。研究人员选取亚寒带植物山桑子为研究对象，发现该植物树皮细胞的小细胞蛋白质“WAP27”只在冬天储存，于是，在冬天寒冷的环境下，将可合成这种蛋白质的基因植入到荠菜中，结果使荠菜的抗冻能力提高了1～1.5℃，在－8～－9℃的情况下可以正常生长①。

④ 日本九州大学研究生院射场厚教授领衔的研究小组，利用转基因技术培育出了耐高温植物，这种植物可在近50℃的环境中正常生长。他们认为，在植物叶子的不饱和脂肪酸中有一种物质，在气温升高时使植物光合作用活动迟钝，引起植物枯萎。如果将阻止这种不饱和脂肪酸形成的遗传基因转移到植物中，植物便具有抗高温性。科研小组从一种荠草中取得这种遗传基因片段，把它植入烟草的基因中。普通烟草的适宜生长温度为25℃左右，如果高于25℃其光合作用就会减慢；若超过35℃，烟草就会枯萎而死亡。经过这种遗传基因置换的烟草在47℃的高温环境中仍生长良好，而普通烟草在这个温度下3天内就会枯死②。抗高温植物的培育成功，可保护诸如小麦、高原蔬菜等不耐热作物，使之免受高温之害，或扩大它们的适宜种植区域，对于解决部分地区食品短缺问题具有重要价值。

2. 生物能源

(1) 生物能源的界定及其优缺点

生物能源是指通过动植物和微生物生命体及其衍生、制备而得到的能源，是太阳能以化学能形式储存在生物中的一种能量形式。在传统的观念中，它又被简称作为“生物质”。随着现代生物技术的突破，生物能源的概念有所拓展，已超出“生物质”范畴。准确地讲，生物能源是指各种可直接用作燃料的生物质本身和由生物质加工制备的燃料。前者称为初级生物能源；后者称为次级生物能源，主要包括沼气、酒精、生物柴油和生物制氢。

人类能源消耗与日俱增，地球上的化石能源不久就将枯竭。传统的化

① “日本学者发现植物耐寒机理”，《科学时报》，2003年9月29日。

② 生物资讯网：“转基因技术培育出的耐高温植物”，http://www.bio168.com/news/200410/2764.html，2004年10月8日。

石能源是由生物质经过漫长的地质作用转变而来的，不可再生。有人预言，取而代之的将主要是生物能源。生物能源不仅是一种可再生能源，而且是洁净的可以综合利用的"绿色"能源。这归功于植物巨大的光合作用潜力及其与现代生物技术的结合。

作为初级生物能源，生物质能(Biomass Energy)是指蕴藏在生物质中的能量，即绿色植物、藻类和光合细菌，通过光合作用将太阳能转化为化学能而贮存在生物质内部的能量。它是一种可再生能源，主要包括木材及森林工业废弃物、农林作物及其废弃物、水生植物、油料植物以及其他有机废弃物。生物质所含能量的多少与下列因素有密切的关系：品种、生长周期、繁殖与种植方法、收获方法、抗病抗灾性能、日照的时间与强度、环境的温度与湿度、雨量以及土壤条件等。

生物质能的主要优点是：容易燃烧，价格相对较低；将有机物转化成燃料，污染较少。但也有许多缺点：一是热值及热效率低，直接燃烧生物质的热效率仅为10％～30％；二是单位土地的有机物能量偏低；三是体积大而不易运输。因而，传统的生物能源利用受到很大限制，迫切需要新的开发战略和利用方式。

(2) 生物能源的拓展领域

早在20世纪70年代，次级生物能源便进入商业应用。如巴西和美国从1975年开始利用甘蔗汁和玉米淀粉水解物生产工业乙醇，以部分或完全代替汽车燃料[1]。目前生物能源的主要利用形式有：直接燃烧利用；物化转换，含干馏、气化制生物质燃气、热解制生物质油；生物转化，指在微生物或利用遗传工程创造的"工程菌"的作用下生产沼气、酒精等；液化。未来生物能源拓展或强化利用领域主要包括：生物制氢、生物柴油、生物燃油、细菌电池和生物节能等。

① 生物制氢，是指以碳水化合物为主的高浓度有机废水为原料，通过发酵法生产能源的一种新途径。与传统的电解水法和天然气裂解法不同，生物制氢不仅可节省大量的水、电、矿物资源，而且为解决工业污水处理及回收利用开辟出一条新途径，符合生物经济"人本化"特征及可持续发展要求，被誉为世界能源结构由不可再生的"碳氢化合物"模式转化为"碳水化合

物”模式的战略途径，对于改善能源结构、清洁环境具有战略意义。

② 生物柴油，是以植物或动物油脂为原料制成的石油替代品。用来制备生物柴油的原料非常广泛。其来源既可以是大豆、油菜籽、玉米、棉籽、花生、葵花子、甜高粱等农作物，也可以是棕榈、黄连木、椿树、盐蓬子、光皮树等木本油料作物，印度的麻风树也是可列入此类的一种野生灌木；还可以是猪油、牛油、鱼油等动物油脂及食品废油。利用遗传工程创造的多功能“工程菌”，通过分解纤维素、木质素等生产酒精，可将工农业生产过程中的木屑、秸秆等变废为宝。

发展生物柴油对于实施石油替代战略、减少环境污染具有全球性战略意义。对于中国来说更具有特别重要的意义，表现在：第一，加强国家石油安全，可以缓解石油消费持续大幅提高、储备不足、长期依赖大量进口等供需矛盾；第二，充分利用山丘土地和林业资源、农副产品及传统废弃物，发展新型农业第三次拓展体系产业，拓宽农民的收入及就业渠道。

③ 生物燃油，是指在柴油中添加各种植物酯的燃油。它对于减少对化石能源的依赖、改善大气质量具有重要作用。与普通柴油相比，在柴油中添加30％油菜酯含量的“柴油酯”[①]可使汽车温室气体排放量减少23％；与汽油相比，可减少71％。但是，目前使用生物燃油的成本远高于直接使用柴油或汽油，因而，采用新技术及其应用体系以降低成本，调控能源政策以促进环境保护，应是研制开发和推广使用生物燃油的两大举措。

④ 细菌电池，是指以特定细菌为原料制成的电池。目前它发挥的能源作用的确有限，但是，正如为解决“摩尔定律”危机而研究DNA计算机，为计算机未来开启了一道“天窗”一样，关于细菌电池的前沿性研究，同样为未来的能源开发利用开启了一道“天窗”。细菌电池研制开发的先驱当属德国格赖夫斯瓦尔德大学的一家实验室，研究人员发现，有一种专“吃”碳水化合物的大肠杆菌，能在无氧环境下将碳水化合物转化成酒精、碳酸气和氢气。据此，研究人员在实验室中制造出以这种大肠杆菌为原料的电池[②]。目前，

---

① “法国专家呼吁推广使用生物柴油”，《科学时报》，2003年3月11日。

② “制造过程可见：大肠杆菌造电池”，《科学时报》，2003年7月22日。

此类能源形式的市场容量和潜力尚不明朗。

⑤ 生物节能，生物能被国际能源界广泛誉为与煤、石油及天然气、水能、核能四大能源并列的“第五大能源”，而且属于纯粹“无污染”的能源。中国单位产值的能耗普遍偏高，因而含生物节能在内的节能，对于未来能源开发与利用同样具有战略意义。

(3) 生物能源在新型农业体系中的开发应用前景

21 世纪前 25 年，中国面临经济快速增长、能源紧张以及环境保护等多重压力，改变能源生产和消费方式，利用分子标记等技术培育高产、高油且环境适应性强的能源作物新品种，深度开发生物质能以生产氢、酒精、生物柴油等可再生清洁能源具有战略意义。

从理论上讲，自然光照条件下太阳光能转化率为 18.7%～28%，而目前最好的光电池的能量转换效率只有 10%～18%[9]。据理论推算，全球每年通过光合作用固定下来的生物质能是全世界全年能源消耗量的十倍。中国目前每年秸秆量约 6.5 亿吨，到 2010 年将达 7.3 亿吨，相当于 5 亿吨标准煤，若加上柴薪、林业废弃物等，年生物质资源达 6 亿吨标准煤以上；扣除用作饲料和其他原料部分，可开发利用的生物质能源可达 3 亿吨标准煤①。在能源消费结构上，目前生物能源所占比例还很小，如美国生物能源也仅占总电力供应的 0.6%。可见，生物能源开发与利用潜力巨大。

德国、法国、美国等都将开发生物能源提到战略高度，并从政策上给予支持，计划大幅度提高生物能源的使用比例。德国可再生能源委员会总协调人 N. El. 巴萨姆(N. El. Bassam)教授在第二届国际农业可持续发展会议上提出，“德国将在未来 20 年内逐渐关闭所有的核电站，取而代之的是可再生能源，而可再生能源家族中现实可行的能源是生物能源”[9]。法国能源结构中的生物能源比例增长迅速，政府规划到 2010 年以生物能源为主的可再生能源产量比例将达到 50%；针对目前生物能源成本高于石油，政府将对生物能源的推广提供财政支持。2004 年法国农业部长称，用生物能源替

① 郑金武：“可再生能源：发展中国的现实选择”，《科学时报》，2005 年 7 月 18 日。

代煤、石油等传统能源，几年后可为法国每年节省 1100 万吨的石油进口①。2000 年，布什政府通过了“生物质研发法案”；2002 年，美国能源部和农业部联合提出了《生物质技术路线图》政策报告，报告提出了美国生物质能源开发目标：到 2020 年生物质能源较 2000 年增加 20 倍，达到能源总消费量的 25%；2050 年再在 2020 年基础上增加两三倍，占当时能源总消耗量的 50% 左右②。据《今日美国》(2001 年 2 月 1 日)刊载文章，“石油的能源之王的地位也许不久就会遭到废黜，农田作物有可能逐渐取代石油，成为获得从燃料到塑料的所有物质的来源，‘黑金’也许会被‘绿金’所取代”，“在今后的 25 年，工业农场主将种植出足够的燃料”。25 年后，正是人类迎来生物经济的时代，也是人类能源将发生质的革命的时代，有人称之为“生物能源的新时代”。

生物能源的成本目前较之石油偏高，是生物能源开发与推广应用的主要难点。随着化石能源的耗竭与技术的进步，化石能源与生物能源之间的性价比将会迎来“此消彼长”的局面。

3. 工业原料替代作物

工业原料替代作物是利用作物秸秆、木材和其他农林初级产品来生产过去通常由矿产提供的工业原料。它们与利用生物质能制氢或柴油等能源资源存在一定的重复交叉。利用植物体为原料生产塑料、纤维等，较之化学合成产品更易于降解，并且用后废弃物的处理时间短，不会对环境造成污染，体现出生物经济时代新型农业的环境友好、可持续发展等“人本化”特征。

生物塑料既是一种产品，也可作为工业原料。除具有一些特殊性能外，生物塑料最主要的优点就是取自天然，具有环境友好、少污染、易处理等特点。例如，以从玉米中提取的聚乳酸为基本原料研制出的塑料，可以用来制

---

① 新华社：“希拉克总统强调法国应加速发展生物能源”，《世界科技研究与发展》，2004 年，第 5 期，第 102 页。

② 石元春：“发展生物质产业”，《科技日报》，2005 年 3 月 2 日。

造电子设备的外壳或包装材料①。由于这种植物原料塑料在废弃后易于通过微生物处理和氧化，最终分解为二氧化碳、水及无机物质，不会对环境产生危害。此外，由于该材料中不含卤素物质，因而即使在焚烧时也不会产生二噁英等有毒气体。

德国注重发展"工业作物"种植业，即通过种植可以生产矿物能源和化工原料替代品的经济作物，从中提炼新能源和化工品。德国把这类经济作物叫做"能源作物"，这种能源作物的种类在德国虽然不是很多，但已显示出强大的生命力。首屈一指的是油菜籽，它是德国目前最重要的能源作物，不仅可以用来提炼化工原料，还可提炼植物柴油。这种植物柴油是代替矿物柴油的重要动力燃料。此外，马铃薯和玉米等也是重要的能源作物。用能源作物还可以生产洗涤剂、黏合剂和染料等，因其具有特殊的环境友好效应而在市场上日益走俏。

林木种类繁多，年产量巨大，是一种可再生资源，如能开发利用得当，不仅可提供木料，或用于造纸和维生素工业，用于传统的生态环境保护，还可用来生产化学原料，包括发酵的原料[1]。

4. 生物材料

(1) 生物材料的界定与类型

利用生物体和生物生长机理研制生产的材料，称为生物材料(Biomaterials)。广义的生物材料包括一切与生物体直接相关的应用材料和由生物体合成的材料。生物材料按其来源分为天然生物材料和人工生物材料；按应用领域可分为：生物农用材料、医用生物材料、生物工程材料、仿生材料。

生物农用材料具有环境友好的特点，随着生物技术的发展将得到进一步应用。其中生物可降解材料可以被生物重新利用，能够被降解，产物是二氧化碳和水，因而最能体现生物经济时代人与自然协调等特征。医用生物材料具有与人体相容性特点，使用后可与人体融为一体，或成为新功能的一部分。通过组织工程等技术生产的人类组织或器官以及与人工生理环境相

① 刘英："日本开发出生物塑料技术"，《中国化工报》，2002年7月13日。

接触的医疗用具和制品也可纳入到医用生物材料范围。以上两种材料与新型农业的关系非常密切。仿生材料模拟的对象即为生物本身。作为传统与现代技术相结合的产物，仿生材料将在生物经济时代得到进一步开发和利用。

（2）生物材料的开发应用前景

在工业经济时代，石油一直是生产塑料的主要原料，但不久的将来石油就会耗尽。随着生物技术的进步，利用植物和微生物机能，不仅可以生产塑料和纤维，而且能够逐步达到经济规模化要求。如英国帝国化学公司（ICI）已经开发出一种能生产包括不同弹性等各种性能塑料的细菌，所生产出的塑料，不仅具有同石化塑料树脂一样的功能，而且可以 100% 被生物降解[6]。美国军方正在研究开发一种类似蜘蛛丝一样坚韧的材料用以装备部队早已不是什么秘闻。研究人员已发现类似于蜘蛛产丝的基因，并将其导入细菌，希望能在大桶里培养这种携带产丝基因的细菌，收集细菌所产的蛛丝，用来生产和制造从飞机零件到防弹背心的多种产品。

5. 生物肥料

（1）生物肥料的界定与类型

生物肥料，又可称为微生物肥料，或称菌肥，是指以特定微生物生命活动导致农作物得到特定的肥料效应，从而促进作物生长或产量增加，或提高产品品质的生物制品。

生物肥料一般可分为：①直接提供养分的肥料，如固氮根瘤菌；②促生、抗病微生物肥料，如植物根圈促生细菌；③微生物与营养物质复合肥。

（2）生物肥料的开发进展

生物肥料具有肥效高、生产成本低、环境友好等优点。在减少化肥使用、农作物废弃物和垃圾腐熟与利用、土壤环境净化、降低病虫害发生、提高农产品营养品质及食品“绿色化”等方面具有显著功效，因而，生物肥料必将随着生物经济时代“人本化”理念的推行而得到进一步开发和广泛应用。

中国传统农业的农艺水平较为先进，在生物肥料的研制与应用方面处于国际先进水平。表现在：①生物肥料种类较多，如固氮菌剂、硅酸盐菌剂、溶磷菌剂、光合细菌菌剂、有机物料腐熟剂、微生物产气剂、复合菌剂、复合生物肥;②生物肥料所用菌种不断扩大,包括多种根瘤菌、自生联合固氮微生物、纤维素分解菌等在内的共计约 60 种;③初步建立了生物肥料的生产标准和质量体系,已形成一定产业规模,到 2001 年全国生物肥料厂家已达 350 个[3]。例如,黑龙江省大龙生态肥股份有限公司与上海华东理工大学等合作,共同研制开发出年产 20 万吨生物菌剂、30 万吨生物有机肥的大型生产线。生产的生物菌剂和有机生物肥,各项指标均高于国家标准,可满足 1000 万亩 A 级、AA 级绿色食品的用肥需要,为黑龙江省发展生态农业和绿色食品提供了基本保障①。

生物肥料开发新的进展表现在以下三个方面:其一,揭示出部分生物肥料的作用机理;其二,融生物肥料与有机肥优点于一体,将不同功效的菌种进行组合以达到复合或联合菌群协同共生作用;其三,采用现代生物技术对菌种进行诱变、改造,提高其生产与抗逆性能。

6. 生物治理与降解

(1) 生物治理与降解的含义及其拓展

生物治理与降解是指利用植物和微生物,吸收或降解环境中的污染物质,并将其转化为可利用的物质资源或肥料,或使其无害化。

植物和微生物具有吸收有毒化合物和金属的性能。利用基因工程等技术对一些植物或微生物进行筛选、改良或培养,使其性能更强,更具有针对性,将这种具有特定性能的植物或微生物"种植"在受到污染的土壤里,通过它们把土壤中的污染物质"收集"起来,可以达到清除土壤污染的目的。如果针对的是贵重金属,还可以对金属加以回收利用,一举两得。在地球化学循环中,微生物发挥了重要作用,它们种类繁多,参与了许多化合物的降解。基因工程技术可使微生物降解能力得到新的发展,从而提高对污水、污泥及土壤、空气污染的处理能力。如用遗传工程霉菌、细菌和藻类等作为"生物

---

① 新华社信息中心:"我国最大的生物有机肥生产线试车成功",http://www.jgny.net/news/200205/60.htm,2002 年 5 月 28 日。

吸收"系统,来捕获包括汞、铜、镉、铀、钴等污染金属或放射性元素。再如,将嗜油酸单孢杆菌的耐汞基因转入腐臭单孢杆菌,该菌株能把汞化物吸收到细胞内,用以处理污水,不仅能够解决汞污染问题,而且同时回收汞金属。美国一家生物技术公司基因组研究所(Institute for Genomic Research)已成功测定出一种可吸附大量放射物的微生物的 DNA 序列,正在研究通过该编码"吞铀途径"的基因设计一种新的生物方法,用以清理含有放射性废料的场地[6]。

(2) 生物治理与降解的开发应用前景

农作物秸秆处理是规模化农业面临的一个难题。直接焚烧是浪费资源又污染环境的原始做法。由哈尔滨工业大学于 2002 年研制开发的农业废弃物综合利用的实践证明,利用生物工程可在 30 天内将秸秆等易腐物降解为有机肥料。该方法的思路是:从松嫩草原、大兴安岭等地收集对纤维素、木质素具有较强降解能力的优良菌株,通过测定和筛选,选择优良菌株进行纤维素、木质素降解菌不同培养方式研究,获得由微生物菌种、菌株组成的活菌,每克活菌数大于 1 亿,能在 30 天内将秸秆等降解为优质有机肥①。

除利用转基因等技术对植物进行修饰或改造外,添加新细菌都可以使植物抗污染。通常植物和细菌都不能适应严重污染过的土壤,甚至会很快死亡。研究认为,如果在黄羽扁豆中注射添加一种具有分解甲苯能力的细菌,能使该植物降低甲苯的致病能力,则该植物可用来从地下水中吸取污染物质,并将污染物降解。上述通过细菌和植物共同作用来治理污染方法的具体实验是这样的:采集一种通常存在于黄羽扁豆内部的无害细菌;将它们与那些具有降解甲苯能力的细菌混合,黄羽扁豆在与细菌之间的基因融合过程中获得了能降解甲苯的基因,从而使黄羽扁豆能够在受到污染的土壤中茁壮成长,而未经此项改良的普通黄羽扁豆在同样的土壤中无法生存②。通过基因工程技术培育的重组微生物,可以将不同微生物的代谢步骤联合在一起,从而较野生型菌株更好地降解环境中难于清除的化学品,但这种新

---

① "秸秆高效降解转化技术问世",《科学时报》,2002 年 2 月 11 日。

② "添加新细菌,植物抗污染",《科学时报》,www. science. sciencemay. com. 2004 年 4 月 15 日。

的经过遗传修饰的微生物释放到环境中的风险必须经过事先评估。

芳香烃类化合物普遍存在于自然环境中，对人畜有毒害作用，在一般的化学或物理条件下不易分解，也不适于用传统的焚烧和深埋法处理，并且在食物链中有累积效应。2003年，科学家利用从特殊污染的土壤中筛选出的菌种，分离出两种具有很强芳香烃代谢能力的菌株：帕氏氢噬胞菌与类黄氢噬胞菌。它们具有广谱性，对多种芳香烃类污染物具有降解作用。

美国科学家通过基因工程技术，把能够吞噬石油的四种细菌的基因分离出来，集中到一种细菌内，培育出"超级菌"。这种"超级菌"消化石油的速度比其他任何细菌都快得多，几小时便可降解自然菌种需一年才能降解的水上浮油，因而可以用来净化被石油污染的水域。这一单项技术的市场容量也许十分有限，但由此推之，如果构建出能降解樟脑、辛烷、苯等其他有害物质及其组合的"超级菌"，则可用于消除环境中多种有毒有害物质。

7. 植物找矿与细菌冶金

(1) 植物找矿

如前所述，一些植物具有吸收金属的性能。根据特定植物对土壤中金属矿物成分的选择吸收性来判定是否富含某些金属矿物，称为植物找矿。如果将植物找矿方法与思路应用到开发后的尾矿堆放地区，则还可以被用以预测金属，尤其是重金属对土壤的污染状况。研究表明，金属在植物中并不是如通常人们所想象的那样处于分散状态，而是以纳米粒子团(Clusters of Nanoparticles)的形式沉积在植物里。

俄罗斯科学院远东分院发现白三叶草、蒲公英等植物具有选择性吸收矿物中金、钌等多种金属的功能，根据这些植物的生长分布情况，可以协助找到特定的矿藏，或观测土壤中的金属污染[①]。来自澳大利亚、加拿大和巴布亚新几内亚的研究人员在热带地区发现，植物里的黄金浓度可以作为在土壤里寻找新的黄金的一种直接标记。美国得克萨斯大学的科学家实验发现，紫花苜蓿、燕麦都是较为理想的"淘金"植物。

---

① 盖元："特定植物帮助找矿藏"，《科学时报》，2003年7月16日。

(2) 细菌冶金

生物成矿作用广泛存在于自然界，骨骼、牙齿、贝壳以及其他一些坚硬的生物材料是司空见惯的例子。细菌冶金就是利用微生物的成矿作用来形成并开发包括金属、稀有晶体在内的矿藏。细菌冶金的原理是：冶金微生物把矿石中的硫化物等吸入体内，通过氧化作用获得所需能量，同时生成硫酸盐溶液等，从而把矿石中的铜、砷等变成盐溶液“浸”出。可见，细菌冶金是在水溶液中进行的湿法冶金，避免了传统工业冶金中需要采矿、选矿、高温、产生大量 SO_2 等有害气体等复杂且产生污染的弊端。如果通过基因工程技术培养出具有更强能力的“超级菌种”，那么就可望对部分采矿冶金工业的生产方式产生革命性影响。

细菌冶金已成功处理低品位铜、铀矿石尾矿，不仅获得有价值的金属，而且可大幅度降低污染，具有环境可持续发展的特性，可望成为缓解金属矿藏日渐枯竭问题新的“绿色”途径。实际上，许多矿山已采用细菌冶金或微生物浸矿方法。如日本用还原菌炼铜；加拿大用氧化铁硫杆菌从黄铁矿中提金；美国、墨西哥、澳大利亚通过接种硫杆菌从低质量的矿石中浸出金属。2004 年，美国科学家在威斯康星西南部一处废弃铁矿床深处发现了一种能够“制造”细长纳米晶体的新型微生物。从这一发现中可以得到启发：可望通过基因工程定向改造某些微生物，从而提高细菌冶金效率和成矿范围。

8. 新型生物催化剂

(1) 新型生物催化剂的含义

生物催化剂，也就是通常所称的酶(Enzyme)，是一种由活细胞合成的特殊蛋白质，具有加快化学反应的作用。所谓新型生物催化剂(New-type biological Catalyst)是指通过开发酶的新功能、新性质，发现或创造出的新的生物催化剂。

(2) 生物催化剂的特性

① 高效率。酶催化反应的反应速度比其他催化反应高 100～1000 倍。

② 专一性。一种酶只作用于一种或一类底物。如糖苷键、酯键、肽键等都能被酸碱催化而水解，但它们分别需要在具有一定专一性的酶作用下

才能被水解。

③ 易失活。一般催化剂在一定条件下会因中毒而失去催化能力，而酶较其他催化剂更加脆弱，更易失去活性。因而，酶作用需要有比较温和的条件，如常温、常压、接近中性的酸碱度。

(3) 新型生物催化剂的发展方向

大自然存在的酶成千上万，随着研究的深入，越来越多的酶被认识和利用。在生物经济时代的成长阶段，人类在继续发现酶和利用酶的同时，将更加重视对酶进行生物改造，以设计新型的生物催化剂，并用于一些难以实现的反应。

9. 新型物种

(1) 新型物种的含义

新型物种是指为解决能源、环境、生态等问题，采用人工方法，制造自然界并不存在的新物种。该物种的内涵应包括不同的亲缘物种，如栽培水稻与野生稻属于不同的物种。改良或创造某个物种的品种，早在工业经济时代，乃至农业经济时代就已经实现。但是，物种不同于品种，要创造一个新的物种，只有在生命科学与生物技术高度发达的当代才能实现，并可望在生物经济时代真正实现规模化和产业化。

(2) 新型物种在新型农业体系中的开发应用

杂交能否形成新型物种，是一项前沿课题。传统观念认为，基因突变是形成新物种的主要动力。但生物学家认为，新物种的形成由两个过程决定：一是生态选择过程，即动植物的新形态要能够适应变化了的环境；二是性选择过程，即物种的某些特点决定其繁殖几率。因此，杂交可以创造出新物种的形成条件，因而也可能形成新型物种。杂交是物种间常见现象，有自然杂交和人工杂交之分。杂交后代大多是不育的，但只要有极少数的杂交后代是可育的，就可以引起新物种的形成。研究人员用 5 种向日葵进行人工杂交试验，其中 2 种属于常规品种(即一般物种)；3 种属于生长在极端环境(如干旱、沙漠土壤、多盐沼泽)中的极端物种。试验目的是想证明：是否可以通过亲缘物种杂交重现极端物种的特性。结果表明：虽然尚没有发现一株杂交后代表现出全部的极端特性，但均发现有 10 株以上分别表现出 3 种极端物种的各自特性。也就是说，人工杂交过程表明：杂交后代可以表现出大量原始极端物种的特性[10]。

人造微生物属于新型物种。人造微生物不是为研究而研究，而是带有应用目的的一项前沿性应用基础研究。在开拓新的农业领域方面，人造微生物已展露新时代曙光。据 2002 年年底《科学时报》3 篇有关"美计划制造新生物"的连续报道（2002.11.26，12.3，12.14），美国科学家正在创造一种微生物，旨在用作高效的储氢材料。克雷格·温特（J. Graig Venter，人类基因组测序领导者之一）和汉密尔顿·史密斯（Hamilton O. Smith，1978 年诺贝尔生理学或医学奖获得者）正领导一个研究小组实施用人工方法制造微生物的计划，该计划将实现人工制造一种能够用作氢燃料的细菌，或者一种能吸收和存储二氧化碳的微生物，已得到美国能源部资助。在这项计划中，研究人员拟选用"生殖支原体"（Mycoplasma Genitalium）为研究对象。这种寄生在人体内部不引发疾病的细菌只有一条染色体（微小而相对简单的模式植物拟南芥也有五对染色体），其中包含 517 个基因，是已知基因组最小的生物。基本步骤是：首先，用基本化学物质来合成生殖支原体细胞中唯一染色体的 DNA；其次，利用放射方法杀死其遗传物质，代之以人工制造的 DNA。生殖支原体细胞的酶和 RNA 功能虽然得以保留，但其整体的基因结构是由人工合成的。这项研究与新菌株发现截然不同。它与转基因技术也有区别：转基因是从天然存在的基因组中剪切的一个基因，或在其中移植入另一种生物的某个基因；人造微生物是用完全人工合成的基因组来代替天然基因组。这项研究可望同时使科学家能够在分子水平上了解单个细胞究竟需要多少基因才能完成生长和繁殖过程，以及如何用人工方法制造基因。给出的启示是：基因只能发现而不能被创造的"神话"可能会随着生物经济时代的到来而被打破，并惠之于人类。

在此仅举的两项前沿性研究的例子，使我们有理由相信：人工创造新型物种，可望在生物经济时代实现并产业化，率先应用的领域将是能源、环境与生态。

10. 生物遗传资源

(1) 生物遗传资源的含义

生物遗传资源是指含有基因及其产物的器官、组织、细胞、血液、制备物、重组 DNA 构建体等生物遗传材料及相关的信息资料,又叫种质资源。遗传资源是与生物多样性、自然保护区、种质资源库紧密联系在一起的,对于农业可持续发展、生态环境、动植物尤其是人类的健康医疗等都具有重大作用和深远意义。在日益注重知识产权的今天,遗传资源已成为一个国家的重要战略资源。

也有人从类似的角度给出如下解释,不妨列于此以供比较:生物遗传资源是指具有实用或潜在实用价值的任何含有遗传功能的材料,包括动植物微生物的 DNA、基因组、细胞、组织、器官等遗传材料和相关信息,是生物科学研究的重要基础,也是人类生存和社会经济可持续发展的战略性资源[11]。

(2) 生物遗传资源的开发与保护

生物资源是生物经济发展的重要物质基础。其中遗传资源的开发利用,对于新型农业体系,尤其是除常规农业系统外的五大系统的深度开发、加工与利用,对生物功能新特征和属性的拓展,都将起到核心作用。

兹举两个经典实例来说明植物遗传资源在作物育种中的地位与作用。其一,在 20 世纪 60 年代以前,水稻产量之低困扰世界。那时种植的水稻几乎都是高秆品种,易倒伏、产量低。后来,国际水稻研究所利用中国的矮秆品种“矮脚乌尖”水稻育成高产水稻品种,使平均亩产从 200 公斤提高到 500 公斤。其二,在 20 世纪 90 年代初,美国大豆遭受根腐病和根细虫病,一度面临灭顶之灾。后来通过从引进的农家品种中国小黑豆“北京”中获得抗原,培育出了抗病品种,从而挽救了美国大豆产业。

据联合国粮农组织统计①,1949 年我国小麦品种资源有近 1 万份,到 20 世纪 70 年代仅保留约 1000 份,只占 10%;在美国,95%的甘蓝、91%的

---

① 转引自“基因库是农业发展命根子”,《解放日报》,2001 年 2 月 5 日。

玉米、86％的苹果以及81％的西红柿栽培品种在20世纪被丢失。这种种质资源丢失，不仅减少了原有种质资源的可利用性，而且造成遗传的一致性，使作物的遗传基础变得狭窄，对病虫害的抗性减弱。如香蕉基因的单一性导致这一优质食物可能会在不久的将来消失；美国加州的酿酒葡萄砧木的一致性导致病毒感染。解决资源丢失问题的可靠办法就是加强对种质资源的收集、整理、评价与保护。

野生植物资源是遗传资源的重要来源之一。保护野生植物资源是保护天然种质库、增加遗传多样性的一项战略措施。这是因为：①野生植物资源保护涉及长远利益；②野生植物资源保护容易被欠发达地区的人们忽视或遭发达国家的过度开发和不公平开发；③丧失后难以逆转；④以遗传多样性为主的生物多样性对于拓展未来农业领域、增强未来农业发展潜力以及增强农作物抵抗病虫害侵袭都至关重要。

五、生态系统的内容及其发展方向

新型农业体系生态系统内容主要包括：生物农药与生物防治、生物安全与入侵防治、生物多样性保护、基因污染防治。

1. 生物农药与生物防治

(1) 生物农药应时而生

生物农药(Biopesticide)是指来源于动植物或微生物、具有农药作用的物质，是继矿物农药、化学合成农药之后的又一大农药类型，包括生物化学农药、微生物农药、天敌生物农药以及转基因生物农药。化学合成农药，大多因毒性较强并对环境产生不良影响而被迫限制或停止使用；有的则由于使对象产生抗药性而严重影响其药效，或产生对药物投入越来越大的依赖性。化学合成农药开发，因几乎遍及可考虑的化学结构，难度越来越大(新化学农药的筛选成功率只有1/80000)，费用越来越高。传统的生物农药既有优点，也有不足。主要优点是环境相对友好，病虫害不易产生抗药性；其不足之处是：见效较慢，不易对付爆发性、毁灭性的病虫害，不利于加工、贮藏、运输。“以人为本”、“回归自然”的时代理念要求开发出对人畜安全、环境友好、成本低廉的农药，以取代传统的高毒、高残留及高抗性农药。现代生物技术的发展可以克服化学合成农药和传统生物农药的弊端，为生物农药的深度开发提供广阔的发展空间。

（2）生物农药的主要类型

按照宏观生物分类，生物农药包括动物农药、植物农药和微生物农药。①动物农药主要又有两类：一是由动物产生的毒素，如沙蚕毒；二是由动物产生的激素，如保幼激素、蜕皮激素和性信息素等。②植物农药，根据用途或防治对象，主要分为植物杀虫剂、植物杀菌剂、植物除草剂和植物生长调节剂等。若按作用方式，植物农药可分为以下9种：毒素类，如后面将要提到的除虫菊；植物内源激素；植物昆虫激素类；拒食素，如从柑橘中提取的类柠檬苦素；引诱和驱避类，如来自香茅的香茅油；绝育类；植物防卫素类，如豌豆素；增效类；异株克生类，如肉桂酸。③微生物农药，分为活体微生物农药和农用抗生素。与植物农药类似，根据用途或防治对象，微生物农药可分为：微生物杀虫剂、微生物杀菌剂、微生物除草剂等。

（3）生物防治

生物防治(Biological Control)是指利用某些生物或生物代谢产物来防治害虫。主要包括以下四个方面：利用病原微生物防治害虫；利用天敌昆虫防治害虫；利用益鸟等脊椎动物防治害虫；利用技术致昆虫非寄生性疾病防治害虫，如辐射不育、昆虫激素失调等。

相比于化学防治，生物防治的优点主要有：环境友好；保护天敌，维护生态平衡；害虫不产生抗性。以土壤生物为例：土壤中的微生物包括细菌、放线菌、真菌、藻类、原生动物等，是土壤中有机污染物的分解者，在土壤中进行氨化、硝化与反硝化、硫化、固氮等生化作用，对于减少乃至消除土壤污染具有基础性作用。随着技术进步，分离和培育对土壤污染物有较高分解能力的微生物，是改善土壤生物防治效果的方向之一。

生物防治虽然具有符合环保等“人本化”特征，但由于其生产与操作缺乏统一的规范，难以做到精确生产，使用成本较大，因而其使用范围也会受到一定限制，主要适用于不需要人为精确定位病虫害的宏观控制，如在青海草原利用鹰来防治鼠害，人们只需放养一些鹰并为其提供良好的栖息环境，其他的防治“工作”由鹰自己去完成，人们不可能具体指挥诸如先保护哪一块草地和后消灭哪些老鼠等细节问题。

(4) 生物农药的开发前景

天然物质因其源于自然，符合环境友好的要求，要么已被直接作为农药利用，如莽草、烟草、松脂、除虫菊、鱼藤等；要么被作为寻找新的农药化合物和通过化学或基因工程改造的对象。例如，印度讷木树具有神奇的抗菌特性，是一种天然农药，因其能够治疗疾病因而也被称作“赐福树”，村民们用它来保护农作物已有几百年的历史。研究发现：讷木提取物可以用来防治包括蝗虫、线虫、甲虫等200多种农作物虫害，具有与马拉硫磷、DDT和迪厄耳丁等合成农药同等的杀虫效果，但不会对自然环境产生任何有害影响[6]。

基因工程的发展促使生物农药的开发与转基因作物相融合。这种转基因作物分为三类：①具有农药作用的转基因作物，如具有杀虫作用的含苏云金杆菌(Bt)基因的作物，中国的抗虫棉即属此类；②抗农药的转基因作物，主要是指耐除草剂的转基因作物；③既抗虫又耐除草剂双重作用的转基因作物，即把Bt基因和抗除草剂基因同时嵌入作物中，如双重转基因玉米和棉花。

生物技术的发展促使化学合成与生物相结合。此类新型农药开发的方法有：①以具有农药活性又难以产业化的生物活性物质为先导化合物，创制新农药，如由除虫菊经结构修饰开发的拟除虫菊酯类杀虫剂；②通过对现有生物农药或其副产物进行结构改造而开发出的效果更好、更安全的新农药，如美国默克公司通过化学手段对阿维菌素进行结构改造，合成了千余个化合物，开发出依维菌素、埃玛菌素等4个商品化产品。中国生物资源丰富，其中不乏许多具有农药作用和相当生物活性的物质。如果用这些生物物质为先导化合物或原料，通过化学结构设计与改造，可望创制出一批具有自主知识产权的新型农药。

2. 生物安全与入侵防治

(1) 生物安全的界定

从新型农业体系的角度，生物安全是指对与生物有关的各种因素（如病原微生物、转基因、外来生物）对健康、环境、生态以及社会经济产生危害与潜在风险的防范和控制。对生物安全的界定还有其他形式，很难也不一定有必要找到一个通用而完整的定义，因为生物安全本身是一个系统的概念，也是一个动态的概念。不同的研究和应用主体，从不同的专业侧面或不同的角度去理解都可能会有不同的定义。如国际《卡塔赫尔生物安全协定书》对生物安全的界定主要是局限于有关转基因活生物体环境释放——自然条件下采取相关安全措施所进行的中规模试验——对生物多样性的影响。从英文两种通用的译法 Bio-safety 和 Bio-security 中也可见一斑。

国内具有代表性的理解还有：①生物安全是指现代生物技术研究开发与应用对生态、环境、生物多样性以及动植物健康所产生的现实或潜在影响。广义的生物安全还包括生物入侵概念在内。②生物安全是指致病微生物的危害及其实验室安全。显然，这一条属于非常狭义的理解；而此前一条，既具有相当的代表性又具有普遍性。

（2）生物安全的内容

从新型农业体系的角度来理解，生物安全的内容主要包括以下两个方面：

• 转基因生物安全。转基因生物安全是指在转基因生物及其产品开发应用过程中对健康医疗、环境、生态产生的影响，以及有关该影响的评价与控制。目前转基因生物安全表现出以下态势：①转基因食品增长迅速，尚未发现其安全事件。②转基因生物种类快速增加，环境释放大幅度上升。如仅在中国，十几年来转基因农作物和林木就达 22 种，已对棉花、大豆、玉米、小麦、烟草、马铃薯、西红柿、花生、菠菜、甜椒等进行了转基因田间试验。③转基因生物及其产品跨国研究与开发日趋活跃，并呈现由发达国家向发展中国家大量输入态势。④对转基因食品及其产品争议不断。

• 对生物多样性和生物资源的影响。除转基因生物环境释放对生物多样性产生影响之外，生物技术对生物多样性丧失、遗传资源流失、基因污染或流失、生物入侵等可能产生不可逆影响。

此外，从公共安全的角度，生物安全内容还包括以下三个方面：

• 传染病危害。包括对人类及动植物的传染病危害，如疯牛病、SARS、禽流感等危害。

• 生物武器与生物恐怖。现代生物技术一旦被滥用，就可能造成大量人口恐慌和危害，甚至引发新的战争形式，给人类社会带来灾难。

• 微生物实验室安全。2004 年在北京和安徽发生的 SARS 病例就属于此类。

(3) 生物入侵及其防治

生物入侵是指外来物种入侵国土疆界或地理障碍生态区，对本地环境、生态造成灾害或经济损失，或带来潜在负面影响的生物种群现象。生物入侵一般分为传入、定居与种群建立、潜伏、传播扩散、成灾等多个阶段。掌握其发生发展规律对于评价和防治生物入侵具有重要作用。

伴随着现代生物技术、国际贸易和旅游业的发展，国际上生物入侵并造成重大生态、环境灾害和经济损失的事件频频发生。据不完全统计，到目前，入侵我国的杂草已有 107 种；外来害虫和外来病原菌分别达到 32 种和 23 种，其中对农林生产与生物多样性造成严重危害的占一半以上[3]。

生物入侵防治基于的原理是：在自然界长期的进化过程中，生物之间以及生物与周边环境之间相互制约，相互适应或协调，生物各自的种群限制在特定的栖息环境之中，形成了相对稳定的生态平衡系统。入侵生物可能占据本地物种生态位，使本地物种失去生存资源，给当地的生态系统带来灾难性影响；它可以通过形成大面积优势群落，降低物种多样性或导致生物多样性丧失。如入侵昆明滇池的水葫芦、入侵美国马里兰州的黑鱼。生物入侵防治措施主要包括：人工防治、化学防治、生物防治、机械防治以及综合防治。例如，广东 1988 年从日本引进的花角蚜小蜂，成功地控制了松突圆蚧的危害，便属于生物防治。另据 2001 年 11 月作者亲临所察，对昆明滇池水葫芦的防治措施主要是传统的人工防治，据称每年人工打捞投入 50 万～80 万元，但仍难以控制。

3. 生物多样性保护

(1) 生物多样性的概念与价值

生物多样性(Biological Diversity)是指地球上所有生物及其所拥有的基因和生存环境,包括生物遗传多样性、物种多样性和生态系统多样性三个层次。对其中的遗传多样性一般有广义和狭义两种理解。广义的遗传多样性是指地球上所有生物携带遗传信息的总和;狭义是指物种内个体之间或一个群体内不同个体的遗传总和。

生物多样性具有多方面的价值:首先是为人类生存提供基本生活资料,包括基本食品、工业原料等。其次,为农业品种选育提供各类具有特殊性状的基因,如耐寒抗病基因。“一个基因可以形成一个产业”、“一个物种可以关系到一个民族的兴衰”是此类价值的生动体现。第三,提供珍贵药材,为治疗一些疑难病症提供天然材料,因为目前全球约70%的药物直接或间接地来自植物,或得益于植物的启发。第四,为农业提供诸多无法替代的服务,如生物害虫防治,昆虫或鸟类为植物授粉。第五,具有多方面的环境与生态的“溢出”效应,如对天然水质和空气的净化,对自然景观和旅游环境的美化,对人类活动废弃物的天然降解。

(2) 生物多样性保护存在的问题

生物多样性保护是指对生物遗传多样性、物种多样性、生态系统多样性和景观多样性的保护。全球变暖、乱砍滥伐、污染以及盲目引进外来物种是生物多样性丧失的主要原因。2005年1月,在巴黎召开了生物多样性国际会议。针对全球生物多样性研究力量的分散和薄弱,对比全球气候变化研究的透彻、系统及采取全球应对措施的得当,会议认为生物多样性研究与保护现状不容乐观。存在的问题主要有:①国际性研究队伍分散,力量较弱。②国际社会对生物多样性保护的力度不够,国际公约多停留在纸面上,如世界自然保护联盟法国主任塞巴斯蒂安·蒙科尔普斯称[12]:1992年里约通过的《保护生物多样性公约》约束力不强;2002年在南非召开的可持续发展世界首脑会议确定了2010年减少生物多样性损失的目标,现在看来很可能落空。③人们对生物多样性保护概念存在诸多误解,生物多样性概念往往被认为是与保护野生动植物等同或差不多的概念;认识不足,容易导致有关保护措施实施不力,因为生物多样性保护是一项广泛参与性事业。

(3) 生物多样性保护在新型农业体系中的作用

生物多样性是可持续发展的基础，保护生物多样性对经济发展、环境与生态建设以及消除贫困等都有很大作用，对于维护自然界的丰富多彩、资源可持续利用以及人与自然协调发展等都具有重要意义。由于生物多样性的全球性特点，因而应当针对上述因素采取国际性策略和协调措施，才能有效保护生物多样性。

中国是一个资源大国，曾是农业经济发达国家，生物多样性具有以下特点：物种丰富，特有种属繁多；区系起源古老；栽培植物、家畜及其野生亲缘种质资源丰富；生态系统多种多样。这些特点既为农业资源的开发利用、环境与生态建设提供了坚实的基础，又给保护工作增加了复杂性和难度。

在工业经济和信息经济时代，生物多样性保护已渗透到常规农业系统之中，如保护农田小气候环境，保护农作物种质资源；在生物经济时代，生物多样性保护将广泛渗透到新型农业系统之中，以致成为其中的有机组成部分。保护生物多样性就是保护人类生存环境并提升生活与发展质量，充分体现了生物经济时代的“人本化”特征。

4. 基因污染防治

（1）基因污染的界定

基因污染(Genetic Contamination)一般是指改造过的基因偶然或意外混入其他作物，有的称为“基因漂流”。基因污染的可能性主要体现在以下两种情况：其一，基因改造作物的花粉飘落到邻近的作物，并使之受粉；其二，收获后不小心将基因改造作物产品和其他作物产品混合。

基因污染范围是否还应包括动物和微生物，以及植物、动物和微生物相互跨种之间的基因交叉感染？从新型农业体系的角度来理解，我们赞同后一种观点，虽然目前基因污染突出的表现只是在植物即转基因作物方面。

（2）基因污染的表现形式及其防治

基因污染的表现形式主要有两种：①用以研制和生产药物或化工产品的转基因作物的基因，有可能通过品种杂交野化并蔓延到其他植物，这样就有可能对农作物或其他遗传资源产生长远的不良影响。如粮食作物可能被“药品”污染，药物基因则可能进入食物链，进而对生态、食品安全与人类健康等带来危害——有人认为是“可怕的灾难”——我们看未必如此，因为这种基因改变一般不会遗传给子代，更不会被“装配”到人的基因组之中；退一步而言，即使“装配”，也不会扩散开来。2002 年，美国内布拉斯加州从普通的大豆中发现了能生产药物蛋白质的转基因玉米，后来调查发现，这是因为巨人基因公司在收获该玉米时遗漏下的一些种子。②转基因动植物抗逆基因交叉转移。若抗逆基因被杂草或其他“有害”物种获得，则可能使杂草产生抗性，如抗除草剂功能，从而使之更能适应环境；或使其他物种产生同样的抗性。转基因向日葵就具有类似的侵害性①。有关转基因向日葵的试验过程是这样的：生物学家从两家种子公司获得用 Bt 基因改造过的向日葵(Bt 向日葵)，将它们与野生亲缘种杂交，得到特优野生杂交向日葵；在确知这些杂交种全部不育后，才把它们种植到试验田。结果表明：转基因向日葵的一个基因能传播给它的野生亲缘种，并使后者更加茁壮。试验证明：插入作物中的基因对于野生植物有利，可使其变成具有侵害性的杂草。

针对基因污染，采取逃避或听之任之的态度都是不可取的。首先，应通过建立或完善立法来加强转基因动植物尤其是转基因食品研制与生产的管理；其次，在产品研究开发与进口过程中，采用分步骤、分阶段的措施进行节点控制，如加强环境释放安全控制等；第三，完善风险评估制度与检测体系。

参考文献

[1] 〔德〕罗尔夫·D. 施密德著，李慎涛等译：《生物技术与基因工程》，科学出版社，2005 年，第 2,14,112,142,162～164,174,180,262 页。

[2] 上海三联书店等编：《科学技术的现在与未来·生命农业卷》，上海三联书店，2001 年。

[3] 中华人民共和国科学技术部：《2002 中国生物技术发展报告》，中国农业出版社，2003 年，第 3,83～92,99～130,157～159,203～205,214～225,242,255～256 页。

[4] 邓心安：“生物经济时代与新型农业体系”，中国科技论坛，2002 年第 2 期，第 16～20 页。

---

① 舒华(译自 www.sciencenow.org)：“转基因向日葵具有侵害性”，《科学时报》，2002 年 8 月 15 日。

［5］“新型转基因食品有望消除人类惊慌”，《中国绿色时报》，http://www.monsanto.com.cn/mediacenter/domestic/domestic032/domestic032_01.htm，2003年2月26日。

［6］〔美〕杰里米·里夫金著，付立杰等译：《生物技术世纪》，上海科技教育出版社，2000年，第17，22～27，32～33，52，130～132页。

［7］孙大柠：“生物制药的现状与展望”，http://www.jssti.com.cn/bianjishi/jinghua/2001year/2001-2/shengyu.html，2004年8月14日。

［8］詹华强、孔宪铎：“中药现代化——关键在于中国标准化”，载左天觉、何康主编：《真知灼见 透视中国农业2050》，中国农业大学出版社，2004年，第361～372页。

［9］马晓岚：“生物能源的新时代”，《科学时报》，2002年9月20日。

［10］肖瑞：“杂交也有可能形成新物种”，《科学时报》，2003年10月22日。

［11］知非：“防范生物遗传资源流失刻不容缓”，《科学时报》，2002年5月24日。

［12］“生物多样性国际会议议程：建立生物多样性国际研究队伍”，《中国绿色时报》，2005年1月28日。

第五章　新型农业体系技术系统

作为生物经济时代的“现代农业”图景，新型农业体系(NAS)以现代生物技术为主要依托。为保证新型农业体系多元化功能与作用的有效发挥，就需要构建以现代生物技术为核心的、适应时代发展需求的新型农业体系技术系统。

新型农业体系技术系统，是指为实现新型农业体系的社会、经济、生态等多目标整体优化而开发应用的各类生物技术的优先程度、相互关联及管理方式的结构体系。

第一节　新型农业体系的技术系统性

一、对现代技术的反思

现代技术蕴含着深刻的哲学问题，作为“改造主体”所依托的现代生物技术更是如此。技术是社会大系统中相对独立的子系统，一方面，技术系统存在着内在逻辑与内在动力，有着自身发展演化的规律性；另一方面，在其发展过程中，必然会受到社会、经济等外界因素的相互制约和影响。也就是说，技术发展处在内在动力和社会经济需求的二重张力之中。由此便客观要求在考察技术系统时，既要从技术系统本身自组织进化的角度出发，更要结合到技术所面临的社会经济环境。前者是技术哲学“技术内史”研究的基础；后者则属于“技术外史”或技术社会学研究内容。本节主要从内史角度来探讨新型农业体系的技术系统性；在第五节将重点讨论新型农业体系技术系统与社会相互作用所带来的问题。

1. 技术中性论与技术二重性

现代技术在为社会提供创造物质财富和精神娱乐手段的同时,也使河流变得浑浊,天空少了湛蓝,动植物灭绝速度加快,人们行色匆匆……面对技术不断增加的威力,对技术的困惑成为人类对未来发展的主要困惑之一。

我们常讲"留得五湖明月在,不愁无处下金钩",曾讲"泛舟五湖"。但是,工业技术发展了,"五湖"却悄然退去,即便通过治理,我们能够重新拥有如奢侈品般的"五湖",但未必都有"泛舟"的心情。这些难道不是现代技术的一种"异化"? 还有其他诸多技术对人与自然带来的损害……面对这种技术异化现象,能否由技术崇拜或技术批判走向对技术合理性和系统性的理论建构与论证? 我们不禁设问:作为系统化知识和有目的行为的一种结合,技术是中性的么?

存在主义代表人物雅斯贝尔斯(K. Jaspers)认为:技术无所谓善恶,它不过是一种中立的手段[1]。按照通常表面上的看法,作为技术本身,就像科学一样,它们是中性的,因为技术是为了某种目的而改造事物的手段和方法。既然是手段和方法,谁都可以使用,从人性上衡量本身无所谓好与坏、正面与负面,好坏与正负取决于人类开发利用它们的目的、范围和程度。

但是,技术是一种专门手段和方法的体系。法国科学家狄德罗(Denis Diderot)认为:"技术是为某一目的的共同协作组成的各种工具和规则体系"[2]。虽然技术首先是一种工具或手段,但又不限于此,还具有规则体系的内涵,是为达到特定目的而采取的手段和方法。当代许多辞书对技术的定义"基本上没有超出狄德罗的技术概念范畴"[2]。如《自然辩证法百科全书》对技术的定义为,技术是"人类为了满足社会需要而依靠自然规律和自然界的物质、能量和信息,来创造、控制、应用和改进人工自然系统的手段和方法"[3]。从这些定义出发来理解:第一,技术与科学不同,技术是"为某一目的",科学可以没有功利因素在内;第二,技术不仅包括工具、设备等"硬件",同时也包括"规则"——生产使用工具的工艺、方法、制度等知识,即所谓的"软件"。正是基于这两点,为了不同目的,所采取的方法、制度之不同,导致了技术具有主观性和价值观等人性的特征。

如果从技术的二重性上来理解，就更能说明“技术中性”的前提条件和限制范围。技术二重性是指技术的自然属性和社会属性的统一，即任何技术的产生与应用都必须是服从自然规律性和人的社会目的性的统一。二者是技术本身所固有的，好比一个硬币的两面不可分割。从技术的自然属性来看，技术的产生与应用不能脱离自然的客观存在，必须服从自然规律；技术的自然规律性是技术之所以为技术的内在根据，“永动机”因为违背能量守恒等自然规律，因而不可能实现；技术的自然属性决定了技术具有价值中立的特质，是技术中立论存在的前提。从技术的社会属性来看，技术作为人的有目的的活动，有着明显的价值取向，体现了人的价值观，比如“绿色技术”是环境友好的，化学武器和生物武器从研制起就渗透着“杀人”的潜在价值。技术的社会属性表明：虽然技术具有中性（中立）的特质，但这只是技术中性论的前提，是必要条件而非充分条件，由于受到技术社会属性的限制，技术最终在其研发与应用上必然表现出它的价值取向。

技术二重性决定了技术发展的自主和控制的双重特质，表明其发展既受到自身相对独立规律性的约束，又必须接受社会的调控与选择。可见，社会因素在技术演进过程中起到了关键作用，技术是可以选择也是应当加以选择的。对待现代生物技术，一方面要尊重其自然规律性，探索其内在完美的机理；另一方面要采用“绿色”、“人本化”的价值取向去规范技术的研发，去选择技术的应用范围和层次。过分强调技术的自然属性，把技术看做是脱离社会现实的超社会现象，容易导致技术中性论或决定论。在当今生物技术日益发达的今天，中性论思潮将会造成技术的滥用或无节制性使用，如对待克隆人技术应用的态度，便体现了技术自然属性和社会属性之间的价值权衡。

2. 技术价值观与技术的本质

技术中性论，又称技术价值中立说，是与技术工具论相似的一种思潮。技术中性论者认为，技术不过是一种纯粹的手段，无善恶之分；本身不具有目的性，可以被应用于任何目的；与政治、社会、伦理等因素无直接关系。根据技术中性论的观点，凡是技术上可行的，就应当去做，这便为生殖性干细胞研究甚至克隆人提供了的思想基础。与技术中性论对应的是技术价值负荷说，这种思潮认为，技术不是中性的方法和手段，而是特定社会中人的价值的一种载体，体现着政治、文化、伦理等社会价值观。随着技术威力的增强，尤其是现代生物技术的不断突破，这种观点已为越来越多的技术哲学家和公众所接受。

技术有满足人类需要、促进人类发展等积极作用的“正价值”，也会产生不利于社会健康和谐发展的“负价值”。这便是技术使用价值的二重性[1]。它与前面提到过的技术二重性一脉相承，有着异曲同工之处。按照对技术使用价值和对待技术发展问题上采取的不同态度，便形成了两种对立的倾向：技术乐观主义和技术悲观主义。

技术乐观主义认为，人类所遇到的一切问题都会有一种技术来解决，技术的目的就在于人类通过驾驭物质摆脱自然的限制并从中获得自由。这种思潮往往夸大了技术的作用，过分强调了技术的物理功能而忽视其负面影响，并且认为人类能够控制技术的发展与影响。当然他们也注意到现代技术所导致的问题，但认为这恰恰是因为技术发展得不够，应当通过进一步发展技术来解决。技术悲观主义是伴随着20世纪以来技术威力不断增大、负面效应日益显现而出现的另一种思潮。这种思潮认为，技术的发展将直接主宰社会命运，将给人类带来灾难性的后果，甚至导致世界末日的来临，因而主张把人的绝对自由放在高于一切的位置而停止发展技术。这两种思潮是技术决定论的不同表现。它们共同的认识论根源在于都是从片面而孤立的角度来看待技术的发展，忽视了技术价值的全面性和丰富性，即技术社会属性在技术产生与应用中的作用；忽视了技术得以产生与应用的社会基础，以及技术与社会各因素间的相互影响。

我们当然不应采取双方各执一端的态度。虽然我们大多承认自己不是技术乐观主义者更不是悲观主义者，但是，当我们真正面对现实中存在的技术问题或技术相关决策时，往往同样会表现出非此即彼的片面观点。这两种极端倾向，虽然在现实生活中不一定见诸频繁，却代表了对待技术态度上的两种价值观。这两种极端倾向对技术的开发应用及相关决策产生的影响也无处不在，且影响深远，就如同亚当·斯密(Adam Smith)“看不见的手”

和凯恩斯(John Maynard Keynes)"看得见的手"这两种相反的观点先后影响了西方国家宏观经济决策一样。这便需要我们摈弃情绪化(如浪漫迷恋或悲观呐喊)、单从良好愿望出发的思维定式,具体问题具体分析,以既批判又建构的理性态度去对待现实中出现的技术开发与应用问题。

我们中的绝大多数是介于两者之间的"中间论者",但是,一旦当我们应对不同的技术发展场景或站在不同的角度时,我们可能会因为过分"乐观"或"悲观"而做出不合理性的判断乃至决策。没有现代技术的不断发展,地球就不可能供养今天这么多的人;但纵然技术十分发达,生活在同一星球上的贫穷者丝毫也不曾因此而减少,有时甚至反而增多。然而,人类也绝不会因为现代技术的负面影响而放弃已经获得的工业和信息文明,放弃对技术精益求精的追求。这便是由技术的人性价值功能所导致的、技术进步作用于社会经济的一个矛盾现象,也是技术发展的一种"悖论"。在这一现象或"悖论"背后,显然隐藏了某种本质性的东西。

按照马克思的观点[1],技术作为人的创造物,其本质是人的本质力量的对象化。也就是说,技术的本质与人的本质有着内在的一致性,是人的本质的外化。海德格尔(M. Heidegger)与马克思的技术哲学思想有相通之处。他认为,对于技术的正确的工具性规定还没有揭示技术的本质,即从工具的层次上无法把握现代技术的本质;技术所到之处,构造着人与自然、人与物的某种新的关系[1]。将这些艰涩的哲学语言"翻译"成简单的话就是,技术不仅仅是单纯的手段,而是体现人的价值与社会关系。

3. 现代生物技术的功能本质

讲完了技术的本质,才利于探讨现代生物技术的功能本质。现代生物技术的功能本质是构建基于生物经济时代新型农业体系不可回避的问题。

从传统的意义上讲,技术帮助人类实现体力与智力的延伸,使人更容易突破时空的限制,提高生产效率。例如,弓箭、铁器、拖拉机使人从事狩猎采集或其他农业生产劳动的体力得以节省,效率显著提高;汽车与飞机大大延伸了人的活动范围;电脑则拓展了人类智力活动的空间。随着技术含量的增加,技术或用技术制作成的工具——物化的技术——突破时空及智力限制的能力越来越大，从 20 世纪的主流标志技术之一的核技术，到 21 世纪能塑造人类主体自身的基因工程，无不表明技术改造物质和精神世界的力量在增大。技术自古就不是中立的，其改变世界的能力与方向取决于使用乃至研发这些技术的人。为此，从技术的非中性即技术社会价值及伦理的角度来考察新型农业体系技术系统，我们首先面临的是技术的选择与控制问题。

如果说在工业经济和信息经济时代，现代技术对人类社会所造成的负面影响主要体现在原子核技术和信息技术的利用方面，那么到了生物经济时代，技术对人类社会的负面影响将主要体现在现代生物技术方面。现代生物技术作为现代技术的主体之一，对人类的影响往往是直接而深远的，正是由于它们与人类自身直接相关，因而更应受到社会的关注。随着生物经济时代的到来，其对社会经济及新型农业体系所产生的负面影响，将超过工业技术之于环境污染、原子核技术之于人身安全、信息技术之于信息安全，而居于社会经济问题的主导地位。

现代技术在以其强大的功能改造自然的同时，也改造着人们的思维与行为方式。人类在发展技术的同时，技术也在改变着人类，这是一个双向互动、彼此塑造的过程。特别是现代生物技术，它使人类历史由过去“改造客体”的时代转入“改造主体”——即改造人类自身的时代。

现代生物技术的功能本质就在于，它们不仅是被作为改造物质的工具或手段，更在于它们是人类为了某种目的而采取的研究、开发与利用它们的一套规则体系。正是由于这套规则体系带有太多的主观性和价值观等人性因素，因而就需要对规则体系进行评判、控制、选择和引导，从而使现代生物技术系统朝着符合人类社会发展整体目标的轨道上演进。这便是我们探讨新型农业体系技术系统的意义所在。

二、现代生物技术在新型农业体系中的核心作用

在当今的常规农业系统中，传统生物技术和工业生物发酵技术发挥了核心作用；在未来的新型农业体系中，起核心作用的将是现代生物技术。随着科技整体进步、生命科学与生物技术发展成熟时期的到来，现代生物技术

及其与农业相关技术手段层出不穷,为新型农业体系的构建与完善作了学科理论和技术上的储备。

1. 生物技术概念的缘起与基本类型

生物技术源远流长,可以追溯到农业经济时代先民有意识地利用原始发酵工艺制造酒及其他发酵产品的年代。1865 年,孟德尔(Gregor Johann Mendel)发现并总结出豌豆的遗传规律,提出"遗传因子"(即现在所称的基因)概念,是生物科学发展史上曾被忽视 30 多年的一项重大发现。正式作为一种概念,生物技术(Biotechnology)由匈牙利工程师卡尔·厄瑞凯(Karl Ereky)于 1917 年首先提出,表示利用生物将原材料转变为产品的含义[4]。1953 年弗兰西斯·克里克(Francis Crick)和詹姆斯·沃森(James Watson)发现 DNA 双螺旋结构,是生命科学和生物技术发展史上的又一项里程碑事件。它不仅标志着现代生物技术的诞生,开启了现代分子生物学即从分子水平上揭示生命现象本质的新纪元,也标志着生物经济时代开始孕育。

1982 年世界经济合作与发展组织(OECD)对"生物技术"的定义为,生物技术是应用自然科学及工程学原理,以微生物、动物、植物体作为反应器,将原料加工成产品向社会提供服务的技术[4]。随着各门学科的发展和技术的进步,生物技术已演变为借助工程、信息、物理、化学、社会行为等学科,运用现代生物科学理论和方法,人工操作生物遗传物质,改进、设计生物结构和功能的技术,故有的也统称为"生物工程"。当代科技整体发展大大拓展了生物技术研究与开发范围,生物技术不再是一门或几门与生命科学相关的技术,除了技术日益分化并同时具有综合性特征外,还包括设备、工艺等工程学内容,是一项庞大的涉及多学科、多领域的综合性技术体系。

由于生物技术正处于活跃的演化与发展之中,现在和将来均难以确立统一公认的分类标准。但可以根据不同的目的和应用范围,从不同侧重点按照不同标准进行分类。概括地说,生物技术可分为传统生物技术、工业生物发酵技术和现代生物技术。现代生物技术与传统生物技术的区别在于:后者是直接利用生物功能;前者则侧重于改变、修饰、重构生物功能,即利用基因工程、细胞融合技术等来改造生命,使之产生新的生物功能或地球上本非天然存在的物质。工业生物发酵技术又可分为传统生物发酵技术和现代生物发酵技术，后者是在前者基础上，结合基因工程、细胞融合、分子修饰和改造等而发展起来的技术。

新型农业体系所依托的技术主要就是指现代生物技术，包括基因工程、蛋白质工程、细胞工程、酶工程和发酵工程。其中基因工程又是现代生物技术的核心，其他技术如蛋白质工程、酶工程和发酵工程等，其未来发展都离不开基因重组与改造。此外，相对于现代生物技术而言，整体发展较早、所谓较为“传统”的工业生物发酵技术和生化工程等两大类工程技术，有人称之为现代生物技术的外延[5]，其中也有一部分涉及到新型农业体系，如生物环境技术、动植物生物反应器、新型生物传感器。

2. 新型农业体系技术系统的构成

物质、能量和信息是构成现实世界的三大要素。现代技术虽已发展成为一个庞大的复杂系统，但其基本内涵仍是由开发利用上述要素而形成的三大基本技术，即由物质变化技术、能量转化技术和信息控制技术所组成。生物经济时代的一个基本特征就是生物、物质、信息大融合；物质与能量的转化是农业的基本特征之一。现代生物技术在生物经济时代新型农业体系中的核心地位可见一斑。

根据新型农业体系的框架结构及内容，新型农业体系技术系统的构成主要包括：基因工程及 DNA 重组技术、克隆技术、生物信息学、农业基因组学、蛋白质组学、动植物转基因技术、基因打靶技术、干细胞技术、纳米生物技术、组织工程、生物反应器、生物芯片、生物传感器、环境生物修复技术，以及蛋白质工程、细胞与染色体工程、微生物工程、酶工程等研究开发与应用相对较早、更为成熟的技术。

基因工程是生物工程的重要分支，与细胞工程、酶工程、蛋白质工程和微生物工程一起共同组成了生物工程的五大技术门类。这些技术门类同属于农业与非农产业共享的技术，虽然都与新型农业体系密切相关，但技术层次不同，发源和应用相对较早且较成熟，属于多行业共性技术，因而在此不做专门讨论。即便是细胞工程、酶工程、蛋白质工程和微生物工程等“发源和应用较早"的技术，也会随着生命科学和生物技术以及相关学科（尤其是基因工程）研究的进展而注入新的活力，增添了新的技术内涵——好比生物技术的"古杆新枝"，来源于生物技术的"古杆"，又通过现代技术的"交叉"和"融合"手段改造后超越之。例如，基因工程使酶的生产方式发生了变革，目前在工业中使用的许多酶都是通过基于重组宿主微生物的发酵工艺生产，出现的副活性较少，只需几步层析便可得到纯的酶制剂，减少了废物生成量[6]。

探讨新型农业体系技术系统的目的在于：认识现代生物技术对农业发展的影响与作用；揭示新型农业体系技术系统的基本内容、相互关联与层次，分析并展望各类技术在新型农业体系建设中的地位与作用；为制定适于新型农业体系构建与完善的技术政策提供决策依据。

三、*新型农业体系技术系统的演进与整合*

1. 新型农业体系技术系统演进机制

自 20 世纪 80 年代初起，现代生物技术从实验室研究走向产业经历了"三次浪潮"：①1982 年，美国批准胰岛素和生长激素投放市场，是现代生物技术产业化第一次浪潮的标志；②20 世纪 90 年代，现代生物技术迅速渗透到农业各个领域，掀起了现代生物技术产业发展的第二次浪潮；③进入 21 世纪，随着人类及农业相关生物的基因组计划的实施，生物技术产业化进程发生了质的变革，几乎遍及人类经济生活的各个大的领域：农业、能源、医药、环保……被认为是全球生物技术产业化发展的第三次浪潮。

相对而言，现代生物技术比工业经济时代的主流技术的系统性与整体性更强。工业生产经营所遵循的往往是机械、线性的思维模式；所采用的技术以基于物理和化学的定律为主。而在生物经济时代，系统生物学进一步得到重视和发展，基因不再视为单个部件，生物更不是由无数单个基因拼接组成的装配流水线，基因之间、生物个体之间、生态系统之间彼此相互依存，互相影响，整体的作用超过个体的作用之和；所依托的技术以基于生物的定律为特色。

技术与技术之间存在着相互关联、相互影响的关系。现代生物技术之间更非孤立地各自向前发展，而是彼此之间或多或少地发生联系，相互促进与制约，共同构成了一个庞大的相对独立和完整的网络系统。这与科技界认为的"技术系统论"的观点类似，有所不同的是，新型农业体系技术系统是建立在新型农业体系结构的基础之上。转基因技术、克隆技术、干细胞技术、环境生物技术等，哪些宜置于优先发展领域或重点发展的政策范围，哪些又是目前被限制发展的技术，如何选择并投入研发力量它们与新型农业体系内容的关系及在不同地区和不同时期宜采取的政策是什么等，都属于新型农业体系技术系统探讨的内容。

构成新型农业体系技术系统演进的动力机制：一是生物经济时代社会经济对农业的需求；二是现代生物技术的发展及其与农业的融合。相对于时代需求作为新型农业体系演进的外在因素和发展动力而言，以现代生物技术为核心的技术体系，则构成了新型农业体系构建的科技基础和演进的内在动力。

2. 新型农业体系技术系统的网络关系

自工业经济时代以来，技术的研发与应用传播速度正在加快。"生物科学是'大科学'，其研究涉及到很多繁复的环节。"①我们的理解是，生命科学与生物技术的许多分支领域是交叉的、相互渗透的，微观分化很细，层次也比较复杂，如克隆技术，本身就复杂多样，难以把它归为基因工程或细胞工程哪一类。与此同时，也存在一些技术，现实需要与学科发展要求它们必须相互结合，从而形成一种新的发展领域或方向。如植物细胞组织培养技术和细胞转化、DNA 重组技术的结合形成了植物生物技术新领域；染色体工程，与分子生物学结合可以大大加快染色体工程材料的鉴定速度和准确性，与育种结合能够提高选择效率，缩短育种周期；基因打靶技术与动物基因克隆结合，可以精确地、有目的地改造人和其他动物的基因组。这些特点给新型农业体系技术系统的归类及其内部关系的考察增加了不小的难度。

---

① 全球华人生物科学家大会主席陈景虹 2004 年 7 月 19 日的讲话。

按照各类生物技术在新型农业体系中的作用方式与应用范围，我们初步将新型农业体系技术系统归纳为3类子系统。子系统内部及系统之间的技术相互联系，相辅相成，共同构成了一个复合的技术网络。这3类子系统是：

- 通用性技术系统：新型农业体系中多个子系统基本都适用的基础性技术；
- 综合性技术系统：应用范围跨两个或两个以上子系统的综合性技术；
- 专项性技术系统：应用范围主要侧重一个子系统的基础性技术或技术性学科。

这3类子系统各有侧重，互有交叉。它们与新型农业体系的六大子系统一起——以新型农业体系六大子系统为经，以3类技术子系统为纬——共同构成了新型农业体系技术系统网络关系（图5-1）。

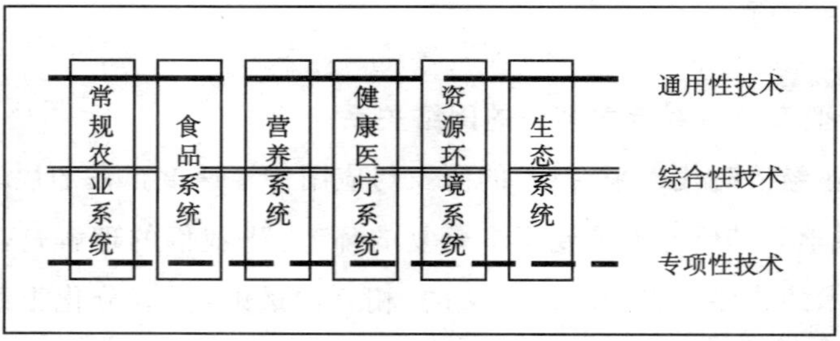

图5-1 NAS技术系统网络关系

3. 新型农业体系技术系统整合

自20世纪80年代初的改革开放以来，中国在引进和采纳新技术方面比较成功，不然也就不容易理解经济快速增长背后技术支撑的实质。但是，在拥有自主知识产权的核心技术和关键技术的研究开发，尤其是在其推广应用方面存在明显的不足，高新技术对外依存度过高。随着科技实力的增强和科研经费的不断增长，可以预计，中国在新技术引进和消化方面的实力将会进一步增强，但在如何加强技术熟化、配套与整合方面，在处理引进技术与自行研制技术关系方面有所突破，还面临严峻挑战。

技术的熟化、配套组合以及与经济的结合方式，我们不妨将其称为技术的“艺术”功能；从技术的现实经济价值上来说，这些功能往往强于它的“物理”功能——即纯粹的技术含量。这也正是为什么许多技术含量很高的技术不一定形成规模化产业、将技术优势转化为经济优势的主要原因——“艺术”功能发挥不足。

构建新型农业体系，应当避免在采纳技术新概念、新途径上过分倚重技术的实用性的“物理”功能和单项技术功能，而应注重新型农业体系技术系统的整合。正如精准农业的开拓者美国明尼苏达大学皮尔瑞·C. 罗伯特(Pierre C. Robert)教授在推进“精准农业”新概念时所认为的那样[7]：精准农业的最终目标并非在于技术本身的采用，而是如何使那些被采用的技术能够提高农业生产操作和获益能力、改进资源开发效率、提高环境质量和帮助农民提高生活水平。技术整合既是由新型农业体系技术的系统性所决定，也是由生物技术系统的整体性所决定。

第二节　通用性技术在新型农业体系中的作用

新型农业体系技术系统通用性技术，除涉及新型农业体系多个子系统外，另一个特征就是具有基础性的特点。它们在直接作用于新型农业体系的同时，往往还可被用作其他技术的依托手段，间接地作用于新型农业体系。

一、重塑自然的艺术家：转基因技术

1. 转基因技术的含义

简言之，转基因技术(Transgenic Technology)就是将外源基因导入受体细胞的技术。按照所采用的技术手段，转基因技术一般分为：病毒侵染

法、细菌介导法、电激法、基因枪法、显微注射法和化学物质处理法。

转基因技术是现代生物技术中一项核心技术，除主要涉及食品系统和营养系统外，还涉及其他各个系统，它不仅可应用于植物，而且也适用于动物、微生物乃至人，因而可作为新型农业体系的一项重要的通用性技术。若用于食品及营养系统中，它很可能成为传统的常规作物品种的终结者；用在健康医疗系统方面，它又是“改造主体”的能工巧匠；用在以上三大系统及资源环境、生态系统方面，它更像是重塑自然的“艺术家”。

2. 转基因技术在新型农业体系中的应用

转基因技术给动植物育种带来了革命性的变化，在新型农业体系中具有多种用途：

（1）通过转基因技术及其与常规生物技术组合，可将一些具有耐寒、抗盐碱、耐旱或节水等性状的基因导入农作物中，培育出新型的抗性品种，不仅可以增强作物对环境的适应性，间接地扩大作物种植面积，而且可以提高水土资源总量与利用率，为未来农业拓展储备了广阔的发展空间。例如转基因抗旱节水新品种，通过提高生物体自身的水分利用率，达到生物性节水目的；可望利用红树林耐盐且发达的根系特点，分离出相应功能的基因，并将其成功转入到其他作物当中。

（2）通过转基因技术，可以改良动植物食品，使之营养更为合理、口感更适，更符合现代时尚审美需求，甚至可以将其与健康医疗结合起来研制出系列营养保健食品。例如，普通大米中含有人体所需的铁元素，但大米中同时存在的植酸会严重抑制肠胃对铁的吸收，如果通过转基因技术在提高大米铁元素含量的同时，转入对植酸有降解作用的植酸酶基因，就可以做到两全其美。泰国香米的“致香”基因 2005 年已被发现，如能成功将其转移或将类似技术开发应用到其他食品农作物中，则可望研制出具有茉莉花香等适合大众口感的新颖食品。

（3）通过转基因技术，还可以培育一些超积累植物或增加植物附加功能，以清除水土中重金属等污染物质，或减少对农药化肥的施用，为改善水土环境质量提供安全有效的生物手段。例如，将豆科植物的固氮基因修饰并转入到其他如水稻等大田作物中，即可大大减少氮肥施用量，从而间接地保护土壤与大气环境。再如，中国科学院沈阳应用生态研究所从 20 科 54 种杂草中筛选出的镉超积累植物龙葵[①]，可望利用该植物对重金属镉的超量富集作用，清除土壤中镉污染，为植物修复土壤提供一种新思路及可能的生物材料。

转基因技术用于新型农业体系资源环境系统，还可以做到综合利用，收到"一石二鸟"之效。例如，硒是人类和动物必需的一种微量元素，但农用土壤中硒污染容易引起硒过量，从而导致硒中毒。天然的印度芥菜具有较强的吸收土壤中硒的能力，但不足以实现经济规模化利用。利用印度芥菜这一天然优势，美国加州大学伯克利分校和农业部农业研究中心的科学家培养出了三种转基因印度芥菜[②]，一种能增强三磷酸腺苷酶的生成，有助于将硒酸盐（硒在土壤中存在的主要形式）分解成对生物无害的物质；另两种分别增强谷胱氨酸合成酶和谷胱甘肽合成酶的产量，这两种酶能保护植物不受过量硒酸盐的损害。野外对比试验发现，第一种转基因印度芥菜吸收硒的能力比野生品种高 4.3 倍；而第二、第三种转基因芥菜也分别比野生品种高 2.3 和 2.8 倍。转基因芥菜在清除了土壤硒污染的同时，也提升了自身的利用价值。这些芥菜经烘干、磨粉处理，可作为饲料添加剂，供硒元素缺乏地区畜牧业和其他养殖业使用。研究还发现，野外试验地中生长的转基因印度芥菜，清除土壤硒污染的效果比它在温室试验里的效果还要好，表明转基因印度芥菜具有很强的适应能力。由于在技术上的创新——应用改变植物叶绿体 DNA 方法而非常规的改变细胞核 DNA 方法，因而避免转基因植物的花粉漂移污染到天然野生植物，从而增强了基因植物的安全性。

转基因植物对农业可能产生的不利影响主要表现在：其一，转基因植物可能蜕变为杂草。这种可能性不亚于非本地种变为优势杂草的可能性，因为在转基因植物的基因组内插入了具有显著优势的基因。其二，一些转基因植物被插入的耐除草剂基因或抗病虫害基因可能通过花粉漂移而插入杂

---

① "我国发现新的镉超积累植物龙葵"，《科学时报》，2005 年 2 月 4 日。

② "转基因芥菜可消除土壤硒污染"，《科学时报》，2005 年 2 月 7 日。

草基因组，从而增强杂草的耐除草剂和抗病虫害机能。据丹麦一个研究小组研究，插入抗除草剂基因的油菜作物，通过花粉与周围一个近源的杂草杂交，产生出具有高繁殖率、带有杂草特性的杂种，证实了油菜基因被成功转入杂草亲属；同时表明：转移基因可以快速地流入野生型，产生新的和有毒的遗传污染物。也有来自产业界的人士认为，转移基因在作物和野生杂草亲属间流动的可能性很小，因为大多数商业作物并不种植在其野生亲属附近。转移基因漂移的距离究竟有多远，目前不仅没有概念性定论，而且也随着农作物品种而异。例如在美国，玉米和大豆没有杂草亲属，因而它们的转移基因流入野生型的可能性极小；但其他如南瓜、萝卜、胡萝卜、向日葵等与野生型亲属繁殖品性相容，可能会将遗传污染物散布于野生型当中[9]。

二、揭示生物信息的快速预言家：生物芯片

1. 生物芯片的概念与原理

生物芯片（Biochips）是由活性生物靶向物构成的微阵列（Micro-arrays）。它利用微点阵技术，使生物分子或其他生物化学组分（高密度DNA、蛋白质或多肽、细胞等）在固相载体上作有序排列，利用生物大分子之间的特异性相互识别作用，借助于电脑平行分析原理，使一些生物分析手段能够在更小的空间、以更快的速度精确地完成。其概念源于计算机芯片，但又明显不同，也不同于正在研制中的生物计算机所使用的“芯片”——这二者往往是初次接触生物芯片概念者容易混淆之处。

根据固相载体上排列的生命物质，生物芯片可分为DNA芯片（DNA Chips，也叫基因芯片）、蛋白质芯片、细胞芯片以及芯片实验室。所谓载体，可以是硅片、尼龙膜和玻璃片等。

以最先实现产业化的DNA芯片为例，来进一步解释生物芯片的工作原理。DNA芯片，又称为寡核苷酸探针微阵列，其最大特点是一块芯片可以完成数百次常规测试，大大简化了测试过程，能在超短时间内采集到大量信息。其原理是，利用DNA双链的互补碱基之间的氢键作用，让芯片上的探针分子与样品中的靶标核酸分子在相同的条件下进行杂交反应，反应结

果用化学荧光法、同位素法、化学发光法或酶标法显示，然后用精密扫描仪或摄像技术记录，通过计算机软件分析处理，得出有价值的生物信息。

2. 生物芯片在新型农业体系中的应用

生物芯片是随着20世纪90年代人类基因组计划发展起来的。它集生物技术、微电子技术、化学技术、激光技术以及软件技术等于一体，因而从学科领域上可以把它归结为一项综合性技术。它的发展已经并将进一步对分子生物学、基因组研究、疾病诊断与治疗、新药开发以及法医鉴定等研究与开发领域产生革命性的影响，在新型农业体系的健康医疗系统、食品系统、营养系统等方面具有重要的通用性价值。其最大或具有诱人前景的应用领域可能在于新药的研究与开发，例如开发个性化药物，由于存在个体差异，不存在一种"通用"药物适用于所有病人，因而根据每个人特有的基因类型开发出专用药物，即个性化药物，将成为健康医疗领域的一次革命；而要快速实行基因检测，分析个人的基因类型，以确定用药方案，基因芯片是首选技术。

许多疾病的发生与基因的变化有关，许多恶性疾病，包括癌症、心血管疾病、中风、糖尿病和早老性痴呆等都涉及基因易感性。基因芯片的应用将有助于揭示多基因或基因与环境因子相互作用的发病机制，当鉴定出与各种疾病易感性相关的基因类型后，就可以开发出相应的基因芯片来预测疾病。

国外已有一系列检测癌症、遗传疾病和传染病的基因芯片上市；用于疾病易感性分析的基因芯片，如检测乳腺癌易感性基因BRCA1（如不做切除，该基因阳性者在65岁时有80%会得乳腺癌，故为易感性基因）和BRCA2突变的基因芯片，也已问世。许多生物技术公司正在开发能同时诊断多种癌症和传染病的"超级基因芯片"。假定基因芯片的发展也基本遵循"摩尔定律"的话，那么，预计在生物经济时代，包含人类基因组全部基因信息的"人体芯片模型"有望问世；而要全面阐明基因之间的相互作用和代谢过程，可能还需等到生物经济时代成熟阶段的中期。

三、生物识别与信号传导的观察员：生物传感器

1. 生物传感器的界定与类型

顾名思义，传感器首先是一种器件，一种信息获取与处理的装置。论及生物传感器，首先应从化学传感器的一般工作原理谈起。所谓化学传感器，就是对物质成分传感的器件或装置。准确地说，化学传感器是一种小型化的，能专一和可逆地对某种化学成分进行应答反应，并能产生与该成分浓度成比例的可测信号的装置。

生物的基本特征之一是对外界的各种刺激做出反应，之所以如此，是因为生物能感受外界的刺激信号，并能将这些信号转换成体内信息处理系统所能接收并处理的信号。可见，"传感"的原理其实就发生在我们身边，如人体的感觉器官就是一套完美的传感系统，只是由于它们不是人工制成的装置，而没有把它们纳入到传感器范畴。

生物传感器（Biosensors）是一类特殊的化学传感器，是以生物活性单元（包括酶、抗体、核酸、细胞等）作为生物敏感基元，对目标物具有高度选择性的检测仪器。其基本原理是，通过各种物理、化学型信号转换来捕捉目标物与敏感基元之间的反应，然后将反应的程度用离散或连续的电信号表达出来，从而得出被测物的浓度。有人给出的定义更为简明，认为生物传感器是利用生物识别机制和物理传导技术而制成的生化分析仪器[8]。

按照三种不同指标，可对生物传感器进行分类，从而有助于加深对生物传感器的理解。①根据生物分子识别元件上的敏感物质即感受器所采用的生命物质，可将生物传感器分为酶传感器、微生物传感器、组织传感器、基因传感器、免疫传感器等；②根据输出信号的产生方式，可分为生物亲和型、代谢型和催化型三种；③根据信号转化器，可分为电化学生物传感器、半导体生物传感器、测热型生物传感器、测光型生物传感器、测声型生物传感器等。

2. 生物传感器的发展阶段

1962 年，克拉克（Clark）和莱昂斯（Lyons）最先提出生物传感器的设

想，由此诞生了最早的生物传感器——测定葡萄糖浓度的酶电极。由于酶电极的寿命较短，提纯的酶价格昂贵，而酶多来自微生物或动植物组织，因而启发人们研究酶电极的衍生物：微生物电极、细胞电极、动植物组织电极以及免疫电极等新型生物传感器。

生物传感器的发展大体经历了三个阶段：第一代生物传感器，由固定了生物成分的非活性基质膜和电化学电极组成；第二代生物传感器，无需非活性基质膜，而将生物成分直接吸附或共价结合到转换器的表面；第三代生物传感器，把生物成分直接固定在电子元件上，使它们直接感知和放大界面物质的变化，从而把生物识别和信号的转换处理结合在一起。

3. 生物传感器在新型农业体系中的应用

生物传感器是一门跨生物、化学、物理、医学、电子等多学科的综合性技术，在食品、健康医疗、环境监测以及军事等领域具有重要的应用价值。在新型农业体系中，它涉及食品系统、健康医疗系统和资源环境系统，因而也属于通用性技术。

生物传感器应用较多的领域是健康医疗、环境保护、食品，以及生物工程、常规农业等与新型农业体系密切相关的领域。在生物传感器用于健康医疗系统方面，例如癫痫患者可戴一个微小传感器，使用头皮上电极来进行预感，可望在癫痫发作前若干分钟内感知，感知后可从植入药泵中释放药物，从而有效制止癫痫发作。

四、生物技术与信息技术的结晶：生物信息学

1. 生物信息学的含义

生物信息学（Bioinformatics）是应用生物学、信息科学、数学等多学科理论与方法，处理和分析大规模复杂生物信息的交叉学科。该定义略显笼统，可以理解为广义的生物信息学。相对而言，狭义的生物信息学是指应用信息技术储存和分析基因组测序所产生的分子序列及其相关数据，因而也被称为分子生物信息学。如未作特别说明，一般是指狭义生物信息学。

2. 生物信息学的发展历程

生物信息学是随着计算机和远程通讯以及分子生物学的发展而建立起来的。自 20 世纪 50 年代末运用数学模型、统计学方法处理宏观生物学数据以来，生物信息学的发展大致经历了三个阶段[①]：①前基因组时代，主要从事生物数据库的建立、检索工具的开发、DNA 和蛋白质序列分析以及全局和局部的序列对位排列；②基因组时代，主要从事基因寻找和识别、网络数据库系统的建立以及交互界面的开发；③后基因组时代，主要从事大规模基因组分析和蛋白质组分析，揭示基因组和蛋白质组的相互作用与功能。

3. 生物信息学在新型农业体系中的应用

在新型农业体系中，生物信息学主要应用领域是健康医疗系统和与基因功能相关的食品系统、营养系统。主要涉及以下方面：①基因组研究，包括基因组的组装、基因组注释、基因表达分析以及蛋白质的结构与功能分析；②药物靶标的发现与功能分析、药物的发现与设计；③基因芯片。

五、生物超级复印机：克隆技术

自“多莉”诞生以来，“克隆”一词使用日益频繁，甚至到了时髦的地步。然而，公众对什么叫克隆、克隆的种类与层次、克隆技术的进展与应用前景等，仍存在一些模糊的看法。这一方面与克隆的伦理道德有关；另一方面也许与目前对克隆的盲目崇拜有关。

1. 克隆的含义

克隆(Cloning)一词，源于希腊语 Clonos，意为“嫩枝”；Clonizo 是其动词“砍下嫩枝”的意思。意思是说，不使用种子而用从老树上砍下的嫩枝，经插条变成小树苗。这是克隆最早应用于农业的一种解释。中文“克隆”为英

---

① 根据中山大学生命网有关资料整理，http://life.zsu.edu.cn/bioinformatics/bioinformatics_1.txt，2004 年 8 月 30 日。

文 Clone 的音译，意为形成无性繁殖系的过程与方法。

克隆的含义，在分子、细胞、个体三个不同层次上有所不同：

• 分子克隆，又称 DNA 克隆或基因克隆，是在分子水平上，利用细菌或病毒使原来某一片段 DNA 形成一群 DNA 分子的过程。

• 细胞克隆，又称细胞培养，是从起始细胞经过有丝分裂形成一群遗传特性完全相同细胞的过程。

• 个体克隆，分天然动植物微生物克隆与人工培育克隆体。自从地球上有了生物，用无性繁殖（复制）的方式增加个体的数量就成了繁殖的一种方式，这便是自然界发生的克隆，同卵双胞胎也是一种天然克隆。在单细胞生物、植物和低等动物中，无性繁殖产生完全相同的克隆是普遍存在的，但在高等动物，遗传上完全相同的克隆十分罕见。人工的动物个体复制只是近十几年才发生的事，称为动物克隆。

2. 克隆技术的发展阶段

克隆技术（Cloning Technology）是一个复杂的技术体系。其发展经历了三个里程碑阶段：

（1）微生物克隆，是指用一个细菌很快地复制出成千上万个完全相同细菌的过程。

（2）分子克隆，如前所述，指用不同的 DNA 做原料，经过拼接成为一个新的 DNA 分子，然后再经过一系列操作，把它复制成许多完全相同的 DNA 分子的过程。

（3）动物克隆，又称为核移植，是指利用显微外科手术方法，将胚胎细胞或成体细胞的细胞核移入去核的卵母细胞中，构建成重组胚，再通过体内或体外培养、胚胎移植，产生与供体细胞基因型相同后代的过程。

这里重点讨论动物体细胞克隆的原理和优点。动物体细胞克隆技术的原理是：在动物身上采集体细胞，进行体外培养，并把目的基因导入体细胞中，然后筛选出证实已经确实被转入基因的细胞用于克隆。克隆过程是，从卵巢中取出卵子，经体外培养一段时间，待卵子成熟后，借助一套特殊的显微操作将卵子自身的遗传物质彻底去除，然后把事先准备好的转基因体细胞的核转移到已经去除遗传物质的卵子中，构成一个全新的胚胎。胚胎在体外培养若干天后移植到一个代孕母体内，产仔即获得体细胞克隆动物。与传统的显微注射 DNA 的方法相比，用该技术生产转基因动物有很多优越性：生产出的动物 100％是转基因；可以控制动物性别；可以进行基因打靶。总之，利用体细胞克隆技术可使转基因动物生产成本大大降低，提高了转基因动物的生产效率。

动物体细胞克隆技术与动物转基因密切相关，利用体细胞克隆技术并结合动物转基因方法生产转基因动物不失为一项重大创新技术。

3. 克隆技术在新型农业体系中的应用

2004 年，美国 GSC 克隆公司成功地将一只克隆猫“小尼基”卖给了得克萨斯州的朱丽女士。虽然这只克隆猫售价昂贵，达 5 万美元①，然而这毕竟是世界首例按照订单“订制”的商业克隆动物，具有里程碑意义。“小尼基”的确身世不凡，外表和脾性酷似“尼基”，而且缓解了主人对朝夕相处 17 年爱猫的思念之苦，寄托了一份特殊的情感。之所以说具有里程碑意义，是因为它意味着克隆技术首次走出了实验室，进入到商业领域；克隆猫能够做到这一点，又有什么理由不能认为其他动物的克隆乃至人的克隆在不久的将来也会进入到商业运作阶段？

科学家正在探索克隆人类早期胚胎，并期望从中提出胚胎干细胞。利用克隆技术获得的人类胚胎干细胞具有多能性，既可分化成骨骼细胞、肌肉细胞，又可分化为未成熟脑细胞等多种细胞类型。人是最复杂的动物，人犹如此，那么只要社会出现同样的生产需求，如挽救濒危动物，一般动物和植物克隆技术就会面临着更多新的技术突破。若该项技术获得成功（曾有报道，韩国科学家黄禹锡克隆出人类胚胎干细胞，但后调查证明属于伪造），不仅将为人类的治疗性克隆健康医疗带来新的希望，而且将为资源保护、生态恢复提供新的手段和途径。当然，将这种技术应用于人类健康医疗，不管是生殖性还是治疗性，都会或多或少带来一系列生命伦理问题。

---

① 魏雅华：“克隆猫给世界带来了什么”，《科学时报》，2005 年 1 月 17 日。

第三节　综合性技术在新型农业体系中的作用

新型农业体系技术系统的综合性技术同样涉及两个或两个以上子系统，其显著特征是具有跨系统、综合性的特点。与通用性技术往往用作其他技术的依托手段，并间接地作用于新型农业体系相比，它们一般直接作用于新型农业体系。

一、*遗传性状的优化大师：基因工程及 DNA 重组技术*

1. 基因工程及 DNA 重组技术的概念

基因工程(Genetic Engineering)又名遗传工程，是通过限制性内切酶和连接酶的作用，使个别基因和作为基因载体的质粒或病毒分子相结合，成为重组 DNA 分子；再将这种分子通过转化等方法引入到另一细胞中，使该细胞能表达移入分子原物质相应性状的过程。由此可以理解，基因工程包括以下四个步骤：①获取符合人们要求的 DNA 片段——目的基因；②将目的基因与质粒或病毒 DNA 连接成重组 DNA；③把重组 DNA 引入某种细胞；④挑选目的基因能表达的受体细胞，实现功能表达。它是根据一定的目的和设计，对 DNA 分子进行体外加工，再引入受体生物，以改变受体生物某些遗传性状，从而培育生物新类型或治疗遗传疾病的一种生物工程技术。所谓"一定目的和设计"，是指对 DNA 进行体外加工，把某些 DNA 分子"剪"断，再与另外的 DNA 分子片段重新连接。用来剪断 DNA 分子的"分子剪刀"叫做 DNA 限制性内切酶，简称内切酶。

1972 年，美国科学家保罗・伯格(Paul Berg)首次成功地重组了第一批 DNA 分子，标志着 DNA 重组技术的诞生。作为基因工程的核心技术，DNA 重组技术(DNA Recombination)是利用供体生物的遗传物质或人工合成的基因，经过体外或离体的限制酶切割后与适当的载体连接起来形成重组DNA分子，然后将重组DNA分子导入到受体细胞或受体生物构建转基因生物。简言之，两种来源不同的DNA分子间因发生局部片段的交换而导致结构上重新组合的过程，称DNA重组。

2. 基因工程及DNA重组技术在新型农业体系中的应用

基因工程是改变生物遗传特性的有效手段，可以打破物种间遗传物质交换的生殖隔离，将来自不同种属、不同门类以及不同界生物的遗传物质转移到受体生物的细胞中。基因工程的目的主要有以下两点：在理论上了解基因在生物体内的功能；在实践上创造符合人类要求的新型生物材料（如生物制品、农作物新型改良品种）或医疗手段[10]。

许多活性多肽和蛋白质具有治疗和预防疾病的作用，它们从相应的基因中产生，但由于在组织细胞内产量极少，因而，如采用常规方法，很难获得足够产量以供临床应用。基因工程则突破了这一局限，能够批量生产此类多肽和蛋白质。例如，已成功生产出包括治疗糖尿病和精神分裂症的胰岛素、对血癌和某些实体肿瘤有疗效的抗病毒剂——干扰素、治疗侏儒症的人体生长激素、治疗肢端肥大症和急性胰腺炎的生长激素释放抑制因子等在内的100多种产品。

DNA重组技术在新型农业体系中的应用主要体现在食品与营养（由动植物品种改良来实现）、健康医疗与环境保护方面；活性多肽、蛋白质和疫苗的生产；疾病发生机理、诊断和治疗；新基因的分离；环境监测与净化。

重组DNA技术使生产结构复杂的蛋白质和多肽类药物成为可能。利用动植物细胞培养、融合和细胞器操作技术，不仅可以生产多种人体生理活性因子、疫苗、单克隆抗体，而且可以对微生物菌种进行改良，对微生物的药物合成机制进行调控，使其生产出疗效更好、产量更高的抗生素类药物。

二、纳米技术与生物技术的融合：纳米生物技术

1. 纳米生物技术的含义及其作用

纳米生物技术是指利用纳米级有机或无机物操控技术对生物过程进行

纳米级微量分析，或从生命科学角度出发提供产品纳米化制造的相关技术。顾名思义，它是纳米技术和生物技术相结合并集成创新的技术，属于一项涵盖生物学、化学和物理学等多学科的综合性技术。纳米(Nano Meter, nm)是一种长度单位，1 纳米等于米的十亿分之一、微米的千分之一，相当于 DNA 链的直径，约为三四个原子宽度。物质由于尺寸的特殊性而表现出许多不同于传统材料的特殊性能。

纳米技术与生物技术融合，目的不仅在于将产品微小化，同时也在于通过控制分子的行为，达到控制组织与细胞的目的，并有效掌握控制纳米材料或复合物本身的多变性，以及与生物系统之间的交互反应。

2. 纳米生物技术的研究方向与应用前景

纳米生物技术是现代生物技术领域研究的前沿和热点，有着广泛的应用和产业化前景，目前的研究主要集中在以下三个方面：纳米生物材料、纳米生物器件和纳米生物技术在临床诊疗中的应用[11]。内容涉及生物相容性材料、材料—组织介面、药物和基因纳米载体、纳米生物相容性人工器官、纳米生物传感器和成像技术、微型智能化医疗器械以及利用扫描探针显微镜分析蛋白质和 DNA 的结构与功能等。纳米生物技术已成为国际研究的重点领域。美国、日本、德国、英国、新加坡等国家均已将纳米生物技术作为 21 世纪的资助重点。澳大利亚、韩国、俄罗斯和中国也在继美国推出国家纳米技术计划(National Nanotechnology Initiative, NNI)之后相继启动了各自的纳米发展计划。我国纳米生物技术的发展与先进国家相比，起步稍晚，但自“九五”以来，先后在“863”计划中给予重点支持，启动了“国家纳米振兴计划”。

相对而言，纳米生物技术研究在健康医疗系统取得了较大进展。纳米生物技术研究中有关药物传输、组织重建、临床诊断以及病原体检测等许多理论工作已经在实验室完成，且有越来越多的临床实验室、生物技术与制药公司参与开发。后基因组时代的到来，为纳米生物技术的发展提供了良好的契机。随着生物学、化学、新材料技术的不断进步，纳米生物技术会得到更为广泛和深入的研究。近年来已在基于自然界原型的纳米生物材料、芯片技术、分子马达、纳米探针等方面获得了快速发展[12]。纳米生物技术为疾病诊断与治疗提供了新的手段。有专家预计①,2011 年前可望在下列应用领域取得研究上的突破:通过该技术制造一种用于验血的生物芯片,对多种疾病进行更早期的诊断;为制造人造器官和人造皮肤提供便利;为有效治疗脑血栓提供技术手段;纳米微粒将在摧毁脑肿瘤方面起到重要作用。

纳米生物技术在健康医疗、食品生产和监控以及环境监测等领域有着广泛的应用前景。一些纳米生物技术公司十分注重前沿技术的市场开发,如美国休斯敦的 C60 公司正致力于"富勒烯"纳米材料的开发。富勒烯极其坚固、稳定,能够经受外层空间极端的温度条件,富勒烯的性质一旦被充分认识,就可能成为一座技术宝库。它在医疗方面也颇具潜质,有望作为细胞内外强效的抗氧化剂;这些奇异的分子具有卓尔不群的化学性质和物理性质,可以与元素周期表上的各种元素发生反应,并且可以与自由基进行反应[13]。据密歇根大学生物纳米技术中心创始人[14]称,纳米生物技术正在由原来纯粹理论研究向研发实验室和临床应用方面转变,"纳米材料已经开始进入临床应用。比如纳米晶体镀银面霜(Nanocrystal Silver Burn Cream)。这种材料的独特之处就是小晶体比大粒子有更大的表面积,并且具有更好的抗菌效果。"他还认为:"在未来几年内,那些用纳米颗粒稳定的或已经传递的许多药物也要开始应用于临床。"

虽然纳米生物技术研究与应用前景广阔,但到实用与产业化仍有相当长的距离,这是该技术未来发展的关键问题。由于适应健康医疗"人本化"需求,并利用其在生物、物理、化学等方面的综合与交叉优势,纳米生物技术可望率先在纳米药物载体、纳米生物相容性人工器官、纳米抗菌材料、纳米生物传感器以及微型智能化医疗器械等领域实现产业化。中国纳米及纳米生物技术的研究力量众多,但相对分散,而且有关纳米研发及利用的"炒作"成分过浓,不利于今后的发展。在纳米电子、纳米材料、分子纳米等技术与现代生物技术的融合过程中,纳米技术的应用范围将不断拓展,从而改变诸

① 新华网:"德专家谈纳米生物技术的应用前景",http://www.biosino.org/news-2001/200109/01092801.htm,2005 年 1 月 14 日。

多产业的面貌。纳米技术会不会在21世纪50年代生物经济时代衰退之时促成“纳米经济时代”出现？虽然现在预测为时尚早，但也不可轻言“否定”。

三、环境健康护理师：环境生物修复技术

1. 环境生物修复技术的界定与类型

环境生物修复技术是利用生物的吸收、降解、转化等生命代谢活动，清除、减少存在于环境中的有毒有害物质，使其无害化的技术。从环境恢复重建所采用的方法上来衡量，环境修复技术可分为环境物理修复技术、环境化学修复技术和环境生物修复技术。环境生物修复技术是环境生物技术的重要组成部分，是随着生物技术的发展、可持续发展观念的形成而兴起的一类“友好”技术。

生物修复的目的是：使被污染环境能部分或完全恢复到正常洁净状态；将污染物稳定化，以免向周边环境扩散。按被修复的对象，生物修复分为：污染土壤的生物修复、污染河流的生物修复、污染湖泊的生物修复、污染地下水的生物修复、污染海洋的生物修复、污染大气的生物修复以及固体废物污染的生物修复。根据污染物种类，生物修复主要分为有机污染生物修复、重金属污染生物修复和放射性污染生物修复。

生物修复一般有广义和狭义之分。所谓广义生物修复，是指利用所有生物类型的机能对污染环境进行修复的技术，可分为植物修复、动物修复和微生物修复三种类型。植物修复是利用植物去治理水体、土壤和底泥等介质中污染的技术，包括植物萃取、植物稳定、根际修复、植物转化、根际过滤、植物挥发等；动物修复是指通过土壤动物的直接（如吸收、转化和分解）或间接（如改善土壤理化性质，促进植物和微生物的生长）作用对被污染土壤进行修复的过程；微生物修复指利用微生物将环境中的污染物降解或转化为其他无害物质的过程。狭义生物修复即指微生物修复。

2. 环境生物修复技术在新型农业体系中的应用

在新型农业体系中的环境生物修复技术指的是广义生物修复。随着功

能基因组、生物芯片、克隆等技术的发展，环境生物修复技术在解决传统修复技术难以解决的复杂环境污染问题上异军突起。如农药解毒和降解基因克隆与高效表达的成功，为应用水解酶去除农药残留污染开辟了一条新途径。

对于农业来说，相对于物理和化学修复，生物修复更为有效，这是由生物和农业的共同特征所决定的。例如，利用特种植物和微生物的生理机能，通过对底泥和水体的生物修复，有利于良好水体生态系统的重建，从根本上改善水质，提高自净能力。环境生物修复处理面广，成本较低，最适用于农业环境系统。如土壤中污染物一般具有量少面广，即所谓“面源”污染的特点，针对大面积的农田来说，只有生物修复才可望达到“面”的修复效果；而物理和化学修复所针对的主要是对“点”污染的修复，要想处理“面源”污染，成本一般会大大增加。

针对土壤污染，微生物修复技术当为首选。例如，用一种或多种微生物来降解土壤中的有机污染物，包括农药、石油烃类和有机磷、有机氯等，使这类物质无害化或转化成对环境无害的二氧化碳。微生物能以包括农药在内的有机、有毒或难以降解污染物作为生长所需的营养物质，通过代谢活动逐步将污染物降解，直到矿物化。微生物是地球上最大的尚未得到充分开发利用的生物资源。微生物修复如同微生物开发利用在新型农业体系中的作用一样具有极大潜力。从一定意义上讲，没有微生物的参与，就没有现代农业。人类迄今所认识的微生物种类不到自然界存在的微生物总数的1%[15]。即使是这些先行利用的极少部分的深度开发，也足以令常规农业系统、食品、营养、健康、环境等领域的面貌大为改观。可见，开发利用微生物资源，包括其特殊的基因资源，对于新型农业体系的建设潜力巨大。

四、基因功能的解码器：基因打靶技术

1. 基因打靶技术的含义与类型

基因打靶是一项涉及动物基因工程和细胞工程，建立在同源重组原理，转基因、胚胎干细胞、体细胞培养等技术基础上的综合性技术[16]。其含义

是指，对目的基因或靶基因（具有特定功能的DNA序列）进行修饰，即用所设计的一段DNA载体对准靶基因，通过打靶，对目的基因进行剔除，改变生物体遗传信息，研究改变后将发生什么变化，从而研究剔除的基因具有什么功能。

根据靶基因的变化，可将基因打靶技术分为两种类型：①基因剔除（Gene Knock Out），是指在一个编码蛋白质的重要外显子中，经同源组插入一个新霉素磷酸转移酶基因（NEO），使蛋白质转录过程阻断，不能形成相对应的信使RNA（Messenger RNA，简写作mRNA），也叫做对该蛋白质基因的抑活。目的在于：对一个结构已知但功能未知的基因，从分子水平上设计实验，将该基因去除，或用其他顺序相近基因取代，然后从整体上观察实验动物，推测相应基因的功能。②基因嵌入（Gene Knock In），是指把一段或一个突变的新DNA序列导入靶细胞基因组当中。

2. 基因打靶技术在新型农业体系中的应用

基因打靶技术的应用原理表现在三个方面：破坏基因功能；基因功能修饰；基因表达调控。该技术主要应用于新型农业体系中的食品（通过畜牧业）与健康医疗方面。在畜牧业方面，如用基因剔除方法，将猪羊等家畜的肌肉生长抑制素（Myostatin）基因剔除，可能会促进家畜的肌肉生长，这样就便于培育生长快速、饲料报酬率高的优良品种。在健康医疗方面，如将猪的一种特殊的能引起排异反应的抗原基因剔除，猪的器官便不能识别异种组织，从而消除排异反应，适用于对人的异种器官移植。

过去的靶细胞只限于胚胎干细胞，因其全能性，能在体外传代培养，打靶后容易筛选，再进行克隆，故而是打靶基因的良好载体。克隆羊"多莉"的出生，从理论上证明了某些体细胞也具有全能性，随着一套体细胞克隆动物技术的发展，体细胞也可作为靶基因，从而为把基因打靶技术用于家畜开辟出一条新途径。

基因打靶技术与动物克隆技术的结合，可使人们按照自己的意愿改造人和动物的基因组。尤其是当人和某些动物的基因功能被揭示出来以后，便可有目的地利用基因打靶技术对基因进行修饰，从而对人类的健康医疗和畜牧业产生深远影响。

五、再生医学新模式:组织工程

1. 组织工程的含义及其时代意义

组织工程(Tissue Engineering)是将具有特定生物学活性的正常组织细胞与相容性生物材料相结合,在体外或体内构建组织和器官,用以维持、修复、再生或改善损伤组织和器官功能与形态的技术。其基本原理是:从机体获取少量活组织,将功能细胞从组织中分离出来,并在体外进行培养扩增,然后与可降解吸收的三维支架材料按一定比例混合,植入体内病损部位,生物材料在体内逐渐被降解吸收,植入的细胞在体内增殖、分泌细胞外基质,最后形成所需的组织或器官。其最大特点是,正常细胞吸附于生物相容性良好的生物材料上,形成细胞—生物材料复合物;在保持特定生理活性的细胞分泌细胞外基质构建组织结构[15]的同时,生物材料逐渐被人体降解吸收。组织工程涉及生物化学、分子生物学、细胞生物学、临床医学、材料学、工程学、伦理学等多学科的交叉与综合,具有综合性的特点,虽目前主要应用于健康医疗系统,但从发展的视角来看,未来也将应用到食品及营养系统,同时具有跨系统特征,因而可将其归为综合性技术。

组织工程是再生医学的核心,被认为是继细胞生物学和分子生物学之后生命科学发展史上又一个里程碑,生物相容性材料和全能性干细胞为其两大技术关键。组织工程的发展,使得健康医疗系统中组织与器官医疗由传统的切除或捐献移植模式转变为人体自行制造模式,从而开创了再生医学生产组织和器官的新理念,被誉为“一场意义深远的医学革命”、“再生医学的新时代”[17];预示着“生物科技人体时代”可望在 2020 年代到来,具有重要的科学意义与应用价值。这种模式转变的意义还在于:生产组织和器官成为现实,并具有市场化前景。作为产品,组织和器官——“自然人”的一部分,在符合农业两项基本特征(利用生物的生活机能;实现物质与能量的转化)的基础上,符合第三项特征:人工作用以取得产品。因而,组织工程为我们把“自然人”纳入新型农业体系提供了技术上的支撑和有力佐证。

2. 组织工程在新型农业体系中的应用

组织工程学研究始于20世纪80年代的美国，其概念首先由美国科学家兰格(R. Langer)和J. P. 瓦肯蒂(J. P. Vacanti)提出[18]。在波士顿麻省大学医院，J. P. 瓦肯蒂首先创制了应用组织工程生产的软骨细胞系。麻省理工学院的科学家成功研发出一种生物橡胶(Biorubber)，这种可被人体自然分解的聚合物，已经被应用于组织工程等领域。据研究人员称，这种生物橡胶除具有韧性强、可分解、价格低等特性外，还可因应实际所需调整生物橡胶的分解速度与其他特性。组成这种生物橡胶的主要成分都是无毒物质。由于该生物橡胶具有多种生物组织的特性，因而可用于心脏组织、血管、软骨、骨骼等组织器官的设计，供移植之用。

中国的组织工程研究起步比国外晚约两三年，但发展较快，到2000年，全国已有30多个院校和科研机构开展了组织工程研究，建立了一批实验室。其中的人造器官研究基本与发达国家同步，在皮肤、骨和软骨、血管、神经和角膜的研制方面已取得较大进展；人造器官及组织也开始广泛应用于临床。但是，这两者都因缺乏统一标准及相应的政策法规和评审程序，致使人造器官应用于临床的进程严重滞后。2004年，来自全国的组织工程学专家在西安共同制定了人造器官及组织应用的标准。人造器官及组织应用统一标准的制定，使我国组织工程人造器官在申报、检测和评审等方面有了“统一度量衡”，将进一步促进人造器官在临床医学上的应用。

组织工程与转基因技术相结合，可培植出与人体自身免疫系统相融的组织和器官。目前研究已涉及到人的骨、软骨、肌腱、肌肉、皮肤、气管、食管、心瓣、血管、周围神经、脊髓、肠、肝、肾、胰、膀胱、输尿管、尿道和牙等组织和器官。以人的健康医疗为主，包括人和其他大型动物器官材料的转基因生产、移植或被移植，将是生物经济时代组织工程的主要应用领域和方向。

组织工程不仅用于修复受损组织，而且可用于新型“人造肉”的研究开发，后者将开辟组织工程的另一新的应用领域，主要用于解决有关食品短缺、营养成分、膳食结构及饲养家畜造成污染等问题。其方法原理是，将牛或鸡等肌肉细胞分离，繁殖出成千上万个新的肌肉细胞。通过这种方法，

NASA的研究人员为开发未来长期太空旅行所需食品，利用鱼组织已经获得了少量的“人造肉”①。据同一报道来源，科学家曾在实验室用一个单细胞造出一小块肌肉。这种用细胞来生产的新型“人造肉”不同于目前已在食用的传统“人造肉”，后者也就是通常所称的“蛋白肉”，一般用大豆等植物蛋白制成。传统“人造肉”营养虽然不错，但在口味上，根据一些人的体会，的确不能同天然肉类相比。新型“人造肉”会不会出现同样的问题？口味问题倒可能会得以改善，但如何通过改进组织工程等技术生产出既富含营养又具有肉类结构，且味道像牛肉或猪肉、羊肉、家禽、鱼肉的“人造肉”是未来发展的难点，难点就在于营养、结构、口味的统一。此外，目前人们的消费心理习惯可能会成为该新型食品推广的一大障碍。因为，一者它属于人工制造物；二者容易使人联想起“人肉”——岂不产生严重的伦理问题？仅据此，“人造肉”的名字也只是临时称呼，更况乎规模化生产的技术本身。

第四节　专项性技术在新型农业体系中的作用

新型农业体系的专项性技术主要是指以新型农业体系某一子系统应用为主的生物基础性技术或技术性学科，具有专门针对性和基础性的双重特点。

一、组织与器官的裁剪制作：干细胞技术

1. 干细胞的概念与类型

干细胞(Stem Cell)是一类具有自我更新与增殖分化能力的原始细胞，具有再分化形成其他细胞、组织和器官的潜力。

干细胞的功能并非等量齐观。根据细胞所处发育阶段，干细胞分为胚胎干细胞(Embryonic Stem Cell, ESC)和成体干细胞(Adult Stem Cell)。

---

① 王惠民：“人造肉可大批培育生产”，《北京科技报》，2005年7月13日。

胚胎干细胞是指具有自我更新、高度增殖和多向分化潜能的一类细胞，它所产生的子代细胞具有相同的基因型和表现型。早期胚胎干细胞属于最原始的干细胞，称为全能干细胞，具有自我更新和分化为任何类型组织细胞的能力。成体干细胞是成年组织或器官内的干细胞，在特定条件下也可以产生新的干细胞或按一定的程序分化形成新的功能细胞，从而使组织和器官保持生长和衰退平衡。近期研究发现，成体干细胞同样具有分化成其他细胞或组织的潜能，如在成年人骨髓中就存在一种干细胞，能够分化成心肌和血管等多种细胞类型。与胚胎干细胞相比，成体干细胞具有免疫相容性优点（在供者和受者为同一人的情况下），但存在特别难以分离、供者先天性或获得性遗传缺陷等不足，因而不如胚胎干细胞更具广泛的应用潜力[6]。

2. 干细胞技术在新型农业体系中的应用

干细胞技术的应用方向侧重于健康医疗，尤其是人的健康医疗方面，因而我们将它列入专项性技术一类。干细胞技术用于健康医疗有 4 个环节：①干细胞的来源。自体还是异体，同种还是异种，来源不同会产生不同的免疫排斥反应。②将干细胞转化成具有治疗功能的“活细胞”。③解决干细胞治疗中可能出现的免疫排斥反应。④诱导干细胞发育形成具有一定解剖结构的组织器官。

干细胞具有定向诱导分化为皮肤、血液、神经、肝脏等细胞的潜力。实验证明，干细胞技术为促进血小板生产和部分血液疾病治疗开辟出新途径。血小板具有止血和凝血作用，但到目前为止，血小板的生产离不开血液，且血小板保存的时间有限，常温下只能保存 3 天，因此血小板的生产数量与保存时间限制了有关血液疾病的治疗。日本广岛大学的科学家借助鼠胚胎干细胞培养出一种大量生成血小板的巨核细胞；通过向这些血小板中植入一种基因后发现，经基因改造后的血小板可以调节其止血功能，这将为治疗脑血栓开辟出一条新路①。

① 何德功：“日本用老鼠胚胎干细胞制成血小板”，自《科技日报》，http://www.stdaily.com/gb/stdaily/2003-08/28/content_137399.htm，2003 年 8 月 28 日。

干细胞技术可望在修复和移植受损细胞、组织和器官方面发挥重要作用。从理论上讲,可以通过修复受损的细胞、组织来治疗帕金森氏症、早老性痴呆、糖尿病、中风、脊柱损伤乃至心脏病等一系列疾病。传统观念长期认为心脏损伤无法逆转,与肝、肾、骨、肌肉等组织和器官不同,心脏不具备自我修复能力。但从试验鼠上发现,大脑因中风受损后,可产生一种新的细胞,能够转移到受中风的影响区域取代受损的脑细胞。即是说,大脑具有自我修复能力。如果能够进一步探明触发大脑产生这种新细胞的功能,那么就可以通过一种药物,来激发大脑自然愈合机制,从而达到治疗目的。根据特定条件下干细胞可以定向分化成某种所需细胞原理,干细胞技术可用于治疗帕金森氏症。这是基于:①帕金森氏症是由于大脑丧失了一种可产生控制身体运动的化学物质的脑细胞而引起的;②干细胞可望取代患者脑中丧失的脑细胞。

由于胚胎干细胞的获取存在伦理问题,因此,如果能使成体干细胞具有胚胎干细胞全能性功能,则可更好地解决干细胞获取及其伦理问题。上海第二医科大学盛慧珍等将人类皮肤细胞与兔子卵细胞融合,培植出人类胚胎干细胞,在世界上率先证明可对人体细胞核进行重新编程,从而在动物中培育出人类干细胞。她目前所使用的是兔卵细胞,一俟将来克隆技术在临床上的突破,是否会直接采用人类的卵细胞,将会取决于伦理、技术与需求的权衡。基于此,通过治疗性克隆,可望获得与病人基因型一致的胚胎干细胞;若将此干细胞及子代用于临床,植回给人体不会产生免疫排斥。这种新的技术手段为改变现有器官移植模式(主要从捐献者)而让患者自身进行器官的修复或移植提供了新途径。

二、蛋白工厂:生物反应器

1. 生物反应器的类型与原理

生物反应器(Bioreactor)包括动物生物反应器和植物生物反应器。

(1) 动物生物反应器

动物生物反应器,准确地讲,应称为“动物乳腺生物反应器”,是通过制备转基因动物，利用其乳腺生产药用蛋白或其他生物活性物质的技术。不同于作为生化工程装置的传统“生物反应器”，其原理是：利用有价值的蛋白质、多肽类激素（如胰岛素、干扰素、生长素）能在转基因动物中表达机理，以转基因动物为载体，开发生产具有经济或药用价值的食品和药物。具体讲就是，将珍贵蛋白的基因转入动物体内，使转入的基因在动物乳腺中表达成所需的目标蛋白，再将这种蛋白从动物乳汁中提取纯化出来，用于农业及医药等领域。

利用转基因动物乳腺作为生物反应器，为生产廉价高效的蛋白质药物提供了新途径。乳腺是一个外分泌器官，乳汁不进入体内循环，不会影响到转基因动物本身的生理代谢反应。因而，从转基因动物乳汁中获取目的基因产品，不仅具有产量高、易纯化以及表达的蛋白经过充分修饰加工具有稳定生物活性等特点，而且具有转基因动物无限繁殖、投资成本低以及药物开发周期短等优点。动物乳腺生物反应器还可以把人体相关基因整合到动物胚胎里，这样产生的转基因动物奶中就含有人类所需要的不同蛋白质，相当于把乳腺作为生产高效蛋白质的机器，生产稀有、昂贵的农用及医用蛋白。

目前大多数生物工程药物通过细菌基因工程和细胞基因工程发酵两个渠道实现。前者需要很大的发酵车间；后者需要很多昂贵的设备来培养细胞。由于原核生物的表达产物往往没有生物活性，必须经过糖基化、羧基化等一系列修饰加工后才能成为有效的药物。为此，人们希望目的基因在哺乳动物体内表达，从而获得有生物活性的产品，自然地，也就想到了利用乳腺作为生物反应器。由于可代替细菌和细胞等生物发酵，并且可以有效地对所产出的蛋白质进行修饰加工，动物乳腺生物反应器被认为是转基因动物研究中最具发展前景的方向，是实现生物工程药物诱人的第三渠道。从这一意义上讲，转基因动物将为生物医药产业开辟出一条新途径。

（2）植物生物反应器

植物生物反应器是指以植物悬浮培养细胞或整株植物为“工厂”，生产具有重要功能蛋白如人或动物的疫苗、抗体、重要氨基酸，以及具有重要药用价值或可作为食品添加剂、工业原料的植物次生代谢产物。

科研已证明在植物体内生产药用蛋白质的可行性。其原理与动物反应器原理类似,就是:通过基因工程引进所需基因的调节元素,在植物体内合成大量外来蛋白,用于制药、生产抗体或疫苗。

与利用上述动物生物反应器和微生物细胞培养基相比,植物生物反应器另有特色,表现在:①更易获得规模效益。大规模培养或生产转基因植物,比产生同等数量药用蛋白的转基因动物、动物与微生物细胞培养容易,而且成本一般要低。②安全性较高。利用植物生产药品较之利用转基因动物或动物细胞培养生产出来的药品更不易受到动物病毒的感染。③副作用小。一些药剂如干扰素可能对发酵罐或动物细胞生长有副作用,而类似情形不大可能发生在转基因植物当中[19]。

2. 生物反应器在新型农业体系中的应用

利用动物生物反应器,将目的基因在动物乳腺中特异表达,生产昂贵的医用和农用多肽蛋白,已成为当今生物技术的重要前沿和市场竞争热点,被称为“朝阳产业”和“钻石产业”,蕴藏着巨大商机,可望引发生物制药产业的一场革命。

1992年,英国获得了6头转基因绵羊,成功地将人的基因转移到动物,羊奶中含有人的抗胰蛋白酶。中国也已获得含人血清白蛋白、胰岛素、干扰素等基因的羊、牛和兔。“九五”期间,中国成功获得转基因绵羊,绵羊体内带有鸡法氏囊病病毒外壳蛋白基因,在绵羊乳腺中表达成为法氏囊病毒蛋白,提取出来后可作为预防鸡法氏囊病的疫苗,其中一只绵羊在乳汁中的表达量有2克/升,达到产业化开发水平。美国的健赞生物制药公司(Genzyme)和GTS公司、荷兰的菲拉姆英公司(Phraming)和吉菲拉姆英公司(Genpharming)等利用生物反应器生产抗凝血酶、人乳铁蛋白、红细胞生成素以及干扰素等也已进入临床实验阶段。2004年,阿根廷西杜斯生物公司培育出两头携带人类生长激素的克隆奶牛,供体是在2002年诞生的一头携带人类生长激素基因的转基因奶牛。因而,可称之为转基因克隆奶牛。这种奶牛可分泌含有人类生长激素的奶,表达量达到5克/升,可直接供儿童食用[①]。可见，该技术使激素生产方法获得了革命性突破。

三、基因功能的系统解译：农业基因组学

1. 农业基因组学的研究内容与发展方向

农业基因组学（Agrogenomics）是以农业动植物基因组为对象，研究基因组结构与功能的学科，包括结构基因组学和功能基因组学。结构基因组学（Structural Genomics）的研究内容是构建生物体基因组的高分辨率遗传图谱、物理图谱和基因表达谱，最终目标是获得 DNA 全序列。如测定拟南芥和水稻基因组 DNA 全序列。功能基因组学（Functional Genomics）的研究内容是利用结构基因组学提供的信息，在系统水平上对基因和基因组进行全面而系统的分析。功能基因组学研究改变了以往主要对生物体单一基因或多肽进行研究的方式，取而代之的是对生物体多个基因或多肽同时进行全面而系统的研究。

结构基因组学和功能基因组学之间相互依存，属于递进的关系。随着人类基因组计划和一系列动植物基因组测序的完成，农业基因组学的重点正在由结构基因组学逐步转向功能基因组学。

2. 农业基因组学在新型农业体系中的应用

近年来，美国、日本和欧洲等一些国家的政府和医药、化学跨国公司纷纷斥巨资进行功能基因组学的研究，目的是想通过功能基因组研究，促进基因资源的开发与利用，同时也有可能同时阐明复杂的生物遗传性状的基因控制途径。这方面的研究进展对新型农业体系，尤其是其中的人类健康、食品及营养系统将产生深远的影响。

农业基因组学将为 21 世纪新型农业发展提供新的技术平台。重要农艺性状的基因定位技术、基于图谱技术和基因克隆技术以及分子标记辅助育种技术已对农作物育种产生了重要的推动作用，是农业生物技术育种的

---

① 沈安："阿携带人类生长激素基因的克隆奶牛生长良好"，《科学时报》，2004 年 2 月 11 日。

重要基础。基因组学也将为药物开发提供强大的动力，不仅会加速新药开发进程；同时也会改变新药开发的方式。传统的方法是：先分析与某种疾病相关的生理过程，鉴定药物靶位，然后再筛选能改变这种生理过程的药物。新的做法是，利用生物信息学等手段来分析基因序列数据库，以鉴定与某种疾病相关的新基因；通过基因组学的发展，揭示更多的药物靶位。目前市场上所有药物所针对的基因或蛋白质靶位只有400余种，这也是为什么目前许多药物的疗效相似的原因之一。当人类基因组工程完成后，在人类约10万个基因中，可以鉴定出3000至10000个药物靶位[20]；靶位越多，药物疗效就越丰富。

随着生物技术的发展、“以人为本”向“人本化”理念的转变，国际医药界开始关注药物基因组学的概念与方法。未来医学诊断试剂越来越依赖于个体基因组的信息，药物学也将如此，从而促进药物基因组学的个性化发展。药物基因组学研究可根据基因变异所致不同病人对药物的不同反应，从而研制新的药物或新的用药方法。这种以个体基因型为基础的方法将使药物预防和治疗更具针对性。也就是说，如果对不同的病人分别根据其个体的遗传差异，尤其是药物效应相关基因上的差异用药，那么，药物的作用和功效就可能会出现更好的结果。这便为新药筛选、研制开发提供了广阔的空间。

四、新药开发的技术平台：蛋白质组学

1. 蛋白质组学的概念与发展

蛋白质组(Proteome)是指由一个基因组或一个细胞、组织所表达的全套蛋白质。一般认为最早由澳大利亚科学家马克·威尔金斯(Marc Wilkins)于1994年提出。也有文献认为，“蛋白质组”术语是1995年创建，用以描述基因组编码的所有蛋白质[6]。两种说法相差无几，都表明它是一个非常新的概念。

20世纪90年代人类基因组序列草图的完成，阐明基因功能、探索其应用便提上了日程，标志着“后基因组时代”的到来。这不仅意味着功能基因

组研究的开始，同时意味着生命科学研究的回归——重启近代生命科学的发源地之一：生命活动的执行体蛋白质。然而，这又不是一次简单的"复归"，而是搭建起后基因组时代揭示病理机制、发现药靶的技术平台。

蛋白质组学(Proteomics)是基因组学研究有力的辅助工具，主要用于理解基因组是如何差异表达和修饰蛋白质，以及如何决定其相互作用与功能[6]。自 1994 年提出概念以来，蛋白质组研究发展迅速，有关蛋白质组的国际合作研究计划先后启动。从下列标志性事件可见一斑：1995 年，蛋白质组第一次见诸报端，发表在《电泳》(*Electrophoresis*)上，不久即被《自然》和《科学》权威杂志报道或述评。到 1997 年，国际蛋白质研究广泛开展，参与蛋白质组研究的国家从 1995 年的澳大利亚，迅速扩大到美国、丹麦、英国、法国、日本、瑞士、瑞典、意大利和德国等发达国家；我国也于 1998 年及时跟进，启动了"蛋白质以及蛋白质结构动态变化与其生物功能的研究"。2000 年国际第一个完整的蛋白质组发表；美国实施"蛋白质结构启动计划"。2001 年，国际人类蛋白质组(HUPO)成立。

2. 蛋白质组学在新型农业体系中的应用

蛋白质组学与基因组密切相关，因而有人干脆称之为蛋白质水平上的功能基因组学。有所不同的是，蛋白质组学比基因组学更接近于实际应用。

作为功能基因组的支柱，蛋白质组研究不仅可以实现与基因组的对接和确认，全面阐释基因组，揭示生命活动的规律和本质、人类重大疾病致病的物质基础及发生发展的病理机制；而且可作为疾病诊断、发现药靶的主要技术平台，对新药开发从过去传统的以化学合成为主到以生物学开发为主的模式转换具有划时代的意义；同时还可带动生命科学、分析科学以及信息与材料等科技领域的发展。

蛋白质组学的应用目前仍主要集中在人类健康医疗领域。研究表明，在已发现与基因相关的疾病当中，只有 2%的疾病是单基因疾病，其余绝大多数疾病及其治疗都体现在蛋白质水平上。利用蛋白质组学可以直接研究蛋白质之间的相互作用，为这些疾病的诊断和治疗提供线索。例如，应用蛋白质组学对体液和活体组织进行分析，不仅可以鉴定体液和活体组织的来源，还可以监测疾病发展过程和蛋白质表达情况；通过比较健康和疾病状态的细胞或组织的蛋白质图谱，找出其蛋白质差别，不仅可以发现新的疾病标志，也可以帮助寻找新药靶位；通过药物治疗前后的正常和疾病状态的蛋白质图谱的对比分析，可以检测新药的药理和毒理作用；通过致病菌的蛋白质组学分析，可以鉴定致病菌毒力因子，促进诊断试剂、新药和疫苗的开发。

将来的应用肯定会发展推广到其他动物和植物方面。差别在于，对动物医疗健康的关怀不可能达到与人类同等的程度。一方面表明，人是新型农业体系或者说是现代生物技术的最终受益者；另一方面，动植物生产一般不是以寿命作为其衡量指标，只要在其“收获”之前保持健康或快速生长就可以了。但是，对野生动植物就有所不同了，因而，除了“自然人”之外，蛋白质组最先应用的领域可能还在野生动植物及其相关的资源环境和生态领域。

五、育种新模式：染色体工程技术

1. 染色体工程的含义

染色体工程（Chromosome Engineering），是指按照一定的设计，有计划地增减、异位或替换同种或异种染色体或其片段的技术，包括远缘杂交等细胞遗传技术和分子标记辅助育种技术。其中分子标记辅助育种技术，是指在水稻、小麦等重要作物育种方面，利用与目标性状紧密连锁的DNA分子标记对目标性状进行间接选择，以便在早代就能够对目标基因的转移进行准确、稳定的选择，并克服隐性基因再度利用时识别的困难，从而加速育种进程，提高育种效率，选育出优质、高产、抗病品种的新技术[15]。

2. 染色体工程技术在新型农业体系中的应用

由于长期经受各种恶劣环境的考验，栽培品种的野生亲缘植物积累了栽培品种所不具备或早已丢失的优异基因，因而构成一个巨大的资源宝库。这便为染色体工程在新型农业体系中的应用开拓出新的空间。通过染色体的附加、易位、交换，利用细胞遗传技术和分子标记辅助育种技术，可以将存在于野生亲缘种中的大量有益基因转移到受体植物中，实现种间和属间有益基因的转移，丰富其遗传基础，创造新种质、新物种，从而育成新品种。采用染色体工程技术育种，可以缩短育种周期，提高选择效率，为动植物育种开启一个新模式和新领域。

染色体工程技术与其他生物技术结合是未来技术发展趋势。如与分子生物学技术结合，可以加快染色体工程材料的鉴定速度，提高准确性；与离体培养技术和理化诱变技术结合，可以提高创制非整倍体的频率和速度。

统前三节而言之，由于科学与技术的交叉、渗透和融合，因而难以区分哪些技术仅仅适合于某些应用领域。若按新型农业体系中其他“五大系统”进行分类，基于新型农业体系的关键技术也只是相对的或各有所侧重。技术是不断发展和进化的，各类技术的范围和层次也不尽一致。其中，一些技术只是在最近几年才发展起来的，如系统生物学、蛋白质组学、组合化学、分子标记辅助育种技术；另一些技术远在新型农业体系概念框架提出之前就已开发应用，在后来的发展中又“焕发青春”，发现新的用途，如重组 DNA 技术。

第五节　新型农业体系的生物技术伦理问题

生物技术伦理，与生命伦理和生物伦理不同，是指由于现代生物技术的发展而导致的与技术本身直接相关的道德准则。

有关现代生物技术对社会经济发展的巨大作用和正面影响，我们已经讨论了许多。然而，在技术发挥其积极功能与作用的同时，已经并将继续产生越来越多的负面影响。理解与分析现代生物技术对新型农业体系产生的负面影响，正是为了减轻或克服现代生物技术对人类可能产生的不利影响，减少经济与其他损失。这也充分体现了前面所述的“易相”的思想：重视对立统一关系的相互转化，趋利而避害。

农业伦理问题早已有之，如在工业经济时代用猴子等灵长类动物做实验，野蛮驯化与屠宰野生动物。不过，由于这些问题的影响面较小，且一般较少涉及人的内在价值等深层次观念，而未构成农业可持续发展中的重大问题。随着现代生物技术在农业中的广泛及深度利用，第三次拓展体系新型农业的伦理问题将迅速显现并逐渐扩大。遗传资源污染、异种器官移植、遗传专利、优生与遗传歧视、转基因食品，以及有关健康医疗长寿、对待动植物特别是实验动物的态度等都可能成为生物技术伦理问题的焦点。这些问题，因其影响久远和潜伏性，且与人类自身直接相关，大多还没有明确或固定的答案。诚然，没有科技的伦理是空洞的，但没有伦理的科技也是盲目的。如何在科学自由探索、技术充分利用与生物伦理道德观念之间建立一种互信的妥协与平衡，是科学家和开发商们应当共同关注的问题，也是下一步新型农业体系将要探讨的内容。

一、遗传污染与异种器官移植

越来越多的遗传工程生物大量被释放到环境中，会不会引起对生物圈的灾难性遗传污染？因转基因食品、克隆生物、生物能源、生物材料、生物防治与修复等而人工制造出数以万计的细菌、病毒、动植物杂交体将被释放到地球有限的环境中，对生态系统会造成什么影响？会不会在全球范围内造成遗传资源的极度混乱，给人类带来难以挽回的生态灾难？例如，1983 年美国宾夕法尼亚大学的科学家成功将人促生长素（hGH）基因引入小鼠胚胎并使其表达，培育出生长速度和体积都两倍于其他同类的“超级小鼠”；其中有一个种系的小鼠，在经过若干代繁殖后仍能继续表达，表明人类基因已被永久地装配进这类小鼠的遗传结构[9]。事实表明，基因重组可能使人和其他生物的遗传资源受到难以逆转的污染。

植物与植物乃至动物之间的基因转移原不是新鲜的事。在农业经济时代的早期，古代先民就对植物或动物进行杂交，如杂交出生的骡子。但是，这类属于自然生长规律所主导的基因转移，特别是动物之间的基因转移现象不仅极少，而且受到种种限制，比如植物的杂种并非真正纯育，动物的杂种通常不育等。用遗传工程进行基因转移则不同，它超越了生物物种界限，对生物体的加工制作不是在物种水平而是在基因水平上，这种转移是违背自然生长规律的，而且是以“极快”的速度去替代自然界正常时间的物种间的转移。现已采用基因工程技术实现了人与其他动物、甚至动物与植物之间的基因转移。后者如将萤火虫发光基因转移到烟草而使其叶子发光；将比目鱼的“抗冻”蛋白基因插入西红柿的遗传密码以保护西红柿免遭冻伤；将小鸡的基因插入土豆以增强土豆对疾病的抵抗力。虽然目前“人—动物”之间的基因转移方向是：由人到鼠或绵羊等其他动物；或设想中的“人—植物”之间的基因转移，如由人到树木，但谁又能怀疑在不久的将来，鼠或羊要么猪的基因、植物的基因不会转移到人的身上？

规模性转人基因的异种器官移植正在临床试验当中。带有人基因的其他动物（如猪）的器官，一旦被移植到人体中，人体就不仅仅意味着带上其他动物器官。虽然被移植器官一般不具有遗传特性，但另一些带有遗传基因特性的器官会不会将动物基因装配进人的遗传结构？此外，异种器官移植有可能导致动物病毒跨种系传播，给人类带来突发性难以控制的流行病。例如，艾滋病病毒被认为起源于西非热带雨林，通过猴子传给了人类；“非典”病毒也极可能是通过果子狸等动物传给了人类。

二、人工生命与超常长寿

克隆人是否违背伦理似乎是一个不言而喻的问题，它是否也违反了人类尊严？其实此类问题都不是简单就能回答的问题。一方面，克隆人的范围不易界定，其中的两种主要分类就是：其一，把它们划分为生殖性克隆和治疗性克隆；其二，克隆胚胎、组织、器官还是完整的生命个体。另一方面，人们的观念总是随着事物和技术的发展而不断拓展，过去被认为是不符合伦理或规范的所谓“禁区”类的东西不也是一而再、再而三地被突破么？诚然，目前世界绝大部分国家明确反对生殖性克隆，但由于克隆对于人类健康医疗的巨大潜在价值，其中一部分国家赞成治疗性克隆研究，如中国。在体现“人本化”关怀的生物经济时代，对人的健康医疗等人本关怀，较之于工业经济和信息经济时代，显然要比抽象的、含糊的甚至有点儿“袖手心性”式的维护生命伦理、人权价值、尊严等更具有现实意义。

治疗性克隆研究的核心是胚胎干细胞研究。胚胎干细胞具有发育全能性特点，从理论上讲，它可以分化成为身体各种组织细胞。如果能够将其发育的全能性加以利用，那么，现在的很多疾病如白血病、糖尿病、老年痴呆症等，都可望找到新的具有革命性的治疗办法。

有人认为，若允许治疗性克隆，则必然会"滑向"生殖性克隆，因为两者之间在前期的技术路线上是一致的；从治疗性克隆到生殖性克隆，只有所谓一步之遥或一墙之隔；要禁止生殖性克隆，又允许治疗性克隆，这是做不到的，在逻辑上是矛盾的。这是目前世界上多数国家反对克隆人并经联合国大会法律委员会于 2005 年 2 月 18 日表决通过"禁止克隆人宣言"的原因之一。中国投了反对票，原因是基于不放弃治疗性克隆研究。

人工创制克隆、嵌合转基因动物，是否会导致自然界扭曲甚至毁灭？称"毁灭"可能有点儿耸人听闻？但是，这种"毁灭"可能比美国科幻惊险片《机器人》中的高智能机器人在 2035 年突破人类设定的安全定律，摆脱人类控制而对人类构成威胁更能令人担忧，因为该"机器人"还只是会做梦、有一定思维进化的一堆程序，而人工生命拥有的是活生生的能够自我进化和繁衍的一大堆"复杂计算机"的程序。

探索并掌控人类衰老机制，是科学家和大众普遍关注的焦点。进化生物学家曾认为长生不老是无法实现的，他们的观点是由于"自然选择"，衰老是必然的结果，并非为某个单一原因所决定。但基于现代生物技术的发展，有许多科学家试图解开衰老之谜，并已显露出成功的曙光，如研究 DNA 顶端的"端粒"缩短能否被抑制，以期能够抵抗衰老，延年益寿。

人为驻颜、超常长寿可能产生诸如长辈年轻于子女的"反常"现象，这是否有悖人理？在以"人本化"为其特征的生物经济时代，这种现象更是不得不考虑的伦理问题。一些人就曾在讨论此类问题时说不愿意太长寿或人为地驻颜有术，甚至说比自己的孩子年轻那太"可怕"了，认为它违背自然规律。其原因可能有两点：其一，由于人的"先入为主"的思维定势在不知不觉中产生的对新的生物技术的一种无形"抵触"；其二，主要是基于他们现在还拥有年轻，体味不到年轻的价值——就像一个失去健康的人才体会出健康的重要一样。其实，不管你愿意不愿意，许多人仍会不断追求青春永驻、美丽常在的秘诀；也不管你愿意不愿意，人类的平均寿命正在延长，并将在生物经济时代大大延长。退休后的生活年限也将随之延长，对老年人的生活关怀更加引人注目，老年人的护理、医疗市场更大。况且，技术的自然属性从本质上决定了人为驻颜、超常长寿并不是什么违背自然规律的事。

三、遗传专利

遗传专利或称基因专利，可以追溯到1971年在通用电气公司工作的印度微生物学家查克拉巴蒂向美国专利与商标局（PTO）申请的一项遗传工程微生物专利。这种微生物被设计用以吞噬泄漏到海洋中的石油。起初PTO因其为活的生物而拒绝批准，后于1980年经过美国最高法院判决，按照多数法官认为的这种微生物"更近似于化合物而不像马"而被授予第一个遗传工程生命专利[9]。当时争论的焦点是：这种微生物是否是"人造的发明"。法院的这一首开先河，为遗传公产私有化和商业化铺垫了法律基础。从此，华尔街开始出现遗传工程公司股票，生物技术公司研发与市场交易开始活跃，他们相信遗传专利保护将会为他们利用遗传公产带来巨额商业利润。

这是历史上首次从司法制度上认可的，为了商业目的而不再需要区分有生命和无生命物质的实例。因其突破，遗传工程生物开始如同计算机或其他机器一样被视为发明。1987年，PTO宣布所有的遗传工程的多细胞生物（包括动物）都可被申请专利。由此，经过基因修饰的人类胚胎、基因、细胞、组织和器官等不再视为专利的禁区；也就是说，只要不是一个完整的"自然人"，遗传工程改造的人体的各个部分都可以被申请获得专利保护——为我们把"自然人"作为新型农业体系的生产对象和产品提供了又一佐证（参见第四章第二节）（种子不属于遗传工程改造物，因而不能申请专利）。这项制度上的突破逐渐变成了国际约定。据此约定，基因、细胞株、用遗传工程方法创建的组织、器官乃至生物体，以及用以改造它们的技术，都可以获得专利，因而对这些本属于全人类公共资源的抢注已演变成炽热的"基因战"或"创新战"（表5-1）。

表 5-1 国际生物技术专利分类与范围

物质专利		工艺专利	
物质	克隆基因、重组蛋白、单克隆抗体、质粒、启动子、载体、cDNA 序列、单价疫苗	工艺	DNA 分离、DNA 合成、载体制备、蛋白质纯化工艺
混合物	多价疫苗、生物杀虫剂、药物制备物、微生物、转基因动植物	工艺方法	杂交分析、诊断方法、PCR 方法、突变体的分析
设备	脉冲场凝胶电泳、DNA 测序仪、基因枪	应用	生物杀虫剂的应用、基因修饰、微生物的发酵方法

资料来源：根据《生物技术与基因工程》整理。〔德〕罗尔夫·D. 施密德著，李慎涛等译，科学出版社，2005 年，第 283 页。

就好比我们提出的把“自然人”纳入新型农业体系的生产对象和产品一样，观念与法律制度的突破当然也不是一帆风顺的。遗传专利保护的内容与范围从一开始就受到一些国际机构和科学家，尤其是来自南半球生物资源丰富国家人士的广泛质疑。目前美国一些化学和制药公司获得了涵盖主要农作物的专利，如孟山都(Monsanto)公司就曾获得所有含重组基因结构的棉花专利，其他公司以这项专利会给予一家跨国公司对世界主要农作物的控制权为由向 PTO 申诉，考虑到这项原已批准的专利涵盖范围可能过广，PTO 同意重新审理此案。无独有偶，格雷斯(W. R. Grace)公司于 1994 年向欧洲专利局申请并获得涵盖范围同样甚广的“开发的把基因引入任何大豆品种的技术”专利，这项专利同样在企业界和科技界引起争议。对此，国际植物遗传资源研究所所长霍廷(Geoffrey Hawtin)认为：这类专利覆盖了一个物种的所有遗传工程类别，把支配和控制大田里种植何种作物的权利完全交由一个发明者，只要他大笔一挥，无数农民和科学家的劳动成果，将可能在一个经济劫持的法律行动中荡然无存[9]。有关农作物遗传专利申请范围的扩大，是否违反了人类几千年来的自然观？但至少是侵害了资源拥有国或公众几千年来通过民间经验积累起来的共同拥有者的“无形”资产。

人的基因、细胞株以及骨髓干细胞等人体材料已被生物技术公司用来申请并获得了专利，就连在人类基因组计划中作出重大贡献的著名科学家温特(Graig Venter)也加入了在尚不知晓基因功能的情况下只要是发现了基因就匆忙抢注申请专利的行列[9]。有人预计，照此速度发展下去，要不了10 年，自然馈赠给人类的约 10 万个基因，就会全部受到专利的保护，成为少数制药、化学、农业和生物技术公司的独有知识产权[9]。人体约上万个基因专利被为数不多的大公司、研究机构或政府所拥有，而且他们还因此控制着人类细胞、器官和组织的专利，并同时拥有数以万计的微生物、植物和其他动物的基因专利。这将会造成什么样的后果？这些公司或机构可以凭此，从自己的部门利益出发，支配着人类及其子孙生产与生活方式。这将会对未来农业和人们的生活方式带来什么样的影响？生物的知识产权是否会变得异常复杂而不可操作？更为深层的含义是：完整的"自然人"会不会在不久的将来也成为知识产权？遗传专利给生命的内在价值将带来什么样的冲击？是否违背了人类基本的道德观？

少数生物技术公司垄断性支配基因专利的现象与趋势，会不会在造成少数暴利者的同时，使人类社会丧失对生物资源拥有的公平？这里面含有多少政治、经济、社会与人文的因素，各层次的管理者又能有什么作为？目前的遗传专利制度从框架到细节会因生物经济时代的到来而不得不重新设计和制定，就像反过来更能说明的，新型农业体系的实现需要对目前的产业划分及其统计制度进行重新设计一样。

四、优生与遗传歧视

针对遗传工程的发展，一方面，如果能利用而不去利用该项技术来预防遗传"缺陷"疾病，那么这也是一种不人道甚至是残忍和不负责任的行为；另一方面，不当利用遗传工程技术进行基因诊断与修饰，也会产生道德伦理甚至法律纠纷问题。随着新的产前筛查技术的普遍应用和社会日益广泛接受在胚胎或胎儿阶段进行基因诊断与基因治疗的发展趋势，父母或准父母们将承担更多的责任和义务来干预并保证其后代出生前后的健康。因为，对有先天内在遗传缺陷或"价值偏好"的胎儿进行基因修复或干脆终止妊娠将带来伦理道德等生命内在价值问题，"不当出生"和"不当生命"将可能成为子代寻求法律保护的新焦点。实际上，美国已开始出现"不当生命"和"不当出生"的法律纠纷。虽然目前的"不当生命"案件都是起诉医生或医院，指责他们未能预告未出生胎儿的健康问题，但在生物经济时代的将来，带有遗传缺陷的“残疾”儿童起诉父母的遗传“失职”也很有可能。

伴随着优生技术的发展与优生理念的演变，基因治疗将超越严格意义上的医学用途，如一些身材偏矮的孩子使用hGH，并非出于体内hGH的缺乏，而是为了追求外表显起来更“帅”一些。这种通过基因工程方法来提升人的身体或智力的“增强治疗”，会使这项新技术偏爱富人的子女而减少贫穷家庭孩子的机会，从而造成新的另类“先天”不公。因为只有富人家庭才有足够财力支付遗传增强的高额费用，而富人子女本来就享有较多的财产继承权和较好受教育条件，遗传工程技术又将使他们从父母那里额外获取一份“遗传礼物”。

通过修饰遗传密码来提高生物遗传性能，用之于人类，会不会导致20世纪早期即第一次世界大战前后曾在美国和欧洲盛行一时的带有歧视性的优生学卷土重来？相对于健康的新的商业优生学，歧视性优生学若再次被引入社会生活之中，将会激化种族之间矛盾，或造成新的人为不公。通过基因操作来预防与治疗疾病，乃至控制生命的孕育与诞生，都有可能使个人遗传信息像现在的手机号码一样泄露甚至商业化。虽然这些遗传信息可增添人们预测和计划自己生活的能力，给自己带来某些益处，但如果保险公司、学校、工作单位以及不法分子也获取这些信息，并据以评估保险费用、教育与培训潜能、工作能力与人才使用等，那么就极有可能形成一种遗传“尊贵”或歧视，社会公平和深层次个人隐私的观念可能因此被打破。遗传检查将可能造成一部分人依据遗传类型来选择配偶，从而改变部分人的择偶观念，形成新的基因“门当户对”。如果出生的婴儿患有遗传疾病，是否被认为是遗传密码有差错而需要进行修复，或如同对待信息编码一样需要进行重新编程？面对这样一个生物技术功能无比的时代，个人的隐私、人的内在价值即便不是变得无足轻重，但至少也需要重新审视？结果还未到此为止，伴随着基因歧视，另一部分基因“贵族”可能形成，从而产生新的畸形的社会等级；英才教育可能演变成“基因优势教育”。很显然，遗传工程技术发展趋势与当前伦理价值观形成了“悖论”。

五、转基因动植物及食品

人类与地球上的其他生物如何友好相处，尤其是如何善待与人类有着类似感官与症状的哺乳类动物，涉及到人与自然和谐共处的自然观、生存发展观和道德伦理问题。在生物经济的成长阶段，日益频繁的转基因动物实验及规模不断扩大的生产，使动物们的“受难”程度日趋加重，已经上升为动物伦理范畴。许多转基因动物实验的出发点似乎很好，目的是为了增加动物生长速度、增加重量和减少脂肪含量，满足人类对食品、药物或化工产品的需要，但动物们并非因此而显得更美更舒适，反而由此而人为增加了动物承受的压力，给动物带来了许多健康问题和身体与“精神”上的额外痛苦。如据美国马里兰一家研究中心研究，他们将 hGH 基因显微注射到猪胚胎的遗传密码中，目的是使猪生长得更快更大，为畜牧业带来更多利润，结果却事与愿违：有几头猪表现明显异常，其中 1 头因此而患关节炎，出现斜眼与呆滞症状。当有人在品尝餐桌上嫩鸡的美味时，是否了解它们是在不到 7 个星期就成熟，在被屠宰时的体重已超过 2 千克[9]。还有一些动物因转基因而导致体重增加过快，腿脚不堪重负以致疼痛甚至残疾。科学家和企业家是否应当想到在获取大量研究经费或巨额商业利润背后动物们所承受的痛苦？人类在强调自身健康、减肥与快乐的同时，是否也应联想到“供养”人类几千年的猪、牛、羊、鸡等动物，它们除了要发挥正常的产品功能外，还要与人类一起“享受”现代生物技术所带来的“福祉”。既然人类因环保绿色、人文关怀理念的进步而对宠物狗、猫宠爱有加，那么在对待其他有关畜牧业动物的态度方面能否不再增加新的痛苦？难道在对待动物的态度方面也遵从“物以稀为贵”的经济法则？要求不高，只是考虑不再平添新的“痛苦”花样。

在对待转基因动物的态度方面，科技界主要有两种观点：其一，技术延伸观，认为创造转基因、嵌合体和克隆动物是传统的育种技术的延伸。从农业经济时代哺乳动物被人类驯养起，对动物的选择性育种的目的就在于扩增或消除动物的某些特征。转基因技术的应用，不过是加速了过去几千年按照自然生长规律来运行的育种进程。其二，进化背离观，认为转基因动物与传统的育种完全不同，是对生物进化历史和传统畜牧业饲养方式的彻底背离，因为传统畜牧业没有越过物种界限，而转基因会对两个品系不同的动物进行基因转移，如按照自然生长规律不可能生产的山绵羊。这两种观点孰是孰非，一时难以判定，并将随着经济社会的需求、生物技术的进步及其与不断发展演进的伦理观念的契合而产生不同的答案组合。显然，对待转基因动物的态度与政策措施影响着答案；反之，不同的答案及其组合也将影响着下一轮的政策措施。

动物如此，转基因植物是否也存在类似的痛苦？因为据最新研究，至少有一部分植物（如作者在西双版纳植物园见到过的“跳舞草”）是有感觉的；有愉悦的感觉，也就会有痛苦的感觉。有人可能会说，我们现在还管不了这么多，那么，在人类物质和精神生活异常富足的生物经济时代呢？

转基因食品以其优良的性状与抗性功能而受到生产者和消费者越来越多的青睐，伴随着人口增加、资源相对减少、消费多元化趋势，对其需求及开发利用已成锐不可当之势。与此同时，转基因食品也受到来自各方面的抵制，以致形成程度同样激烈的潮流。如前所述，转基因食品除存在安全性、消费者知情权等问题外，另一个重大问题就是关于它的伦理问题。例如，将hGH 基因导入鲤鱼的卵细胞中，由这样的鱼卵发育成的鲤鱼，因为有了新导入的人的基因，生长速度明显加快，产量得以提高，但人食用了这种鱼，会不会存在“人吃人”的伦理问题？

转基因食品的伦理问题同样存在于其他动物之间以及动物与植物之间的外源性基因转移的食品之中。转基因食品还可能涉及宗教信仰和素食主义方面的伦理，例如犹太教和穆斯林教徒不希望食品中可能包含猪的基因；素食主义者不希望看到在他们食用的蔬菜中掺杂进了动物基因。讨论这些问题，当然不是为了激化生物技术与伦理间的冲突，而是警醒在转基因技术发展过程中不应忽视的另一侧面。

六、新型农业体系技术系统其他“超常”问题

虽然把“自然人”作为新型农业生产对象与产品还难以为多数人所接受，但遗传工程技术直接触动了人对自身的定义也成为现实。因为，人类已

经开始进入可以控制自身(主体)并按人的意志塑造生物体包括自身的时代。这正是科学家和部分公众已经认识到的“谁在扮演上帝”的问题。

人与有害细菌、病毒,人与蚊、蝇、鼠等天敌的“战争”会随着生物技术的高度发达而终结么?不难预见,通过遗传工程改变蚊子的遗传性状,有可能会促使其消亡或成为无害的传播媒介。事实上,在实验研究中,科学家已成功实现用遗传工程改变蚊子的唾液腺,使其在叮咬人时不能把疟原虫注入人体。美国耶鲁大学一个研究小组的研究成果也佐证了这种“终结”的可能性。他们把一个“预防疾病”基因导入细菌,这种细菌寄生在吸血猎蝽①的肠道里;这种经过基因改造的细菌产生了一种抗体,在猎蝽的消化道内把锥虫杀死[9]。不过,诸如此类研究要走出实验室真正实现这种有益的“终结”,可能要等到 20 年后的生物经济时代,而且也不会使一个物种的所有类型突然消亡,因为这些“天敌”的分布太广,而有害细菌、病毒又无处不在,更为关键的是,它们也在“道高一尺”地进化着。

另有一系列与新型农业体系技术系统相关的“超常”想法,如食品系统中的“反调节视力保健食品”;资源环境系统中控制有害生长的“逆向促生长素”;生态系统中把濒临灭绝的动植物的遗传信息储存在特殊的基因库中以利将来的“物种重建”,自然人、智能人、克隆人、复合人“四种人”生态和谐社会的构建;健康医疗系统中“反腐败疫苗”、“记忆素”、音乐与植物关系的普适性机理的规模化应用、下载大脑信息并将其储存于磁带以备“永生不朽”,等等。这些看似远离现实甚至可能被斥之为空想或幻想的想法是否真的就是“天方夜谭”?这些属于“奇谈怪论”抑或“奇思妙想”的想法,在 20 年后的生物经济时代能否部分变成现实,现在断言是与否均为时尚早。

下面仅以健康医疗系统中“反腐败疫苗”为例,来阐明此类看似“超常”其实可能的设想与当前生物研究的相关性与可行性。腐败除了明显地与社会经济制度与环境、个人思想素质有关外,与人的行为、精神也有一定的相关关系。越来越多的人认为精神上的“疾病”与遗传异常有关。虽然精神上的“疾病”与腐败行为并不等同,但在精神异常方面仍然有心理与思维上的

---

① 吸血猎蝽来自南美,通过传播锥虫而引起致死性恰加斯病。

联系。现实的研究也表现出此类苗头，例如有科学家认为，抑郁、厌世、好斗和犯罪部分可能是由异常基因所致，并已有进行暴力犯罪的遗传基础研究、基因社会学研究以及从事特定基因犯罪因素调查（如调查某类罪犯中携带多余 Y 染色体的比例）的事实[9]。从现在的价值观去衡量，该设想的确显得有点儿荒诞不经，且不说其在科学技术上的可行性如何，仅是这种设想即便转化成为产品，何人乐意消费、产品市场又在哪里等等这些问题便贻笑方家，或遭人痛贬。然而，提出此类所谓“超常”的设想并不一定都包含具体真意——不必就事论事，关键还是借此提出一种发展理念或思路，帮助树立构建新型农业体系的能够体现生物经济时代特征的思维方式。

技术发展的历史已经昭示我们，每一项重大的新技术总是利弊共存，即所谓“技术是一柄双刃剑”，新技术征服和控制自然的力量越大，我们为其破坏甚至毁灭生态与社会可持续发展所承担的风险和所付出的代价也就越大。但是，另一个毋庸置疑的事实是，新技术的发展从来就不会因此而止步，产业发展史上任何其他技术都没有像现代生物技术一样使人类具有了一种超自然的力量。在生物经济时代真正到来的激动人心的时刻，我们除了张开双臂去迎接外，是否还意味着更需要我们去思考如何使用这些具有超自然力量、能够改变人类主体自身的生物技术？这便是技术二重性要求我们必须去应对的技术伦理及技术选择问题。

参考文献

[1] 许良：《技术哲学》，复旦大学出版社，2004 年，第 32～34，51～59，126～141，150～154，176～177 页。

[2] 宋健主编：《现代科学技术基础知识》，科学出版社，1996 年，第 5 页。

[3]《自然辩证法百科全书》编辑委员会：《自然辩证法百科全书》，中国大百科全书出版社，1995 年。

[4] 万海清等主编：《生命科学概论》，化学工业出版社，2001 年，第 171～172 页。

[5] 王启明主编：《现代科学技术大众百科·技术卷》，浙江教育出版社，2001 年，第 868～869 页。

[6]〔德〕罗尔夫·D. 施密德著，李慎涛等译：《生物技术与基因工程》，科学出版社，2005 年，第 4，68，128，264，282～283 页。

[7] 程惠贤："中国采用精准农业的潜在可能性——Pierre Robert 的展望"，载左天觉、何康主编：《真知灼见　透视中国农业 2050》，中国农业大学出版社，2004 年，第 359 页。

[8] 司士辉编著：《生物传感器》，化学工业出版社，2003 年，第 1～6，110～116 页。

[9] 〔美〕杰里米·里夫金著，付立杰等译：《生物技术世纪》，上海科技教育出版社，2000 年，第 2～15，24，43～49，88～91，98～99，135～145 页。

[10] 曾庆存主编：《现代科学技术大众百科·科学卷》，浙江教育出版社，2001 年，第 914～915 页。

[11] 张阳德："纳米生物技术现状与展望"，《科技日报》，2001 年 11 月 16 日。

[12] 姜忠义、王艳强："纳米生物技术"，《中国生物工程杂志》，2002 年第 6 期。

[13] 克林顿总统、戈尔副总统发布，曾国屏、王蒲生译：《科学与国家利益》，科学技术文献出版社，1999 年，第 52～53 页。

[14] 中国科技信息网："纳米生物技术进展"，http://www.bioon.com/biology/advance/bioengineering/200502/89082.html，2005 年 2 月 2 日。

[15] 中华人民共和国科学技术部：《2002 中国生物技术发展报告》，中国农业出版社，2003 年，第 3，72～75，87～92，95～98，109，147，242 页。

[16] 李建凡编著：《克隆技术》，化学工业出版社，2002 年，第 1～2，72～82 页。

[17] 杨志明等："组织工程学研究现状及前景"，《中华整形外科杂志》，2000 年第 5 期，第 305～307 页。

[18] 任东文、马小军："组织工程中的药物控释系统"，《化学物理通讯》，2005 年第 5 期，第 12～15 页。

[19] 吴瑞："2050 年农业生物技术展望"，载左天觉、何康主编：《真知灼见 透视中国农业 2050》，中国农业大学出版社，2004 年，第 316 页。

[20] 王润华、何水淋："生物技术在医学领域中的应用和展望"，《华夏医学》，2000 年第 3 期。

第六章　构建新型农业体系的对策

第一节　从生物经济时代视角来看农业发展问题的本质

在第三章探讨过农业发展问题。在诸多问题中，本质问题是什么？其所以为“问题”，是否应当被视为如同工业、信息、生物等产业发展相对应的正常现象，即产业发展过程中正常出现的常规或共性问题；还是除此之外其他特殊的人为制度性问题。每一个经济时代的主导产业都存在各自发展进程中的常规问题。作为过去主导产业之一的农业，在工业经济特别是信息经济时代到来之后，其发展的重大问题是否应当相应减少或退居次要地位，而不应伴随着时代进步而扩大或仍占据主要地位。然而，我国现实中的农业发展问题的逻辑并非如此。在我国，当今信息经济时代的农业发展问题的严重程度不亚于甚至更甚于农业经济和工业经济时代。生物经济时代的临近，农业发展问题又将如何？

一、对农业发展问题的再认识

1. 农业发展的人口与资源环境问题

2005 年世界人口已超过 62 亿，并在以每天约 25 万人的速度增加，在未来 25 年内将超过 80 亿；未来 50 年内可能达 120 亿。我国人口在 2005 年 1 月达到 13 亿，可能在未来 25 年内达到 16 亿。然而，用以支撑人口的淡水、可耕地、土壤、能源、人居环境、生物多样性以及食物与营养等，要么受到污染或正在退化；要么面临短缺危机。资源与人口的一消一长，加重了农业发展中水资源不足、水土流失、土地盐碱化、土地和水质污染以及能源紧张等问题。对于人地关系、人均资源异常紧张的我国而言，这些问题的程度更为严重。

上述每一问题无不涉及现代生物技术。新型农业体系中的食品系统、资源环境系统和生态系统正好为解决这些问题提供了思路与途径。采用新型农业体系的概念框架去解决或缓解人口与资源环境问题，是提升人类生存与生活质量的根本性策略。

农业自古就是人类干预自然环境最为显著的活动之一。在工业经济和信息经济时代，农业强调产量，取予失衡，使得地力下降，水土污染严重，就整体而言，农业干预自然环境存在相当大的消极作用；在生物经济时代，建立在现代生物技术基础上的新型农业体系将体现"人本化"发展理念，强调农业功能多元化并使用"绿色技术"，注重养育地力、清洁水土、人与自然协调发展，因而对自然环境的影响主要体现在积极方面，如可持续利用、恢复重建和回归自然等。

2. 农业发展的粮食问题

粮食问题被列为受全球普遍关注的食物、资源、环境三大问题之首。据近来国内外一般估计，世界 60 亿人口中有约 1/3 食物短缺或营养不良[1]。粮食问题是当前和未来农业的核心问题之一，因而也成为新型农业体系不可回避的重要问题。针对当前我国的粮食问题，科技界和学术界大致形成两种观点：一种是"自给论"，即国民粮食消费自给自足，或绝大部分自给，这是主流观点，也是过去和现行粮食政策制定的基础；另一种是"配置论"，即依据比较优势理论，按国际市场配置。如左天觉先生所认为的"加快粮食和资金周转、多进口一些粮食"（如 20%）的观点，就是属于后者。他打比方说，进口 1 吨米就等于进口 1794 吨水；生产水稻，水稻和水的比例大概是 1∶1900多；生产鸡肉，鸡肉和水的比例是 1∶3500；按照这个数字比的话，进口 1 吨肉、1 吨鸡，就会为国家省下多少水，多少地。多进口点粮食，多出口点经济作物产品，效果是会更好点①。

研究中国粮食问题已成为中外农业发展战略与政策研究的重点和热点，从莱斯特·布朗(Lester R. Brown)提出“谁来养活中国”命题以来更是为政府和学术界所广泛关注。随着人均耕地的减少，按照常规农业的发展模式，粮食问题将会更加严峻。但无论是从过去、现在还是将来的发展来看，随着粮食生产技术的进步和新的替代产品的出现，新的机遇和办法总是能够与问题相伴而生。

新型农业体系恰为粮食生产技术和新的替代产品作用的发挥提供了这样的机遇和保障。表现在：其一，“粮食”的概念尽可拓展到食品与营养领域，即用当今所谓的“非粮”食品替代部分粮食。其二，用现代生物技术来拓展食品生产技术及食品来源渠道，包括改进植物光合作用，培育抗逆、抗病虫害、抗除草剂新品种；利用生物反应器；发展蓝色农业、白色农业等。

为此，新型农业体系倡导两个观点：第一，用食品系统和营养系统的观念来拓展传统的粮食系统，也就是当前一些专家或政府官员所倡导的用“大食品”的概念来取代“小粮食”的概念。思路的拓宽，为借助现代生物技术来拓展和挖掘包括海洋资源在内的自然界丰富的食物资源提供了广阔的空间。第二，利用现代生物技术与常规技术及其与市场的融合，通过培育出各种新的抗性品种等手段，并形成规模化商业应用，从而拓展新型“农场”种植的空间与形态。

3. 农业发展的农村劳动力转移方向问题

2004 年，中国有 3.53 亿劳动力从事农业(即第一产业就业人口)，占全国劳动力总量的 46.9% [2]，接近于 1880 年代美国农业劳动力(Labor Force)比例 45%[3]。1930 年代美国该比例降至 25%；到了 1980 年代才降至 3%[3]；2001 年为 2.4%[2]。也就是说，从 45%到 3%，美国经历了 100 年的时间。那么，中国要想从目前的将近 45%下降到 3%，在 20 年时间内几

① 根据“也谈中国粮食与食物安全问题——访世界著名农业、烟草专家左天觉博士”报道整理。http://news.cau.edu.cn，2004 年 7 月 18 日。

乎不可能。按乐观估计，考虑到中国农业人口基数的特殊性，假设到生物经济时代，中国这一比例降至 10%，按总劳动力数量保持不变来计算，常规农业劳动力数量约为 0.77 亿，这意味着，从现在起每年需要有近 1400 万劳动力从常规农业系统中转移出来。显然，仅靠传统工业来吸纳是不可能的，因为，传统工业由于工业经济主流地位的淡出和产业结构升级同样面临着劳动力结构问题和总体过剩问题。事实也表明，自 1996 年以后，第二产业就业比重一直在下降①。常规农业剩余劳动力转移的出路，除了传统意义上的第三产业外，应有一部分通过新型农业体系由拓展的农业新领域来吸纳。能否吸纳其中的一半即年 700 万，对于新型农业体系来说也是一项严峻的挑战。依此推算，新型农业体系中的非常规农业系统即所谓“五大系统”(图 4-1)从业劳动力应当接近常规农业系统的劳动力，二者之和在总量劳动力中的比例应达到 20%(10%×2)——与美国当前直接和间接服务于农业的劳动力占全美劳动力总数比例相差无几。

事实上，这样的目标是可望实现的。在目前的美国，虽然一般统计认为其农业劳动力占劳动力总数不到 3%，但涉及农产品和食品的生产、加工、储运、流通和服务等整个环节的全部劳动力，要占到总数的 16%[4]。有人甚至据此称“美国才是真正的农业大国”，不仅农业产品出口世界第一，农业国际贸易顺差巨大，而且直接或间接服务于农业的人口占全美人口约 22%②。可见，如从农业第二拓展体系(见第四章第二节)的劳动力所占比例来衡量，农业仍不失为仅次于信息产业的大产业。伴随工业化发展过程中出现的农业产业拓展，美国农业为农业劳动力向与农业相关的产业(Agribusiness)转移提供了出路。

随着新型农业体系的建设与发展，从事第二拓展体系的“农业前部门”和“农业后部门”劳动力还将继续增加；与此同时，从事第三拓展体系新型农业“五大系统”以及其他“非农”产业的劳动力将大大增加。与之对应，从事常规农业系统生产即第二拓展体系传统农业的劳动力数量将相应减少。

---

① 王中宇：“就业困境观察”，《科学时报》，2005 年 9 月 1 日。

② 温铁军：“打破农村经济领域中的垄断”，《中国改革》，2001 年第 8 期，第 6～9 页。

二、乡村与城镇的差别及融合

1. 乡村与城镇差别的本质

在信息经济时代，发达国家的乡村与城镇差别并不构成所谓“问题”，乡村与城镇的地理环境界线模糊化，即呈现所谓“乡村城镇化”和“城镇乡村化”状态。目前我国发达地区如广东珠江三角洲地区也显露出这一发展态势，不仅没有类似于大多数城乡结合部“脏乱差”分明的过渡，也不存在如刚出北京城不远就似乎从“第一世界”到“第三世界”的感觉。在发达国家和我国少数发达地区，乡村与城镇的人文环境趋于公平，经济结构与价值观念也趋向融合，农民进城同城里人到农村一样，不存在谁高贵、谁看不起谁的现象。

但在目前我国其他大部分农村地区，服务业与基础设施总体上仍然十分薄弱。大部分乡村最低生活保障等制度不健全，农民不能机会均等和公平地参与社会公共资源再分配。农村发展的软硬环境相对恶化，有的甚至成为“文化沙漠”。在 2004 年农业税减免改革之前，农民承受保持多年的工农业“剪刀差”所造成的赋税压力，这种影响至今犹存。农民普遍受到不同管理层的过分控制与过度管制[5]。多年的过度管制，不仅阻碍了乡村发展，而且从宏观和长远角度讲也制约了城镇的发展。如发生在 20 世纪 90 年代一些农村邮局利用职务之便将在外地打工农民的汇款强行存入或部分存入储蓄所；村干部隐藏或扣留从异地寄回家乡的邮件等。这些都是在没有规章制度情况下人为的暗箱操作，严重损伤了外出农民工的思想感情和精神健康，其恶劣影响至今仍保留在受害者深深的记忆之中，挥之不去。目前仍在限制人口与劳动力迁徙的户籍制度，是自 20 世纪 50 年代开始实行计划经济体制、粮食等农产品统购统销等条件下形成的制度，发展到市场经济体制、告别物质短缺经济的今天，早已成为城市化、城乡社会一体化和农村劳动力转移的障碍。有学者称：“户籍管理制度就像一条人工挖掘的天河一样，将农民和市民划分在两个截然不同的领域”①。在公共物品分配方面，城乡差距日益扩大。如据马晓河研究统计[6]，1998～2002年，国家连续发行建设国债6600多亿元，用于农村的只有1897亿元，占28.7%；而且这些偏少的投资主要用于必要的对大江大河的治理，受益的是全社会。

可见，乡村与城镇的差别问题本质上是农村与城市平衡发展理念与相应制度问题。现阶段的突出方面表现在：统筹城乡社会公共财政资源；农民参与社会的公平、均等机会；乡村干部管理的随意性及落后的管理意识；公正对待农业发展的“外溢”功能。前三个方面上已述及，需要补充说明的是第四方面。由于传统农业存在受气候影响大、生产周期长、产品需求弹性小等先天弱质特点及“外溢”效应，世界各国大多对农业采取了国家干预政策，认为工业体制下的现代经济是不利于农业生产经营的，因此只有对农业进行保护反倒才是公平合理的。为此，一些国家在制定农业政策时，认为考虑社会的、道德的和政治的因素一般比经济理性更具有决定性意义[7]。

2. 新兴工业国家解决乡村与城镇差别的一个案例：韩国新村运动

韩国在20世纪60年代推进工业化和城市化过程中，同样出现过城乡发展失衡、类似于我国目前的“三农”问题。从1970年开始，韩国实施了新农村建设与发展运动（以下简称“新村运动”）——类似于我国于2005年推出的“建设新农村”运动——从而从根本上解决了乡村与城镇差别问题。

其背景是：韩国政府于1962～1971年实施了第一个和第二个经济发展五年计划，以重点扶持工业发展，扩大出口，但工农业发展严重失调。韩国第一个五年计划工业发展速度为7.8%，农业发展速度为5.3%；第二个五年发展计划工业发展速度达10.5%，而农业发展速度只有2.5%。前后工农业发展速度之差，从2.5个百分点扩大到8个百分点。1962年农户年平均收入是城市居民的71%，1970年降到61%，城市居民和农民的年平均收入差距扩大[8]。由此带来诸多城市问题和社会难题，包括农村人口大量无序流动，农村劳动力老龄化、弱质化，农业发展后继无人等，使部分地区的农

① 吕进军：“理性看待农民进城”，《科学时报》，2005年9月2日。

业濒临崩溃。

其做法是：首先从战略上给予重视，在实施第三个五年计划（1972～1976年）中，把“工农业的均衡发展”、“农水产经济的开发”放在经济发展三大目标之首位（另外两个目标是扩大出口和发展重化工）。其次，加大对农村地区的投入，实施一系列开发项目。此间政府投资20亿美元启动农村地区综合开发，以政府支援、农民自主和项目开发为基本动力和纽带，带动农民自发参与家乡建设活动。第三，从农业向“非农”领域拓展。新村运动在农村开展取得初步成效之后，通过以振兴国家的总目标牵引，其联动效应波及城市，从而实现城乡共同繁荣。

其效果是：到1990年代，韩国的农业与农村经济发生了巨大变化，农村居民和城市居民的收入差距缩小。1993年，农村居民的收入已达到城市居民的95.5％，就每100户农民所拥有商品率而言，彩电达到123.6％，电冰箱105％，燃气灶100.4％，电话99.9％，汽车20.9％，计算机6.7％[8]。广大农村基本进入住房砖瓦化、村村电气化、农村机械化、交通网络化、教育普及化以及流通服务城市化。1994年，由时任总统金泳三主持召开的“推动农渔村及农政改革会议”，研究制定了有关促进农渔村发展的14项40条政策措施，目标是使农民年均收入达到甚至超过城镇居民收入，农村实现现代化，从而使新村运动在良好基础上又有新的发展。

3. 乡村与城镇相互融合

在生物经济时代，发达地区的“乡村化城镇”与“城镇化乡村”趋势将会更加明显。“乡村化城镇”与“城镇化乡村”应当成为生物经济时代主流的人居方式。这种人居方式较之常规农业的一个新的特点是：居住和生产分开，体现了“易相”发展思想。例如，荷兰是一个人口稠密的国家，约有62％的人口居住在城市群；其余人口居住在城市化的农村地区[5]。我国因人口众多，预计在上述“二化”的同时，仍将会维持着特大城市和大城市的广泛存在。也就是说，由于人口众多，在城镇化过程中，我国城镇的分布不宜像天女散花一样过于分散且楼层过低；此外，从城镇化占用耕地的角度出发，为了尽可能少占耕地，也不宜将新建城镇建设得过于分散，这是由中国土地中耕地面积比重过小、人均耕地面积极少的特殊情况所决定的。那种认为城市化会扩大城乡差距的观念是机械的。用“易相”的思想来理解，城乡是矛盾的对立统一体，二者之间必然有冲突，但“冲气为和”，二者之间的发展是可以互补共荣、协调发展的。

乡村与城镇有机融合有利于农业的现代化和标准化作业。中国农用地的特点之一是丘陵广布，除东北和华北平原外，耕地大多被分割得支离破碎，即便是位于长江中下游地区的湖北、江西和湖南等地，丘陵也广为分布。受制于地形条件或被人为划分，这些丘陵地区耕作单元很难适于大型机械规模作业，只能与“小农”经济生产与生活方式相适应（如居住与生产不分开）。若要从根本上改变这种“小农”分散的生产经营状况，一是除坡度小的耕地保留耕作外，其余大部分退耕还草还林，以发挥经济、生态与社会综合效益；二是大幅度减少“小农”数量，整合人力与土地资源。这两种途径都离不开乡村与城镇的融合及协调发展。只有融合，才可使地区整体生态环境达到最佳；只有协调发展，才可使现存的“小农”找到转移的出路，成为“非农”从业人员或新型农业体系的新型农民。

三、农业发展问题的本质

1. “三农”问题的本质不是农民问题

“三农”问题，即社会经济发展过程中出现的农业、农村、农民问题，是当前中国农业发展问题的集中表现。在中国现代化进程中，与农相关的农业和农村发展相对滞后；农民不仅在收入上而且在整个生活质量方面都呈落后和相对下降趋势。具体表现在：农民收入的增长绝对值和增长速度长期徘徊在低水平——即使在 2005 年有所回升；大多数农民健康医疗缺乏保障，感觉生活负担沉重；许多农村青年就业没有保障；农民从事农业年龄老化，并且容易满足；农村环境总体上处于恶化趋势；农村文化与制度建设落后。正是由于这些问题的共同作用，才使得与农相关的农业、农村和农民成为了中国社会全面发展的“瓶颈”，或者如一些人所认为的“瘸腿”。

政府和学术界许多人士在探讨“三农”问题的本质，或称“三农”问题的核心。有学者认为:中国“三农”问题的本质是不同发展阶段的矛盾、不同过程的矛盾在同一时空的交汇,从趋势上讲是1亿城市高收入市民与6亿农村低收入农民之间的矛盾冲突,从结构上讲是经济发达地区与内部增长机制不健全的中西部地区矛盾尖锐化的产物[9]。也有人认为,中国“三农”问题的本质不在“穷”,而在于穷的根源是“干部队伍中的知识贫困”[10]。相当普遍的一种观点认为,“三农”问题的实质或核心是农民问题。如曹新认为:“现阶段中国‘三农’问题的实质是农民问题;农民问题的核心是收入问题;收入问题的本质是就业问题;就业问题的关键是农业劳动生产率和城镇化问题”[11]。似乎是农民成了发展中的主要“问题”、“麻烦”或“后腿”。持此类观点的理由之一是:在“以人为本”社会里,人是最重要的因素。这种理由表面正确,但并未触及问题的本质,因为“三农”问题中的其他两项——农业和农村——本来就是为人(主要是农民)谋取生计或福利的产业和空间载体。由于田地狭小、技能缺乏与“非农”产业就业渠道的阻滞,使得农民经营自主的选择权很少,或者说,当前中国大多数农民被迫无奈才当农民。从事农业职业,除一些地方实行的“绿色证书”外也几乎没有“门槛”;外出务工的“门槛”倒是比城镇市民要高。对有关自身利益的维护,农民也没有多少发言渠道,属于地道的弱势群体。农民如何在自身不觉中就成了全民发展中“问题”、“麻烦”或“后腿”?农业、农村、农民如何形成了发展中的“三农”问题,原因究竟是什么?

目前针对“三农”问题原因的探讨大多局限在涉农问题方面,表现在对涉农问题的机械罗列上,如农民收入少、税费负担重、劳动力转移困难、农民文化素质低、耕地不足,土地市场、农村金融制度、粮食流通体制、农村市场消费、乡村基础设施建设、九年制义务教育、社会基本保障制度、农村户籍制度、村民组织等制度层面存在的弊端,以及农民心理不平衡和遭受歧视,等等。但这一系列问题的根源究竟出自何方,研究者的报告或“药方”没有反映出来,或由于受身份所限未作深入的本质探讨,于是就更难找到根本性的对策了。有人说,“‘三农’问题的核心是农民的生存权和发展权与城市居民的差距越来越大”[6]。这种“心理不平”式的观点,从城乡差距及“非农”的角度一定程度上涉及到农业发展问题的本质。

2. 农业发展问题的本质是“非农”问题

在生物经济时代成长的今天，中外一些农业战略专家已经认识到农业与“非农”产业界限渐趋模糊及相互依存关系。在生物经济时代，农业将成为唯一与其他部门有着广泛联系并相互影响的一个综合部门，农业与“非农”产业的界限将更加模糊，乡村与城镇的边界也将淡化。农业与工业部门的联系自工业经济时代便已确立；人类食品、营养、健康医疗、资源环境、生态及旅游和生物多样性等与农业都有着越来越密切的关系，以致这些部门有的已成为新型农业体系中的一部分。从人口比例上来讲，中国目前约有一半人口直接依赖农业的进步；另一半人口则通过依赖食品供应和食品价格间接地依赖农业[12]。难怪有人认为，“2050年农业将是生活的中心”[13]。在生物经济时代，以“小农”为特征的传统农民面临“终结”，取而代之的将是新型农业体系的新型农民。

生物经济时代的农业不再是弱质产业；包括大中城市边缘，更广大的地区将处于乡村与城镇的过渡或融合状态。由于新型农业体系具有巨大的对自然环境和人类健康的“溢出”效应，所以仍需要得到公共政策的足够关注和支持，包括对农村环境建设的关注、采取保护性政策、增加科研投资强度等。

由此可见，从生物经济时代角度来看，农业发展问题的本质其实是“非农”问题。即农与“非农”地位的差距、乡村与城镇的差别问题，归根到底是如何建立起农与“非农”相互转化、相互促进的发展理念与体制问题。

四、解决农业发展问题与城乡差别问题的关键在于“非农”

基于对农业发展问题本质的认识，根据农业易相发展理论，若要解决或缓解农业问题，必须依靠“非农”的思路及其产业。今天的部分“非农”将可能会成为未来新型农业体系的一部分，如依托现代生物技术的资源产业、环境产业、部分动植物生命健康与医疗产业和生态产业。到那时，“非农”又将成为另外的范畴——与新型农业体系对应的一个领域。

实际上，中国农民收入的增长主要所靠已是非农收入，尤其是农民外出打工收入的增长。如在2002年,农民的人均非农收入为1341元,其中工资性收入为840元;当年农民增加的收入几乎全部来自非农业收入增加,而工资性收入是非农收入增长的主要来源;工资性收入增长主要来自农民外出打工和在本地务工收入增长[14]。

"非农"的关键在于城乡统一劳动力市场建设。中国农业与非农市场的改革,已促使城乡农产品统一市场基本形成,但城乡劳动力统一市场尚未形成,原因主要在于缺乏形成的制度环境,包括现行城乡分割的户籍制度、农村基础设施、农村保险和福利制度以及城乡间观念与文化的差异性。现行的户籍制度及其他如医疗、保险、法人注册等有关限制性规章阻碍了农村劳动力公平地参与"非农"产业就业机会的竞争。农村劳动力不仅难以合法或公平地流向城市,而且也不容易在农村之间轻易流动。流向城市已引起社会各方面关注,为社会所共识;但在农村之间流动的困难能否随着城乡劳动力流动障碍的消除、统一市场的形成而化解,尚需各级政府出台相应的政策或制度,也需要政府职能与工作方式、农民乡土观念的转变。

可见,建立城乡统一劳动力市场应包含三个层次:

- 目前已为各方所认识到的"城—乡"统一市场;
- 将随着第一层次的解决而矛盾凸现的"乡—乡"间的统一市场;
- 随着生物经济时代临近而开始显现的,人口和劳动力由城市"非农"产业流向新型农业体系尤其是其中的健康医疗、资源环境和生态等产业。这与农业的第三次拓展互相对应。

第二节　构建新型农业体系的策略

一、倡导生物经济时代的发展理念与思维方式

1. 推进农业拓展与多元化演变

现代生物技术是常规农业系统拓展到新型农业体系的内在动力。现代生物技术能够改变农业的传统和常规角色,使农业不再成为如工业经济时

代那样对环境往往产生破坏性影响的产业，而是实现自我养护、物质与能量良性循环的产业。

农业多元化是新型农业体系最主要特征之一。与工业经济时代的农业生产过分倚重土地资源和资本不同，新型农业体系更加强调多元化。多元化为农业发展和农民收入的稳定增长分散了风险；使城乡环境、生态功能多样化。新型农业体系多元化，除功能多元化（详见第二章第二节）外，还包括：

(1) 经营场所多元化。如何引导传统农民摆脱对土地特别的依恋，既是经济问题，也是社会学与科技发展问题。新型农业经营场所将随着农业领域的拓展而多元化。例如，新型农业体系受自然条件的限制与影响，较之工业经济和信息经济时代有所减少，从而会扩大农业生产经营场所。新型工厂化农业、白色农业等都是新型农业发展的形态，它们几乎可以不受自然条件的影响。

(2) 产品与产业多元化。新型农业体系产品包括从传统农业产品，到运用现代生物技术生产与加工的产品，如功能食品、生物能源、生物疫苗和基因产品等。新型农业体系产业，除传统的农业及第二拓展体系的服务业外，还增添了许多与“非农”交叉的新型产业，如新型保健品、基因美容、农业疗养和预防医疗等。农场的功能除了提供各种农产品、满足人们温饱及为工业增值提供原材料外，一部分农场的功能还意味着：成为欣赏农作物生长艺术（Culture）、丰富自然景色（Nature）、呼吸清新空气（Health）以及品尝收获乐趣与新鲜美味（Enjoying）的场所。

(3) 就业多元化。在原有农业第二拓展体系的基础上，增加从事农业第三拓展体系的就业岗位，其中每年从常规农业中释出的剩余劳动力大部分将被吸纳到众多的新型农业中的小型企业或私营企业。有预测表明：“在未来不存在所谓的农民（应指不存在所谓的“小农”——作者此注），农民与城市的居民无本质的差别，唯一的不同是所从事的职业的不同”[15]。

2. 研究制定新型农业体系发展战略规划

新型农业体系是一个从全新视角来思考和构建的农业发展概念框架，

因具有明显的超前性，加之其框架结构、内涵尚处于研究与探索之中，一时还不能为各界所接受，如有不少人就不赞同把"自然人"个体乃至其基因、组织和器官等部分作为新型农业生产的对象与产品。但是，在现代生物技术日益发达的生物经济时代，人的基因及其产品、转人类基因的组织与器官，甚至克隆人等都将可能带来商业行为和利润，从而变革传统的思维方式，改变并拓展农业生产内涵与方式。我们不应因固守现存的农业概念模式和生物伦理而忽视一个全新时代的机遇，而这一机遇正好为解决"三农"问题提供了许多有益的启示和机会。

就在此项研究步入深入阶段时，由国家科技部牵头，国家发改委、教育部、商务部、农业部、卫生部和国家环保总局等多部委联合组织的"首届国际生物经济高层论坛"于2005年9月在京举行，"生物经济"与"生物产业"的概念与发展理念已得到越来越广泛的认识。我们的建议是慎重而适宜的，上述有关部门可在近期内研究制定适应生物经济时代的农业发展战略与规划，将构建基于生物经济时代的新型农业体系列为解决"三农"问题、实现经济现代化的战略重点，从而为迎接生物经济时代作好发展理念与思维方式上的准备。

3. 超越"跟踪国外研究"的思维定式

相对于工业经济和信息经济时代的主流技术而言，我国的生物技术研发与国际基本同步。所谓"基本同步"指的是，从技术整体上讲中国稍晚，譬如晚二三年。然而正是这二三年，使中国的研发常常呈现"我亦然"现象，研制出来的技术"慢半拍"。虽然不一定像工业经济时代的技术研发那样常常成为"敲门砖"——使国外当时主流产品价格降低，加快升级换代速度——但总体上形成跟踪态势，难以突破国际主流研发的思维框架与定式，进而形成当前技术研发及其商业应用的"我亦然"和"跟踪"两大特点。形成这两大特点的规律性"轨迹"一般为：思路稍晚—快速跟进—发展很快（多为"一哄而起"）—修补性成果—技术转向（不是"转移"）。当前研发机构和大学缺乏前沿性、原创性和整体性成果，莫不与此思维定式有关。

"工程"之所谓"工程"，是有其关键要素的，投资、成本、工艺、规模放大、商业化和安全等是工程类技术与项目能否获得成功的关键因素。如我国的组织工程研发，先是国外于 20 世纪 80 年代开拓出该研究领域，中国进行“我亦然”和“跟踪”，起步仅比国外晚两三年；然后是各研究机构与大学研究机构纷纷设立实验室或研究项目，“一哄而起”；最后产生出许多“不痛不痒”的成果，以发表一些“修补性”论文、“培养了一批人才”等成果形式居多。这是一种落后的研发思维定式，即不敢突破国外的思维框架，大多要等到国外提出某一创新的“概念”之后才开始“瞄准世界科学前沿”——其实在科学前沿研究的许多情况下，一旦等到你看到所谓的“世界科学前沿”而加以瞄准的时候，很可能它们已经不是前沿的了。在上述思维定式的指导下，有限的研究经费大多“交学费”，不仅浪费了人力和财力资源，更主要的是失去了宝贵的时间和机会；形成所谓技术“慢半拍”，研究开发成了“敲门砖”。

诚然，“我亦然”的思路并不一定总是坏事，在发展中国家的经济起飞阶段，任何国家也不可避免地要走“充分利用国际基础研究资源”、采用跨越式发展的道路，如当年日本的技术开发。但无论是在科技研发尤其是其市场化方面，还是在预计中国经济已经起飞的生物经济时代，值得重视的是如何自主创新、如何领先一步，开拓出新的领域。“一招先，吃遍天”，只有领先一步而不是“慢半拍”，抢占制高点，才有利于创造出拥有自主知识产权、属于自己的产业市场。

4. 正视农业产业结构的多样性

在工业经济和信息经济时代的农业发展战略措施中，我们经常听到的一个策略或由专家顾问开出的“药方”是：调整农业或农村产业结构。姑不论其指导性和实施该措施的效果如何，但在生物经济时代，农业发展呈现多元化、“人本化”特征，产业结构是千差万别的，所谓调整产业结构也应采取新的思维方式和评判标准。

(1) 次佳的产业结构

特定时期的一个地区固然存在合理的农业产业结构，但这种“合理的”结构是相对的，也是动态的。产业结构要调整，而且应当动态调整，这是不言而喻的，但并不是发展思路或发展战略的关键所在。

最优的产业结构也许就不存在,即使存在也不可能实现,或寻找实现的代价异常之高,以致变得不具可行性。因而,思路的关键在于:不为结构调整而调整;合理的产业结构并非一种,采取其中的哪一种是由区域发展目标与环境等多因素综合作用的结果;只有次佳的产业结构才应作为规划与动态实践结合的目标产物,选择这种次佳的产业结构也叫满意型决策。这些因素包括:各地区发展基础、区位条件、市场环境、研究开发或消化吸收能力(技术转化能力)和劳动力素质等。正是这些因素的组合,才演变出诸多合理的产业结构。如何选择其中的一种,是技术问题,更是市场和制度条件下人为的"艺术"问题。

既然合理的产业结构并非一种,那么最优产业结构可能就不存在,即使存在也不可能甚至没有必要刻意去寻找、去规划。更何况,一个相对较大的地区,可以划分为许多不同层次的合理的产业结构。产业结构的合理化,应是在市场机制的作用下实现的,是一个优胜劣汰的过程。从"次佳"的意义上讲,地区产业结构极有可能"存在的就是合理的",前提是区域发展目标与环境等多种因素的满意组合。

(2) 产业结构多样化

新型农业体系的产业结构将随着农业领域的拓展而多样化、模糊化。可否对产业结构进行比较全面的定量描述,是新型农业体系面临的新课题。为此,思路必须有所突破,农业发展不应单纯追求产业结构的所谓"优化"。合理可行的产业结构是动态发展的,也是因时因地制宜而多样化的。也就是说,合理可行的产业结构是在国内外市场与地区综合发展的背景下,通过技术升级、劳动力配置、资源与环境演变等要素的综合作用,自然而理所当然地演进产生的;而不是通过人为的规划,也不是单纯地去追求一个事先计划的产业结构便能实现的。试图如同工业经济或信息经济时代那样,由几个小组统一规划出一个合理的产业结构,不仅是不可能的也是没有必要的,产业结构调整的关键应在于公平而透明的制度环境下战略与规划的实施。从这个意义上讲,泛泛地讲调整农业或农村产业结构没有什么意义。

与产业结构多样化、模糊化对应,农业与"非农"的统计工作范围也将发生变化。正如目前农村经济统计中业已出现日益复杂的农业与"非农"、农村三次产业混合统计一样，新型农业体系统计类型的划分也可能不再以农业与“非农”，农业中又以农、林、牧、渔、副业等为明显分界线，而极可能按照类似于《大英百科全书》的知识分类——将农林牧渔、食品、环境、医学以及各种生物等归为“生命科学”一大类型；新型农业产值占 GDP 比重和农业劳动力占全部劳动力比重也会因农业的第三次拓展而提高。

5. 认识城乡差别的根源

第一节对城乡差别问题的本质进行了讨论。城乡差别的原因可以归纳出许多，如地理区位、人口素质、法规意识、收入水平和基础设施等方面存在的差异，但其中最根本的原因应当是体制和制度上的差异。

据 2004 年暑期中国农业大学人文与发展学院学生“小学期”到各自城乡的社会调查报告反映，城乡差别并不像很多人所说的主要是由于地理条件、交通等因素的制约造成的，其实最根本的还是我国前阶段和现阶段仍在实行的城乡双轨制的缘故。中国农村不但在政策上得不到公平对待，而且至少在前一阶段相当长的时间内还承受很重的税费负担，享受不到相应的教育机会、医疗与社会保障制度。以云南省毕节市灵峰村为例①，灵峰村因始建成于明代的古刹“灵峰寺”而得名，拥有一定的旅游资源等。然而，其农民收入(年人均收入 500 元，人均占有粮食 140 公斤)、乡村设施等，与毕节市相比竟有天壤之别。须知，灵峰村距毕节市仅 10 公里；村庄所在地距 362 国道仅 3 公里。真可谓“一山分四季，十里不同天”，城乡之间的界线截然分明。反之，过去地理位置、交通条件一般的山区，只要政策体制和投资环境上去了，同样能够缩小城乡差别。如用现在广东工作的一位毕业生的话来说：“东莞经济发展得不错，就是那穷乡僻壤，也能招来商人，带来收益；我曾去樟木头那边的清溪，真的是深山窝窝里，可人家现在工厂多，城镇也开始建设起来了。”此番话语的另一层意思很明显，不从地理环境而从社会经济角度上来衡量，城乡差别很大。

---

① 游央：“农民为何弃舍自己的土地——对贵州省毕节市灵峰村的调查”(内部报告)，2004 年 9 月。

若将北京市与河北省北部甚至北京郊区进行一番对比，便明显感觉到出城不久后城市与农村的差别，也能看到这种城乡分割、界线截然分明的景象。这还是在首都周边，更何况其他大部分城市的周边地区。但也有另外一种情况，如果到杭嘉湖、苏锡常或珠江三角洲地区，你看到的就会是另一番景象，这里的城乡之间已经没有截然的界线，出现所谓“乡村化城镇”与“城镇化乡村”的雏形。原因显然主要是与长江三角洲、珠江三角洲地区的城镇与乡村在体制和制度上的差异较小有关。

6. 认识集约化农业污染问题的本质

发达国家和地区集约化农业（这里主要指种养业）曾对环境及农村地区水土资源造成严重污染，走过一段弯路，因而在中国农业发展过程中出现“要不要走集约化农业道路”的问题，有些甚至把集约化农业与生态农业或有机农业对立起来，这不符合生物经济时代农业多元化发展的趋势与功能多元化的要求。

农业集约化与生态环境保育的确存在相互冲突的一面，但问题的本质不在于集约化本身，而是在于单位面积的水土资源承载量过大，及由其所造成的生产集中、环境空间相对缩小、物质和能量取予失衡，以及农业废弃物利用不当或处理能力不足。例如养猪业，过去分散生产，对环境的污染分布面广，加之生产能力有限，所造成的污染往往是隐性的，单位产出的污染量并不一定就少；反之，由于集约化、工业化生产而使污染物总量迅速扩大，而且更加集中，以致超过自然环境自净的“阈值”而造成污染。显然，问题的本质不在于集约化本身，而在于生产集中、规模扩大，而相应的废弃物综合利用或处理能力不足，以致使之成为“垃圾”——污染物。

生物经济时代更能体现“垃圾是放错了地方的资源”这一循环利用思想。集约化农业与生态农业或有机农业可以互为补充、协调发展。实际上，同等产出规模的产业，在集中生产地以外地区的环境质量，并未因该产业的集中“污染”而下降；相反，集约化可以腾出更大的空间，充分利用有限的土地资源，发挥农业规模效益。只要保持合理的物质与能量的取予平衡，并加强对废弃物的综合利用，可以做到扬集约化之长而避水土污染之短。生物经济时代技术的突破，为集约化农业废弃物的生物处理与综合利用提供了技术支撑和成本效益上的可行性。

农业集约化与新型农业多元化也可以实现相互依存，相得益彰。集约化为新型农业领域的拓展开辟出空间，使多元化更具可能；新型农业多元化为集约化提供了保障，增加了选择机会。

诚然，集约化可能伴随或间接造成农村劳动力过剩问题。但这一问题的本质也不在于集约化或规模化本身，而是在于常规农业劳动力转移和城乡劳动力市场激活与释出(见第三节第二部分)。这从另一个角度印证了激活城乡就业服务市场、建立统一的城乡劳动力市场的必要性。

二、加强新型农业体系与常规农业系统的融合

1. 现代生物技术对未来农业图景的影响

新型农业体系与常规农业系统在科技依托上的区别在于：新型农业体系充分利用现代和未来生物技术及其与其他高新技术的渗透与融合；而常规农业系统所依托的主要是包括常规育种在内的农业生物技术及其与当代高新技术的结合。

对于未来农业的图景及生物技术在其中的作用，诺曼・R. 斯科特(Norman R. Scott)认为，农业是未来生活的中心[13]。为了印证这一观点，他设计出一幅"城市农业"的蓝图，也可称为设计完整的作为生活和工作环境的一整套建筑集成体系。这样的体系可同时供约 5 万人日常工作与生活。他的设计思想是：在一套高层建筑中安装可再生能源系统；人类垃圾与其他固体废弃物经发酵产生甲烷，再转化为氢气或被用以制作燃料电池，以提供热量和电力；利用建筑物底层、配套露天环境或其他人为控制的环境经营种植作物的农场；其他如办公室、医疗设施、银行、学校、商场等部门也位于该建筑物当中。他在与纽约的一位建筑师交流后认为，这些设想在技术上是可行的；人们工作、生活和学习在同一个建筑物中，可以节省时间和车费。发达的通讯手段为"城市农业"模式提供了便捷的信息渠道。

这幅蓝图，现在想起来，也许近乎"荒诞不经"，从某种程度上讲，就如同

在20多年前的工业经济时代难以想象今天的信息技术改变了人们生产、生活以及消费娱乐方式一样。然而,其中所蕴含着的体现未来低能源消耗、资源可持续循环利用的思想以及给予人们的启发,不正是生物经济时代"人本化"特征的体现么?其基本理念不啻为未来农业开启了一幕想象的空间:流线处理,资源循环利用,以实现零浪费;利用生物技术及其与新材料、信息等技术的结合,节约资源,减少环境污染;利用可再生能源,减少对化石能源的依赖;创造可持续发展的生态社区与可持续农场……这幅"城市农业"的图景还揭示出:其设计所依托的技术大多与现代生物技术有关;淡化农业与"非农"产业间的界限,体现了农与"非农"共生共荣、城乡融为一体、人与自然协调发展的"易相"思想。

2. 新型农业体系与常规农业系统的融合

即便到了生物经济时代,常规农业系统仍将占据着新型农业体系经济总量的主体地位,尤其是在我国这样一个目前仍以农业人口为主的发展中国家。新型农业体系中的其他五大系统与常规农业系统既有联系又有差别,二者之间首先应是互补的。新旧两种体系有交叉或重叠,但也有一个根本点将之加以区分,这就是:是否是基于现代生物技术。区分的目的在于:重视现代生物技术在农业现代化建设中的作用;体现生物经济时代"人本化"发展理念。其差别主要是人们观念上的差别,包括:新型农业与环保、公共卫生、观光旅游、自然绿意休闲等产业是什么关系;与传统产业分工中的二次、三次产业的关系如何理解;如何去体现对人的终极关怀即"人本化"发展理念,从而去接受把"自然人"作为新型农业生产的对象和产品来看待,等等。另一个显著的差别是:"五大系统"将不断诞生出新的产业生长点,从而对新型农业体系的构建与发展起到引领作用。

"易相"互补的思想表明,有差别才有同一。为此,应当重视并加强新型农业体系与当前常规农业系统在观念和实体上的融合。前期的融合重点在于转变观念与思维方式,即从发展理念上如何接受并完善新型农业体系的概念框架;后期发展到产品与产业融合,使所谓农与"非农"、乡村与城镇相互促进,共生共荣。

这种融合与过渡将会出现一些困难。常规农业系统已形成一套既有的传统规范，必然或多或少地对新型农业体系产生“抵制”，就像“小农”最初“抵制”杂交玉米等作物新品种类似的新生事物一样。这与通常人们所认为的“小农”思想一般是趋于保守、守旧的观点何其一脉相承？“只有一年又一年的连续成功才能说服他去尝试一种新事物，而那时这个新事物严格说已经不是新事物了。”[7]新型农业体系，当且仅当其发展到自身已变得不那么“新型”的时候，才可以称与当代常规农业系统实现了完全融合。

三、现代生物技术与产业化环境建设相结合

1. 高新技术与新增就业的关系

高新技术与就业的关系，与其说是一种简单的线性关系，不如说是一种复合型非线性关系。所谓简单线性关系，是指高新技术，要么因为提高了生产效率而导致劳动力使用量减少；要么是指在减少需要大量劳动力的传统行业的同时，创造出少量的新的就业岗位。复合型非线性关系表明，只有高新技术达到一定的应用范围，技术与技术之间形成特定的系统，才可望创造出更多的就业岗位，否则可能由于技术效率的提高而使就业岗位减少。现代生物技术在新型农业体系中的应用所产生的高新技术与就业的关系就属于这种复合型非线性关系，这种关系揭示了国内外一个长期存在的有关高技术与就业的关系问题，即“高技术：工作创造者还是工作杀手(high-tech: job creator or job killer)”。

以美国20世纪70年代末高新技术发展与就业的关系为例，来说明在新型农业体系中现代生物技术与就业的关系。

美国新英格兰地区是高新技术发展的代表，位于128号公路的高新技术产业带是与加州硅谷、北卡罗来纳研究三角园相并列的美国三大高科技园区之一。其发展历程表明：高新技术不一定直接增加劳动力就业，但可以通过间接方式创造服务业繁荣，从而带来更多的就业岗位；更多的新增就业岗位主要是依赖小企业创造的。高技术企业能够创造对服务的需求。正如波士顿联邦储备银行的经济学家林恩·布朗(Lynn Browne)所观察的那

样:“高技术发展对当地服务业产生了多种影响”。在广告业方面,1975～1980年,马萨诸塞州的30%～40%新增就业岗位归功于高技术公司;在数据处理和管理咨询方面,就业增加更为明显。她进一步研究了全国普遍性的分别由计算机硬件和计算机服务所创造的工作岗位之间的关系,结果表明:每创造一个计算机制造工作(Computer Manufacturing Job),就会有一个计算机相关服务工作(Computer-related Service Job)被创造出;除此之外,和计算机及数据处理服务就业规模相当的管理咨询和公共关系产业(Public Relations Industry)就业也与此密切相关。在新英格兰地区被划归为高科技公司的2358个就业岗位中,有大约3/4是由规模小于百人的公司提供的[3]。20世纪80年代初,马萨诸塞州只有大约26%的就业分布在制造业部门,且在这些工作岗位上只有1/3是从事高技术产业,但是,这些行业就业岗位的增加会以多种方式波及影响整个地区。比方说,一旦有少量人员从事计算机设计与制造(Designing and Manufacturing Computer),就会有大量的相应的销售、服务和使用计算机的工作岗位产生[3]。发展新型农业体系小型高新技术产业,对于我国增加就业岗位同样具有重要作用。这是因为,高新生物技术本身所直接带来的新增就业岗位虽然有限,但由其引发的现代生物技术服务业所吸纳的就业岗位会出现“倍增”效应。

2. 生物高新技术与产业化环境的关系

高新技术不一定能够产生较大的经济效益,如目前转基因食品在欧洲;技术优势并不等同于经济优势,在起初相当长的一段时期内技术优势可能得不到发挥,如美国杂交玉米在法国[7]。高新技术尚未等到推广应用并实现赢利便遭遇淘汰的事例屡见不鲜,这是高新技术产业化固有的风险。“三农”问题的缓解,最终取决于常规农业系统从业人员比例能否下降、传统农业劳动力能否转移以及农民收入能否得到较大提高。因此,应当通过制度环境、素质培训及政策措施等配套建设,首先培育出生物技术产业化环境,建立起风险分担机制,分地区阶段性地进行新型农业体系的建设与推广,从而拓展传统农业范围,吸纳农村人口在“非农”领域中广泛就业。

在中国大部分农村地区,农民在采用新技术时通常存在下列问题:

（1）新技术本身的熟化与制度配套问题。从新技术的推广到产业化成功是一项复杂的工程。例如，农村基础设施落后，也许会严重影响到理论上或在其他地区盈利可行的技术效益的发挥；农民融资、农业保险制度、土地产权制度等，也将制约新技术的长线投资。

（2）农业经营单位和土地规模过小，必然导致对新技术的吸收成本加大，因为“不变成本”与规模无关，一家一户的农民显然不能在近期内收回成本，从而导致农民不敢投资。

（3）农村推广机构不健全，推广机制落后，表现在农技部门缺乏经费与适宜的社会公益性事业的运行与激励机制。

（4）自身的教育水平、认识能力。表现在农民文化素质偏低；普遍缺乏现代经营管理技能；在新技术的掌握与使用过程中过分依赖农技人员，而农民一般负担不起有偿服务的经费；由于收入不足，农技人员也难以提供全程服务。

相对于生物技术的先进性而言，新型农业体系的组织及其外围体制更加关键。如同现有许多技术一样，由于利用面过小，即使属于国际先进甚至领先，但由于与外围其他方面的配套问题和市场环境问题，而不能将其技术优势转化为经济上的优势。也就是说，技术的先进性与经济上的可行性并不等同。

如果脱离中国实际奢谈生物经济新型农业，不仅在经济上是不可行的，而且在现实中也是行不通的。因此，应当首先从当前处于研发阶段的生物技术中筛选出具有潜在市场、具备一定商业化环境条件的生物技术，一方面以市场为导向开发新的技术；另一方面以技术牵引拓展新的市场。在前一批技术步入市场成熟期之前，利用新型农业体系的技术系统性特点和区域或产业自身的良性积累，及时进行第二批以至后续不断的相关关键技术（虽然它们可能还处在生命科学的前沿探索阶段）的储备与市场开拓。也就是说，一俟产品市场形成，再来开发拥有自主知识产权的技术为时已晚。

第三节 构建新型农业体系的战略措施

提出构建新型农业体系的战略措施主要基于以下思路：运用“非农”的

理念和策略来发展农业；建设乡村的关键在于建设城镇；农民的出路在于其中的大部分要成为传统的“非农民”和“新型农民”。这三点无不体现出农与“非农”互补“易相”的指导思想。基于这一指导思想，我们提出以下八大措施。

一、与新型农业体系相配套的制度建设

自人民公社解体后，农村社会组织普遍弱化，合作经济组织虽有一定的发展，但类似于行业协会类自治组织却在大部分农村还没有建立起来，或虽建立但难以发挥其相应功能。由于目前乡村政府功能定位不明，多数管理干部素质低下且缺乏为农村发展服务的现代意识，部分乡村政府职能实质上演变成为“收费”(可以作为其他经济行为的替代物)和“管人”，甚至蜕变为“只收费不管理”或“以收费代管理”，农村社会普遍处于无序散漫状态。本应属于半公益性的农业技术推广服务体系也不健全，这些机构及其人员逐渐弱化甚至被迫解散。伴随减免农业税政策的实施，乡村干部大幅度减少，不仅可以减轻农业和农民负担，而且减少所谓“管人”的服务；但农技推广与服务体系并未因此而有所改善。

自 2004 年起，这种极不公平也不合理的“收费”、“管人”制度开始松动，各级政府已着手改革阻碍农民进城务工经商的规章制度。如推动各地取消对用工单位招用农村劳动力的行政审批和对农民进城打工的职业工种限制；取消相关行政事业性收费项目；对农村劳动力进行素质培训；不再强制办理以收费为目的的五花八门的“卡”和“证”。

在解决城乡差别、农村环境问题等社会公共福利方面，广大农村普遍存在着一种“有活没人干、有人没活干”状态，即城乡就业结构性矛盾，然而这不过是农村组织与制度建设必要性的通俗比喻。缺乏组织，故而一些人不知道到哪里去找活干；找活之前需要什么基本知识与技能；缺乏制度，导致从业人员尤其是进城务工或从事服务的农民得不到相应的回报或回报预期，他们的利益屡受侵害，甚至导致一部分农民失去继续劳动的信心和对未来幸福生活的向往——农民的自杀率居高或容易满足只是这种组织制度缺位的外在表现之一。

为了构建新型农业体系，应当建立并完善因应时代需求的配套制度。制度建设的目的是：建立适应生物经济时代的现代农村制度，进而实现城乡社会一体化协调发展。具体任务应当包括建立：统一的城乡劳动力市场、新型农业推广服务体系、适度进口与效益兼顾的粮食储备体系以及以水资源为中心的资源价格管理系统。制度建设的内容主要包括：①农村社会保障体系，包括完善的新型合作医疗制度、退休养老制度，最终过渡到城乡统一的社会保障体系；②农村新型民主制度，尤其是政府工作人员民主选拔制度和任期考核制度；③农业保险制度；④城乡统一税制，现代农业税收政策；⑤现代土地产权制度，土地农用整合制度（便于规模化和体制化）；⑥城乡一体化环境保护制度；⑦农业产品标准化与个性化制度。

新型农业体系拓展了农业的范畴，乡村与城镇融合显然又进一步强化了农业部门的综合和协调职能，鉴此，将目前政府农业管理部门的职能拓展，改建为"农业与乡村建设部"等分级机构不失为与构建新型农业体系制度建设相关的另一个值得论证的选择。

二、激活城乡就业服务市场

1. 劳动力充分释出市场

上面所讲的"有活没人干、有人没活干"矛盾的症结在于：城乡劳动力市场没有被激活，以及由此引起的劳动力结构性供求矛盾。恰如一些沉默基因需要诱导剂或启动因子激活才能发挥作用，更如燃烧前需要先施加一定的热能一样，激活劳动力市场也需要外加一种力量（因子）；激活后，自发反应又补充或"归还"激活所施加的能量（影响）。激活的前提是：城乡统一的劳动力市场，以及上述保证该市场有效运行的相关制度。

温世仁称这种激活为"劳动力充分释出市场"。他借用了一个形象的比喻来解释劳动力释出市场的道理[16]。其大意是这样的：有三个人生活在同一个地方，甲蓬头垢面；乙衣服破旧；丙鞋子穿孔。三人中，甲会缝衣服；乙会补鞋；丙会理发。三人都想改善自己的状况，但都苦于没有钱，束手无策，只好干等着，形成了"有活没人干、有人没活干"的状态。有一天，甲的一位亲戚来了，借给甲一元钱（激活因子）。甲拿到钱后很快找到丙（统一的劳动力市场）说："我付给你一元钱，你把我的头发理干净"；丙有活干了，并且额外挣回一元钱。一天，丙找到乙，请乙帮他把鞋子补了，支付一元钱；乙挣到一元钱，请甲把他的衣服缝好，并付报酬一元。没过多久，甲把最后挣来的一元钱还给了亲戚。就这样一元钱交换了一轮，三个人应该让他人做的事也都做成了，形象得以改进；自己也都找到活干了，不再无所事事。我们可以称这个例子为：劳动力释出市场的"三个就业者＋一元钱"。

所以，未来的农村劳动力就业，不仅仅是市场容量缺乏问题，关键在于劳动力能否释出市场，即能否构建起劳动力充分释出市场的环境与体制。从"劳动力充分释出市场"的观点来看，农村劳动力进城，一方面会占用城市的劳动岗位；另一方面也会创造出更多的就业岗位。劳动力本身应当关心的是：提前训练好自己的技能，如故事中的会缝衣服、会补鞋、会理发。如果你连缝衣服、补鞋、理发等哪一项都不会，那就该划入失业率的分子而必须去寻找其他生存之道了。政府所做的事应当是：制定产生有效"激活"的政策，包括对劳动力技能培训的指导，并保证"统一的劳动力市场"运行机制，而不必亲自去帮他人"缝衣服、补鞋或理发"。

为农村劳动力创造"非农"就业机会，充分体现了农与"非农"的易相思想。它不仅提高了"非农"就业者的收入，而且反过来促进了其他农民收入的提高。也就是说，只有解决了"非农化"问题，才能解决农村劳动力转移性就业、农民收入提高以及农业协调发展等一系列问题。经济理论认为，农村人口外流是农业进步的必要条件[7]。换句话说就是，传统农民数量的减少是农业现代化的必要条件。传统农业劳动力的转移，使得农业用地相对集中，经营规模得以扩大，农业规模化和标准化生产成为可能，为农产品质量和竞争力的提高创造了资源条件。

2. 劳动力充分释出的机会与形态

在工业经济与信息经济时代，劳动力释出主要是单向的，即主要由乡村流向城镇。在生物经济时代，劳动力的释出将是双向的。既有从乡村流向城镇，也有从城镇流向乡村。这一双向的特点，正好契合了"人本化"时代特征与人类返璞归真的性格特质，也顺应了乡村城镇化、城镇乡村化的趋势。在生物经济的成长阶段及成熟阶段之初，约从现在到 2035 年，由乡村流向城镇的流量大于由城镇流向乡村的流量；到了生物经济时代的中期，约在 2035 年之后，劳动力双向释出的流向则可能相反，即由城镇流向乡村将占主流位置。

与此同时，乡村与城镇各自内部的劳动力释出更加频繁且富有效率，因为交通、通讯等基础设施更加发达，服务业范畴将进一步扩大，其从业人员比重也会有所增加。

在生物经济时代的成长阶段，农业的功能趋向多元化。农业不仅主要作为满足人们的衣食之需，为工业增值提供加工原材料；更主要的功能开始转向注重营养品质，提高人们的生活质量，满足崇尚自然与健康休闲的乐趣。因而，农村劳动力将面临更多的选择。

3. 劳动力充分释出的主要手段

（1）加强信誉建设，发展技术和资本市场，为银行和商业的运行建立配套的系列规章制度。

（2）加强农村和城市社会安全保障体系建设，消除城乡劳动力市场双向壁垒，为人员的公平流动创造条件。

（3）启动公共事业基础设施建设，主要包括学校、道路交通、公园、医院、农田和水库等建设，以创造更多的就业机会。

（4）农业新领域拓展与深度开发，包括在保护生态环境与资源约束条件下的“西部开发”、东部地区的“休闲农业”、“农疗园”建设。

从以上四点可以发现，这些措施类似于 1930 年代美国罗斯福总统实施的新政（The New Deal）所采取的措施，不为比照设计，实为未谋而相合。

三、完善“技术—教育—市场”体系

1. 新型农业体系的经济可行性

新型农业体系技术系统的自然属性注重生物技术的先进性及技术之间

的组合；社会属性讲求技术个性化、公平性乃至道德观，及其与政策、体制、市场之间的配套。

从事生物经济时代的农业生产与经营，仅靠把握技术的自然属性是远远不够的，需要教育培训，因为那时的技术含量更高，需要掌握的知识与技能更多。有了技术和教育培训还是不够的，当代农村一些知识青年感到农村无用武之地可资说明。因为，有了技术的先进性和相应的知识技能，不等于拥有就业与产品市场。市场是通过制度、政策营造的市场环境与农民投身市场行为结合而成的。因而，只有将技术、教育、市场有机结合，形成完善的"技术—教育—市场"体系，才可能实现新型农业体系的经济可行性。

2. 新型农业体系的规模化与标准化

规模化生产经营是实现"技术—教育—市场"体系的途径。在生物经济时代，不排斥小规模个性化生产方式，如有人提倡发展的生态农业和休闲农业。但是，对于生产大宗农产品的大田作物，应当采取规模化生产经营方式。规模化生产经营客观上要求减少农业人口与农业劳动力数量，解决这部分农业人口与劳动力的出路是实现规模化的前提。出路无外乎两条：其一，用"非农"的思路，通过在拓展的新型农业体系中吸纳解决；其二，转向工业与新型服务业领域。分散小片农地的生产经营不仅适应不了现代化生产管理要求，也不易实行种子、施肥、收获、产品质量标准化。没有标准化，产品就缺乏市场竞争力，几乎不可能进入国际大市场。标准化与个性化是互为条件、相辅相成的。个性化应当建立在标准化基础之上，缺乏标准化的个性化一般是低效率、竞争乏力的，是带有自给自足特点的经营方式。

有机农业与自然农业，虽然对环境保护有利，但由于排斥人工要素的投入，适于采用粗放的管理制度，生产效率低下[17]。这两种农业形态可能在局部地区有一定的小市场——不妨保留一定的发展空间，也可以体现生物经济时代新型农业体系多元化特点和要求。但由于中国未来25年耕地继续减少，而人口反而增加到16亿左右，农业在追求高品质的同时，仍必须追求规模化、集约化和较高产量，才能保障食物安全和生活品质的提高，因而，有机农业和自然农业不宜作为新型农业体系发展的主流形态。

3. 技术系统与社会机制的相互作用

依靠现有的技术水平，若世界食物的分配更加均衡，那么基本营养问题可以解决，即单纯从技术上讲，目前世界60多亿人口的基本营养需求都能够得到满足。然而，这只是一种理想的社会状态，不符合社会发展机制；也不符合社会公平竞争的法则。虽然造成食物非均衡分配的原因一部分是由于不平衡的资源禀赋、农业环境条件所致。但是，更主要的原因应当归究于发展基础、人口素质及教育水平，以及社会发展机制。资源禀赋虽然不容易改变，但可以因势利导，扬长避短，通过改变知识、资本等其他要素组合，而使资源不利降到最低限度；农业环境条件和发展基础从来就不是固定不变的。由此可见，落后地区改善其食物和营养状况的重点和根本策略应当在于人口素质及教育水平的提高，以及相应社会发展机制的改善。技术水平固然重要，但若不与人口素质及教育水平、社会机制结合，则无异于无本之木，无源之水。

1979年以来的我国农村改革发展历程也证明了这一点。改革初期的家庭联产承包制极大地激发了农民的生产积极性，解放并大力提高了农业生产力。1984年以后，联产承包制的潜力释放殆尽，促进农业进一步发展的主要因素已经转向技术进步和农民素质提高的轨道上。与此同时，粮食购销体制、农产品流通体制、土地产权制度以及农村税费制度等继续发挥重要影响。以致有学者专门强调了政策与技术进步共同的重要性，认为：未来几十年中国农业的发展取决于国内和国外的政策变化；在提高国家农业生产力和保障食物安全的，包括完善科研体系、制度创新、价格改革与市场开放以及其他一些政策等在内的诸多因素中，技术进步是最重要的因素[18]。另据2003年2～10月中国农业大学组织进行的针对未来我国农业的一项调查，"体制和政策将对我国未来50年的农业发展发挥关键的影响"；相对于具体技术和体制方面的设想，几乎所有的受访者都对"政策"更加关注[15]。

四、加大农业科研投资力度，建立新型农业推广制度

农业科研投资占农业国内生产总值的比重，是用来衡量政府农业科研投入强度的重要指标。据专家研究统计[19]，20 世纪 90 年代我国政府农业科研投资强度约为 0.20%～0.23%，不及发达国家政府农业科研投资平均水平(2.37%)的 1/10，相关企业的农业科研投资所占比例也极小。即使到了 1999 年，我国农业科技投资总强度(含政府和企业及私人农业科研投资)上升到 0.44%，政府为 0.23%，也只有世界 30 个低收入国家政府对农业科研投资水平的 2/3 左右。

农业科研投资强度明显不足的直接后果，首先会造成用以支撑新型农业体系的核心技术和主导技术储备不足；其次是农业推广乏力。农业科研应用性极强，因而农业科研成果推广及推广机制建设费用应当包含在农业科研投资范围内。农用技术配套、熟化以及技术培训、示范对于农业推广至关重要，这部分经费不足也是导致推广乏力的原因之一。增加农业科研投资强度，除了改进上述两项不足外，还利于我国农业充分利用 WTO“绿箱”和“黄箱”政策工具，通过加大农业科研投资、加强技术培训与示范以及农业基础设施建设，提高农产品品质标准，从而提高农产品走向国际市场或抵御国际市场压力的综合竞争力。

未来农业科研投资方向应当着重在以下三个方面：一是农业与环境生物技术的研究开发及推广，尤其是各种优质和抗性作物品种的选育与应用；其二，农业标准化与基础设施建设，如改良土壤与水资源管理条件建设；第三，建立互动的技术培训与示范推广体系。

新型农业体系诸多新品种的推广，必然会与传统的耕作制度、技术服务方式以及农民传统经营思想产生冲突。法国 20 世纪 50 年代推广杂交玉米经验教训表明：一种新的作物，只有当它并入耕作系统并改进和加强这一系统时，才会被接受[7]。因为种植作物新品种，往往需要集约化投入、更加复杂的技术、更大的规模，否则，收益可能还不如退回到传统的品种与惯常的耕作方式。这就意味着更高的投资风险，意味着要与推广人员打交道谈经营，而这些恰恰与农民传统的不甘冒风险、片面追求独立性等思维相抵触。

中外农业推广经验告诉我们，在通常情况下，一个新品种或新技术被采用需经过三个时期：首先是少数先行者对新事物进行几年的实验；若第一步成功的话，接着是大多数人跟进；最后连保守的落后分子也决定采用新事物了。对农民之于新品种"抵触"的态度，不能简单地"斥"之为保守。相对而言，年轻农民更容易接受新技术，然而伴随农村年轻人外流而出现的劳动力"3860"(家庭妇女＋老年人)现象，使得容易接受新技术的这一群体出现空巢，成为新品种及新技术推广中最大的难点。其实，新品种及新技术的推广，不单单涉及到技术层面，也涉及经济、社会、文化甚至政治、体制等多个层面，还涉及到配套措施、经营规模、商业化、价格、心理、信仰、价值观等，是一项多维的复杂的系统工程。所以，我们提出要建立农业生产经营者、技术及推广服务人员、政府等多方互动的技术培训与示范推广体系。

诚然，在增加农业科研投资强度的同时，要改善宏观投资结构，即增加企业对农业科研投资的比重；同时提高经费使用效益。此虽老生常谈，仍不失为该项战略措施的配套政策与手段。

五、生物能源的开发利用与能源战略转移

1. 生物能源应时而生

在2020年代后的生物经济时代，化石能源尤其是石油资源将濒临耗竭，当今国际市场石油价格的日趋脆弱印证了这一点。对于改变人类能源主流与消费习惯而言，寻找替代能源并实现规模化、市场化从而使其取得主流地位，是未来能源的战略选择。2005年3月16日，欧盟委员会向9个成员国发出预警，要求它们加紧制定替代能源发展战略，着重推广生物燃料[①]。能否在实现这一全球性能源战略转移中发挥作用，对新型农业体系来说是一项重大的机遇和考验。

从理论与现实角度上分析，生物能源被认为是最佳选择。仅从理论上分析，从月球上获取氦-3、受控核聚变和通过分解水获取氢能等亦不失为最

---

① 邱夜明："2005年3月国内外科技要闻"，《科技导报》，2005年第4期，第64页。

佳选择，但 20 年内看不到其市场价值和现实意义。其他可再生能源如太阳能、风能、水能和核裂变能等各有应用局限性。要么属于“自然赋予要素”具有易变性和地理分布上的限制而不能大规模地广泛使用；要么缺乏便捷性，不能像石油一样用于如交通工具等流动工作场所。

随着化石能源的日渐终结，以能源作物为主的生物能源开发利用时代已现端倪。此以甜高粱为例，甜高粱具有生长期短、对环境适应性广、抗干旱、耐盐碱、光合作用效率高和秸秆含糖量高等特点，既可用于制糖，也可作为生产酒精的最佳原料，而酒精是汽车的最佳替代燃料之一，因而是一种较为理想的能源作物，被誉为“生物能源系统中的最有力竞争者”。利用高产植物或者农作物发展生物能源的思路和举措，也得到联合国高度重视，如联合国曾委托中国科学院植物所主持国际甜高粱品种区域试验。据该所研究人员称：“假如甜高粱酒精产量为 5000 升/公顷，那么，种植 20 万公顷甜高粱的酒精总产量为 80 万吨，就等于 1994 年中国原油总产量的 54%”[20]。

如果通过基因工程进一步改良，增强甜高粱等能源作物的环境适应性和性能，从而使其生产酒精或其他能源产品的产量达到规模经济水平，则可帮助实现石油产品的战略替代。

2. 生物能源的成本与环保优势

目前，全球对化石能源及可再生能源的成本计算不尽合理，以至于全球范围可再生能源价格大大高于传统燃料能源的价格，可再生能源进入市场与传统能源竞争还存在许多障碍。其实，化石能源价格优势的形成，既与千万年来的沉积作用、易于开采便于利用有关，也与能源利用的习惯和政策有关。如果把传统化石能源对健康、安全、环境等所造成的损失折算成成本，那么它们与可再生能源的价格相比便无优势可言。目前，可再生能源在环境等方面的“外溢”效应并没有被认为是一项优势，更未折算转化为成本优势。能源和环境有关人士认为：生物能源能够弥补化石能源所引起的温室效应之不足，“可再生能源的时代已经到来”①。

① 2004 年 6 月德国环境部长在波恩“国际可再生能源大会”上的所言。

在生物经济时代的成长时期，发现新的能源作物功能，并利用现代生物技术改良能源作物效率，将使未来生物能源的开发利用异彩纷呈，促进能源利用多元化、再生化，从根本上缓解甚至摆脱困扰人类的能源危机及由此带来的环境污染问题。

六、抗性生物与优良品种的开发利用

根据农业生物工程的发展现状与趋势，这里界定的抗性生物（主要是指植物）包括抗逆、抗病虫害和抗除草剂生物三类，抗真菌和抗病毒生物可归入抗病虫害生物类。据技术预测，未来20年后，大部分农产品将是经过基因改良的，即由基因改良生物（GMOs）来生产。在基因改良生物中，既有提高产量、增加营养的优良品种，又包含具有抗性功能的其他生物。包括节水、耐旱、耐盐碱、抗寒和抗重金属等抗逆环境转基因生物的推广应用，将拓展水土资源利用的时空范围，或通过增加生物对环境的适应性而降低成本，对于人均耕地少、气候与土壤环境条件相对恶劣的中国来说尤具重要意义。例如，耐盐碱作物的推广普及，使得广大盐碱地得以利用；华北等缺水地区可以种植转耐旱基因作物；纬度偏北地区的农田和山丘，因一些植物被转入耐寒耐霜基因而得以广泛或深度利用；北极比目鱼的抗冻基因已成功转到大西洋的鲑鱼中，从而使之增强耐冷性。诸如此类的转基因抗性生物大多会在生物经济时代实现产业化。

抗性作物与优良品种的种植推广，需配套采用先进的管理措施。以节水作物为例：伴随生物经济时代到来，水资源紧缺的状况依然存在，农业依然会是用水大户。培育和种植节水、耐旱作物，并进行作物的水资源管理，是新型农业体系挖掘水资源利用潜力的两大举措。由于中国目前水资源价格机制上存在的问题，灌溉用水的利用率较低（约为10%）。仅通过改善作物用水管理，变目前供给驱动型为需求驱动型水资源管理模式，便可以大大提高农业水资源利用率。例如，山东莱芜农民结合生产实际，克服原用水磁卡磨损、频率干扰、影响数据传输或电泵启动不了等难题，研制出射频卡智能灌溉节水系统，使以往“要求农民节水”变成了“农民主动节水”，因为每滴水都是花自己的钱。仅此一项管理技术，便改变了当地农民的节水意识，使用水管理由供给驱动变成需求驱动;不仅节约了大量灌溉用水,而且节省了土地,使原来各家各户每台占地约需15平方米的泵房改为只需占地1平方米的“卡箱”[①]。作物水资源管理措施当然还有许多,它们若与节水耐旱作物种植有机结合在一起,将为节水型农业战略目标的实现提供技术和管理上的双重保障。

七、生物遗传资源的保护与开发

1. 生物遗传资源保护的意义

生物遗传资源是指含有现实或潜在应用价值的遗传功能材料及信息,包括动植物和微生物的基因、基因组、蛋白质、细胞、组织和器官等遗传材料及信息。国际社会已将生物遗传资源的拥有量视为衡量国力的标志之一。其中的农业野生植物,经历了各种恶劣环境的长期考验,积累了栽培品种所不具备或早已丢失的优良基因,是宝贵的生物遗传资源,是进行生物学研究和遗传育种的物质基础,对于基因资源储备、生物多样性维护,以及新型农业可持续发展都具有重要意义。野生植物的基因可以通过现代生物技术进行复制、改良,但目前不能被人工创造(可以合成基因),即使未来能够创造出基因,但离规模化应用还十分遥远。物种的灭绝,意味着物种所携带基因的一并丧失,意味着生物遗传性多样性的消失。随着现代生物技术的发展,生物遗传资源保护的重要性日益显现。

此以野生稻为例,来说明遗传资源保护的重要性和意义。野生稻是栽培稻的始祖,在长期的自然选择过程中形成了优良的特性,蕴藏着高产优质、耐寒抗旱和抗病虫害等性状基因,具有改进品质、增加营养方面的潜能。野生稻的优异基因是栽培稻所没有或罕见的。利用野生稻作亲本,可以选育出新的种质,袁隆平等就是利用在海南岛发现的一株“野败型”野生稻取样研究,从而培育出水稻三系杂交良种。对野生稻的保护不够,一方面是由于认识不足;另一方面是受技术水平所限。由于认识不足,一些野生植物被

① 据中央电视台10频道,2003年2月24日20:00～20:30报道记录。

当成野草，致使20世纪80年代记载的野生稻原分布点大部分消失；因受技术水平所限，目前野生稻中的一些优异基因还没有被发掘利用。随着现代生物技术的突破，挖掘野生稻中的优良性状基因，对于提高水稻产量、改善稻米品质以及保障食品安全等都具有重要意义。

2. 生物遗传资源保护存在的问题与开发途径

（1）生物遗传资源保护存在的问题

中国是生物遗传资源最丰富的国家之一，拥有高等植物三万余种，脊椎动物六千多种，是世界8个作物起源中心之一[21]。中国经历了漫长的农业经济时代，曾长期领先于世界，培育和驯化了大量经济性状优良的作物、果树和畜禽。随着近年来生命科学与生物技术的发展以及各国对生物遗传资源重要性的认识，有关生物遗传资源保护的下列问题应当引起重视：①管理与立法问题。遗传资源保护和管理的法律法规体系不健全，在遗传资源的取得、利益分配和专利制度方面缺乏可操作性规章。日前有关部门正在制定相关专门性法规，这一问题可望于近期得到缓解。②输出输入渠道问题。由于遗传资源的输出和输入渠道比较混乱，导致资源无偿流失。例如大豆资源，世界90%以上的野生大豆资源分布在中国，对于研究大豆遗传变异、提高单产和改进品质等具有重要资源优势，然而许多原产于中国的大豆资源成了美国的专利产品。③野生植物资源的保护问题。由于受到盲目开垦、超限采摘、环境污染以及收藏、走私出境等影响，一些农作物野生近缘植物和珍稀物种急剧减少或已消失，不利于农业的可持续发展。

（2）农业野生植物保护的新途径

以农业野生植物为例，来探讨生物遗传资源保护与利用的新途径。农业野生植物保护的传统措施有：①建立健全法律法规体系，如近年出台的“农业野生植物保护办法”、“野生大豆等农业野生植物保护专项计划”以及建立野生植物保护区等。②加强宣传教育和培训，提高公众保护意识。③与功能基因库建设相结合，抢救收集处于濒危状态的农业野生植物，建立农业野生植物物种及其近缘种的基因库。

保护的目的在于开发利用。相对于传统措施，基于现代生物技术和农业功能多元化的保护性利用是农业野生植物保护的新途径:①运用现代生物技术发掘其农业利用价值、建立核心保护区以及种质资源库,通过技术开发、行政立法和培训教育等手段,尽可能化解野生植物资源保护与农业用地等眼前利益之间存在的矛盾。②将野生植物资源保护与生态旅游结合起来。野生植物资源除了具有现实与潜在的科学研究价值外,还因其环境带有自然而野性特点而使之具有返璞归真、自然绿意价值。发展集资源保护、知识、科研于一体的农业野生植物生态旅游产业,使保护与利用相辅相成,寓保护于开发之中,既可避免因单纯保护而造成人力和物力成本的不堪重负,又可避免因产业开发而导致的资源破坏,符合新型农业体系的"人本化"与可持续发展理念。

八、利用生物性能辅助改造城乡环境

1. 生活式城乡环境改造

目前城乡环境改造以传统的物理位移方法为主,当然也离不了生物尤其是植物,但这些生物主要是被动地作为美化环境的物理材料。到了生物经济时代,随着生物性能、基因功能的进一步解译,开发利用生物特别的生理机能,以生物主导方式去改造或丰富美化环境将成为主流,我们称之为"城乡环境改造的生物方法"。

生物方法多种多样,从性质上可分为两类:生产式生物方法和生活式生物方法。前者如利用生物技术对被污染土壤进行自然修复,属于新型农业体系资源环境和生态系统。城乡环境改造侧重于生活式生物方法。该方法采用的形式主要有:农疗园、园艺疗养、生态园或生态农场、城郊休闲观光农场等。

城乡环境改造的主旨在于提高城乡居民生活质量,缩小城乡差别,促进城乡经济与环境协调发展。与改善农业生产环境对应,依托生物技术及农业多样化功能,可以改善城乡居民的生活环境。随着生活水平的提高,休闲时间和户外活动需求的增加,人们对生活环境提出了越来越高的要求。由工业经济和信息经济时代所带来的空间缩小、工作节奏加快,将随着生物经济时代的到来而回归到高效利用空间、自由时间增多的“原始质朴”状态，从而使人们的生活时空观发生变革。一方面，单位时空利用效率提高；另一方面，因技术进步和管理而释放出的休闲时空增多——这便为农疗园、生态农场等新的农业形态开辟出新的市场。

2. 养身更养心——以农疗园为例

农疗园的服务形式，是通过农产品收获以及之前的耕种、浇灌等活动过程，使人们变换一种生活方式，亲近自然，活动身体，放松心情，体会耕种与收获的愉悦，从而达到恢复和增进健康、娱乐身心的目的。农疗园的服务对象不局限于健康而需要疗养的普通人群，一些病后恢复休养的人群也可乐在其中。

现代生物技术能够创造更高的生产效率，随着新型农业体系室内农业形态的增多，而土地资源主导地位的相对减弱，单位土地面积的农产品产出可供养更多的人，从而使一部分土地专门或兼营释放给城乡居民，供生活疗养、休闲之用。农疗园的产出功能主要不是收获与销售农产品，而是获得连同农产品一起的甚至是没有农产品的服务。

当前与农疗园功能类似的农业形态如园艺疗养、休闲农业已出现雏形，预计农疗园的公益性商业化应用将于 2020 年代率先在发达地区尤其是现代都市的郊区兴起。

3. 培育环保作物新品种

利用生物资源及各种奇花异卉，物种间共生与竞争现象，通过转基因等技术开发利于环境保护的新品种，在经过严格的环境释放试验与检测被证明安全可靠后推广种植，可以进一步优化室内外环境。这些环保新品种可归纳为以下三类：

(1) 园艺观赏类作物。属于传统的环保作物范畴，在生物经济时代将得到进一步拓展。其功能是以观赏为主，主要满足人们的视觉需要。

(2) 芳香兼理疗类作物。相当部分的花卉不仅可供观赏，满足视觉需求，而且其散发出的芳香对治疗心血管病、气喘、高血压、神经衰弱和失眠等分别具有显著或辅助疗效，并且对无病者无害。如水仙花，芳香馥郁，能使人心旷神怡，具有辅助疗效作用。如能利用转基因技术强化疗效功能或突破物种间的自然壁垒转移其芳香功能，同时克服种植局限，则可使之易于种植和推广。其功能除一般观赏外，还有两个：一个是满足嗅觉功能；另一个是健康医疗功能。

（3）净化驱虫类作物。一些植物既具有观赏价值，又可以分泌杀菌素，具有观赏、灭菌及净化空气的性能，如紫薇、茉莉和蔷薇等。若通过生物技术进行该性能的纯化或强化，则可进一步扩大其清除室内各种污染、洁净空气的功效。若能开发出适于不同的室内外环境、易于种植的系列品种，则可广泛拓展这类植物的市场。例如已开发利用的蚊静香草，既可用于盆景种植，置于窗前；又可通过窗门开启而亲近自然且免遭蚊虫入侵。蚊静香草是由国内一种天然香草与国外一种易挥发性植物通过转基因合成的，既可观赏又可长时间驱虫的多年生植物，适于居室摆放。不过，目前蚊静香草似乎还不那么华丽，芳香也不是那么怡人，大有可进一步改进之处。若能利用这类植物具有吸收对人体有害的挥发性有机化合物等含碳物质的性能，那么就能通过观察这类植物表面污斑或叶子枯萎程度，以自然而非化验方式判定室内空气污染物状况或污染程度，从而起到空气监测"晴雨表"或"指示器"作用。这类植物的主要功能：一是净化空气；二是驱虫；三是预防。

上述环保功能还存在其他不同的组合，几种功能可固化到一种植物上；同样，不同的植物也可以组合发挥出某一种主要功能。环保植物也不仅局限在花卉上，乔木、庭院灌木等也可供进一步开发，使之搭配合理，错落有致，既美化环境又益于健康，符合生物经济时代"人本化"发展理念。

总之，以上对策措施与制度创新是否可行，是规范性论证的理性正确，还是实证的操作可行？这都需要大胆设想、小心求证与示范。面对崭新的生物经济时代，我们不应只做事后的理论总结，更应大胆地去预测、展望、调控农业与人类发展的未来。

参考文献

[1]〔德〕罗尔夫·D. 施密德著，李慎涛等译：《生物技术与基因工程》，科学出版

社,2005 年,第 164 页。

[2] 中华人民共和国统计局:《中国统计年鉴 2005》,中国统计出版社,2005 年。

[3] James Botkin, Dan Dimancescu and Ray Stata 1983. *The Innovators: Rediscovering America's Creative Energy*. New York: Harper&Row. pp. 50,130-131,140.

[4] 程序:"中国生态农业:中国实施可持续的集约化农业的独特途径",载左天觉、何康主编:《真知灼见　透视中国农业 2050》,中国农业大学出版社,2004 年,第 377~385 页。

[5] Klaus J. Lampe:"2050 年的中国新农村",载左天觉、何康主编:《真知灼见 透视中国农业 2050》,中国农业大学出版社,2004 年,第 66,75 页。

[6] 马晓河:"我国新时期的农业、农村和农民问题",第六届中国经济学家论坛报告,2004 年 11 月 30 日。

[7] 〔法〕H. 孟德拉斯著,李培林译:《农民的终结》,社会科学文献出版社,2005 年,第 6,39,104~136,243 页。

[8] 李水山:"韩国新村运动对农村社会发展的影响",中国农村研究网,http://www.ccrs.org.cn,2003 年 7 月 12 日。

[9] 李新权:"解决'三农'问题需要采取战略举措——第三届中外农业现代化比较国际研讨会综述", http://www.cass.net.cn/chinese/s04_nfs/international.files/4.htm,2005 年 8 月 25 日。

[10] 阮文彪:"中国三农问题的几点认识与思考",农民维权网,http://www.weiquan.org.cn/data/detail.php? id=4219,2005 年 8 月 25 日。

[11] 曹新:"统筹城乡发展的六个主要问题",《经济参考报》,2005 年 8 月 6 日。

[12] Alexander von der Osten:"农业运行的宏观环境",载左天觉、何康主编:《真知灼见 透视中国农业 2050》,中国农业大学出版社,2004 年,第 98 页。

[13] Norman R. Scott:"加强国家农业发展中大学系统的研究、教育和推广领域的国际合作",载左天觉、何康主编:《真知灼见 透视中国农业 2050》,中国农业大学出版社,2004 年,第 211 页。

[14] 孙雷:"中国寻找三农问题的'城市答案'",《21 世纪经济报道》,2004 年 5 月 12 日。

[15] 董仁杰:"青年人心中 50 年后的中国农业",载左天觉、何康主编:《真知灼见 透视中国农业 2050》,中国农业大学出版社,2004 年,第 405~409 页。

[16] 温世仁:《新经济与中国》,三联书店,2001 年,第 67~68 页。

[17] 刘巽浩:"回归低熵化,还是走向现代化——关于世界农业前途的讨论",《农业现代化研究》,2004 年第 1 期。

[18] 黄季焜、Scott Rozelle:"面向 21 世纪的中国农业",载左天觉、何康主编:《真知灼见 透视中国农业 2050》,中国农业大学出版社,2004 年,第 143~158 页。

[19] 翟虎渠:"中国农业科技的成就、现状与未来发展",载左天觉、何康主编:《真知灼见 透视中国农业 2050》,中国农业大学出版社,2004 年,第 51 页。

[20] 马晓岚:"生物能源的新时代",《科学时报》,2002 年 9 月 20 日。

[21] 知非:"防范生物遗传资源流失刻不容缓",《科学时报》,2002 年 5 月 24 日。